林草

FOREST AND GRASSLAND
CARBON SINKS

碳汇

上海科学技术出版社

李芳————主编

图书在版编目（CIP）数据

林草碳汇 / 李芳主编. -- 上海 ：上海科学技术出
版社，2024.5
　　ISBN 978-7-5478-6620-7

　　Ⅰ．①林… Ⅱ．①李… Ⅲ．①森林－二氧化碳－资源
管理－研究－中国 Ⅳ．①S718.5

　　中国国家版本馆CIP数据核字(2024)第087083号

林草碳汇

李　芳　主编

上海世纪出版(集团)有限公司
上 海 科 学 技 术 出 版 社　出版、发行
(上海市闵行区号景路 159 弄 A 座 9F - 10F)
邮政编码 201101　　www.sstp.cn
上海普顺印刷包装有限公司印刷
开本 787×1092　1/16　印张 17.5
字数：400 千字
2024 年 5 月第 1 版　2024 年 5 月第 1 次印刷
ISBN 978 - 7 - 5478 - 6620 - 7/X・71
定价：128.00 元

本书编写人员

顾　问

江希铏　施恭明

指　导

朱扬勇　应　飚

主　编

李　芳

副主编

华伟平　潘俊忠　刘　诚

参编人员（按姓氏笔画）

邓西鹏　丘　甜　庄崇洋　刘剑钊　江　华　池上评

严铭海　李明慧　李睿宇　肖春田　何　平　张珍珠

陈致旺　范　凯　胥　喆　黄思猷　潘隆应

序

　　全球气候变化问题是当今国际政治、经济、环境和外交领域的热点问题。2005年2月16日，旨在遏制全球气候变暖的《京都议定书》正式生效，这是人类历史上首次以法规的形式限制温室气体排放。2021年10月24日，《关于完整准确全面贯彻新发展理念做好碳达峰碳中和工作的意见》和《2030年前碳达峰行动方案》发布，这些文件均与森林和草原密切相关。清洁发展机制下的造林再造林碳汇项目是《京都议定书》框架下发达国家和发展中国家在林业领域内的唯一合作机制。林业清洁发展机制项目是对森林生态效益商品化的具体体现，开创了森林生态效益市场化的新时代，推动了森林碳汇的发展，将为林业经济的发展带来新的历史发展机遇。林草碳汇服务交易第一次通过价格机制在全球范围内实现生态环境破坏者向生态环境服务供给者的有效支付，是对排污权交易制度的发展和创新，也是市场和价格机制在关于对正外部效应补贴理论上的应用。因此，建立和完善林草的生物量、碳储量和碳汇计量，以及价值核算，具有重要的现实意义。

　　根据政府间气候变化专门委员会（IPCC）的报告，各国二氧化碳的排放量指的是净排放量，就是扣除碳汇后的实际排放量。为实现我国碳达峰、碳中和目标，全国各省不遗余力地推进节能减排工作以减少温室气体排放。众所周知，森林生态系统是陆地最大的碳汇，固碳能力强且持久，在全球碳循环中起着重要的作用。通过植树造林、植被恢复、森林经营管理等途径增加温室气体吸收汇，即增加碳汇，是实现碳排放强度目标的有效途径。

　　森林、草原、湿地碳汇的精准计量与监测是推动"林、草、湿"碳汇进入碳交易市场、优化林业资源配置的基础。林业碳汇项目开发是实现森林碳汇功能和林业生态产品价值的主要途径，是积极稳妥推进碳达峰碳中重要举措，要开发成可供市场交易的碳汇产品，要有相应的碳汇项目方法学作为技术支撑，是开展林业碳汇交易的前提条件。目前，国际上主要有四类林业碳汇相关标准：（1）IPCC出版的方法学，包括《2000优良做法指南和不确定性管理》《2006年国家温室气体清单指南》等。（2）基于《京都议定书》要求的CDM碳汇项目标准，由CDM执行理事会批准的基线与监测方法学及适用工具。（3）部分非政府机构、部门等以自愿碳市场的标准为基础制定的一些标准体系，包括气候、社区和生物多样性标准（CCBS），农业、林业和其他土地利用项目核证碳标准

(VCS)等。(4)部分国家以本国碳减排政策为基础制定的林业碳汇及碳交易标准规范，规范建立了适用于自己国家的碳管理体系，其中包含林业碳汇项目及碳汇交易内容。我国的 CCER 林业碳汇项目方法学大多参考并借鉴了国际 CDM 林业碳汇项目的有关方法学，国外项目方法学在国内应用可能存在地域与气候环境不协调的情况，未能完成本土化转变。在此基础上，我国提出了加快碳交易市场建设、构建林业碳汇大数据、优化碳汇计量和方法学、培养和储备碳汇复合型人才总体思路，建立健全碳交易市场与碳汇核算体系问题亟待解决。

本书基于可持续发展理念，围绕林业碳汇项目开发的历程和发展现状，运用调查技术体系、森林碳储量计量、森林碳汇核算技术方法，吸纳乔木林、竹林、湿地、草地等碳汇方法学，介绍典型案例。本书还结合福建省实际情况，推陈出新，优化碳汇计量和方法学，降低项目成本，推出区域性林业碳票，为研究碳排放交易市场的交易机制、认证机制、政策法规等提供有力实践依据。考虑林业碳汇项目方法种类不够丰富，项目同质化严重，该书结合国内环境资源，参考并借鉴国际 CDM 林业碳汇方法学，创新研究并探讨单木生长量模型、林分生长量模型、森林生物量模型与湿地碳汇计量方法，分析其不同应用场景，为林业碳汇项目的多样化、碳核算及其数据体系的建设提供科学依据。

方法学其实是技术和政策的双重产物，是在政策引导下的一种计量监测标准。本书构建了"林、草、湿"碳汇监测与计量技术标准与体系，通过技术创新建立了自己的技术标准和规程，为今后在 CDM 框架下推动我国碳汇定价权与话语权做出了贡献。

李宝银

福建师范大学原党委书记、福建省人民政府参事

前　言

　　精准估算"林、草、湿"碳汇对于评估地球碳循环状态、制定有效的气候变化应对措施至关重要,也是核算碳排放强度的基础,可为林业管理和政策制定提供科学依据。国内外学者对"林、草、湿"生态系统生产力、碳储存量及其动态变化和碳汇潜力进行了广泛研究。这些研究中既有基于国家或区域等大尺度的碳储量和碳汇量估算方法,又有针对部分林种或样地等小尺度的实测和评估方法,为我国应对全球气候变化制定相关政策提供基础数据和决策做出重要贡献。

　　当前碳汇项目以森林为主,草原、湿地碳汇计量项目较少,方法种类不够丰富,且林业碳汇项目同质化严重。基于此,本书结合我国自然资源现状,参考并借鉴了国际CDM林业碳汇方法学,研制了单木、林分水平生物量与碳储量模型,完善了湿地碳汇计量方法学,开展了不同场景下碳汇计量,形成了"林、草、湿"碳汇核算技术体系。

　　全书共分12章。

　　第1章介绍了气候变化的现状、碳汇的概念、类型及其在全球碳循环中的作用,讨论了化石燃料燃烧对温室气体排放的显著影响,以及如何通过提高碳汇能力来有效减缓气候变化带来的影响,分析了自然和人为因素对全球气候模式的改变,探讨了国际社会在气候变化应对措施中碳汇的应用。

　　第2章介绍了中国的森林碳汇现状,分析了其在全球碳循环中的作用及政府在推动林业碳汇发展方面采取的策略,对比了美国、日本、韩国,以及欧盟在森林碳汇领域的进展和所遇挑战。

　　第3章重点介绍了抽样调查技术、标准地调查技术、大样地调查技术,以及生物量与碳测定方法。

　　第4章先对森林碳储量计量研究进行了概述,然后介绍了森林碳储量的估算流程、森林生物量和森林含碳率的估算方法、森林碳储量的计算步骤。

　　第5章以"林业碳汇项目方法学"中的核算技术模板为基础,较为系统、全面地梳理了"竹子造林碳汇项目方法学""森林经营碳汇项目方法学""竹林经营碳汇项目方法学"和"碳汇造林项目方法学"等方法学中的碳汇核算技术。

　　第6章介绍了乔木林经营碳汇的适用条件、森林经营与管理的相关定义和具体操作指南、森林碳汇项目的边界确定、碳库和温室气体排放源的选择、基线情景的识别、额外性的论证、监测程序和碳层更新等内容。

第 7 章介绍了《竹子造林碳汇项目方法学》《竹林经营碳汇项目方法学》,在参考和借鉴 CDM 造林再造林方法学的基础上,充分吸收竹林碳汇最新的研究成果、结合实际,提出具有一定科学性、合理性与可操作性的竹林造林和经营活动碳计量方法。

第 8 章探讨了单木生长量模型、林分生长量模型,以及森林生物量模型,分析了它们的构建方法和在碳汇计量中的具体应用。此外,还涉及了数据处理技术、拟合优化算法和模型精度评价。

第 9 章介绍了湿地碳汇的计量方法学,包括湿地碳汇的基本概念、进展,以及相关的方法学,探讨了湿地作为温室气体吸收和排放源的特性,阐述了湿地碳汇的定义和计量进展,还介绍了国际和国内的湿地碳汇核算标准和方法以及相关术语和定义的详细解释。

第 10 章讨论了可持续草地管理在温室气体减排计量和监测方法学方面的应用,重点包括草地的相关定义、草地管理的可持续性原则,以及可持续草地管理温室气体减排方法的适用条件,还阐述了项目边界的确定、基线情景的确认以及额外性论证的过程。

第 11 章介绍了林业碳票的概念、核算流程,以及交易机制,阐述了林业碳票作为碳减排量收益权凭证的定义、起源以及其在实现碳中和目标中的作用,说明了林业碳票核算的具体内容和流程。

第 12 章探讨了我国森林碳汇发展的当前趋势、存在的问题和未来的建议,分析了森林碳汇在我国气候变化应对策略中的角色,并针对目前林业碳汇交易发展中的挑战提出具体的解决方案和建议。

核算林草碳汇是三明(全国林业碳汇试点市)试点的基础工作,本书作为沪明合作的成果之一,探索了"两山"转化道路,提升了林业碳票变现效率,促进了三明林业大市迈向林业强市,对积极探索和推进"上海企业＋三明资源""上海市场＋三明产品"等高质量合作模式具有重要意义。

本书是在朱扬勇教授建议下着手撰写的,由朱扬勇和应飚共同指导,特别聘请了林业领域著名学者江希钿教授和施恭明教授级高级工程师担任顾问。全书由李芳制定结构和大纲目录,并审核定稿。撰写团队有华伟平、丘甜、潘俊忠、张珍珠、陈致旺、刘诚、刘剑钊、池上评、李明慧、李睿宇、何平、胥喆、严铭海、江华、黄思猷、邓西鹏、庄崇洋、肖春田、范凯、潘隆应等。

本书撰写过程中受到了政府部门、有关院校的大力支持,征求了许多科研工作者的意见和建议,参考了许多文献资料,在此表示衷心感谢。还要特别感谢三明市人民政府、将乐县人民政府、复旦大学、福建金森林业股份有限公司对本书编著工作的支持。上海科学技术出版社为本书的出版付出了辛勤的劳动,在此一并表示衷心感谢。

由于时间仓促、水平有限,书中有许多不足之处或错误,恳请读者批评指正。

目　录

第 5 章 碳汇造林项目与森林碳汇核算

第 8 章　碳汇计量模型 …………………………………………………… 153

第 9 章 湿地碳汇计量方法学 …………………………………… 193

第 10 章 可持续草地管理温室气体减排计量与监测方法学 …… 215

第 11 章 林业碳票 · 235

第 12 章 我国森林碳汇发展趋势与建议 · · · · · · · · · · · · · · · · · · · 247

第 *1* 章

绪　论

本章将探讨气候变化及其与碳汇的密切关联。碳汇作为吸收二氧化碳(CO_2)等温室气体的自然或人工系统,对于缓解全球变暖具有至关重要的作用。本章将阐述气候变化的现状,重点讨论化石燃料燃烧对温室气体排放的显著影响,并深入分析自然和人为因素对全球气候模式的改变。随后,本章将详细介绍碳汇的概念、类型及其在全球碳循环中的作用,探讨如何通过提高碳汇能力来有效减缓气候变化带来的影响。此外,本章还将审视国际社会在气候变化应对措施中碳汇的应用,包括国际协议如《联合国气候变化框架公约》(UNFCCC)和《巴黎协定》中关于碳汇的规定和目标。

1.1　可持续发展

1.1.1　全球气候变化与环境保护

气候变化是指温度和天气模式的长期变化。这些变化可能是由自然原因造成的,例如太阳活动的变化和大型火山爆发。但自 19 世纪以来,人类活动一直是气候变化的主要原因,特别是燃烧煤炭、石油和天然气等化石燃料。化石燃料燃烧会产生温室气体排放,这些气体就像包裹着地球的毯子,捕获太阳的热量并使温度不断升高。

造成气候变化的主要温室气体是 CO_2 和甲烷(CH_4)。这些气体的来源包括汽车所用的汽油,或为室内供暖而燃烧的煤炭。开垦土地和森林也会释放 CO_2。农业生产、石油开采和天然气作业是 CH_4 排放的主要来源。能源、工业、交通、建筑、农业和土地使用均是主要的排放源。

温室气体浓度已达到 200 万年来的最高水平,并且还在继续上升。现在地球的温度比 19 世纪时高了约 1.1 ℃。2011—2020 年是有记录以来温度最高的 10 年。在 2018 年的一份报告中,数千名科学家和政府审查人员一致认为,将全球气温升幅限制在 1.5 ℃以内将有助于我们避免最严重的气候影响,维持宜居的气候。然而,按照目前的 CO_2 排放趋势,到 21 世纪末,全球气温可能上升 4.4 ℃。

许多人认为气候变化主要是指气温上升。但气温上升只是各种变化的开始。因为地球是一个系统,系统中的一切都是相互关联的,一个地区的变化会影响到其他地区的变化。现在,气候变化的后果包括严重干旱、缺水、特大火灾、海平面上升、洪水、极地冰层融化、灾难性风暴和生物多样性下降。气候变化影响我们的健康、住房、安全和工作。有些人更容易受到气候的影响,例如生活在属于发展中国家海洋岛国居民。海平面上升和盐水入侵等情况已经发展到整个社区不得不搬迁的地步。未来,预计"气候难民"的数量会增加。

面对气候变化的巨大挑战,国际社会已经采取了许多措施,如 UNFCCC 和《巴黎协定》。三大类行动包括:减少排放、适应气候影响和融资方面所需的调整。这些措施可以在改善生活和保护环境的同时带来经济效益。能源系统的优先选项从化石燃料转向太阳能等可再生能源,减少加速气候变化的排放。但我们必须现在就开始采取行动。虽然越来越多的国家承诺到 2050 年实现净零排放,但约一半的减排量必须在 2030 年之前落实,才能将气温升幅控制在 1.5℃以内。2020—2030 年,化石燃料的产量必须每年下降约 6%。适应气候变化可以保护人、企业、基础设施和自然生态系统。既要适应当前的变化,也要适应未来可能出现的变化。世界各地都需要适应,但现在必须优先考虑最脆弱的群体,他们应对气候灾害的资源是最少的。所以先考虑他们,回报率大概率较高。例如,采用灾害早期预警系统可以挽救生命和财产,带来相当于初始成本 10 倍的效益。气候行动需要政府和企业的大量财政投资。如果在气候方面不作为则要付出更沉重的代价。

1.1.2 联合国开展的关于可持续发展的工作

(1)联合国可持续发展历程。第一次联合国人类环境会议于 1972 年 6 月 5 日至 16 日在瑞典斯德哥尔摩召开,这是各国政府共同参与的大型国际会议,主要讨论了当时的环境保护问题,并达成了多项重要共识。会上通过了《联合国人类环境会议宣言》(又称《斯德哥尔摩宣言》,简称《宣言》)。《宣言》包含了 7 项共同观点和 26 项共同原则,旨在促进国际合作和协同行动以解决全球性的环境问题。此次会议的成功举办标志着国际社会对环境问题的关注达到了前所未有的水平,为后来的可持续发展事业奠定了坚实的基础。

联合国的可持续发展主要经历了四个阶段:①1972 年斯德哥尔摩联合国人类环境会议上通过了《宣言》,提出了许多有关环境保护的理念和建议。②1987 年发表了《布伦特兰报告:我们共同的未来》(*Our Common Future*),提出了"可持续发展"的概念,并确立了可持续发展的 3 大支柱为经济发展、社会发展和环境保护。③1992 年联合国环境与发展大会通过了《里约热内卢宣言》和《21 世纪议程》,正式提出了"可持续发展"的概念,确定了 17 个可持续发展目标,并提出了一系列政策措施和行动计划。④2015 年联合国可持续发展峰会上通过了《2030 年可持续发展议程》,明确了 17 个可持续发展目标的具体内容和实现期限,并提出了相关的行动计划和措施。可持续发展目标的发展历程历经数十年,从最初的环境保护理念逐步发展成为今天全球范围内的广泛共识和共同追求的目标。

(2)联合国可持续发展目标。可持续发展目标及其 17 个具体指标分别为:在世界各地消除一切形式的贫穷;消除饥饿,实现粮食安全,改善营养和促进可持续农业;让不同年龄段的所有的人过上健康的生活,提高他们的福祉;实现优质的教育;实现性别平等;提供清洁饮水和环境卫生设施;确保普及现代能源;创造就业机会和促进可持续经济增长;建立公正的社会制度和良好的治理;减少不平等;城市和社区的可持续发展;采取可持续的消费和生产模式;应对气候变化;保护陆地和海洋生态系统;守护地球上的生物多样性;和平和正义;促进伙伴关系。为了达到这些目标,各个国家和地区可以按照自身情况制定具体的行动计划,并在全球范围内进行协作和合作。各国家和地区可以根据自身的情况和发展水平,选择优先处理哪些目标,采取相关政策措施和措施,以促进可持续发展。

(3) 联合国可持续发展进展报告和评估。为了评估各国在实现可持续发展目标方面的进展情况,联合国设立了年度可持续发展目标报告和评估体系,每年发布最新的全球可持续发展目标进展报告,并对各国实现可持续发展目标的情况进行跟踪评估。

近年来,各国在某些领域的可持续发展目标取得了显著的进展,但也存在许多挑战。例如,在消除贫困方面,尽管全球贫困人口比例在过去几十年中已大幅下降,但仍有超过 1 亿人口生活在极度贫困之中。而在环境保护方面,虽然全球温室气体排放量增长速度已经减缓,但仍未能达到控制全球气温上升不超过 2 ℃的目标。

因此,要实现可持续发展目标,需要世界各国持续不断地努力和投入,包括制定适应本国国情的政策措施、加强科技创新和投资、增加教育和培训、提高公民意识和参与程度等。只有这样,才能确保在 2030 年之前实现所有可持续发展目标,让全人类共享一个更美好、更繁荣的未来。

(4) 可持续发展的重要性与挑战。可持续发展是指实现经济增长的同时保持生态环境的良好状态,以满足当代人的需求,同时也不损害后代的利益。实现可持续发展不仅可以保护自然和文化遗产,还可以改善生活水平、减轻贫困和缓解环境恶化等。

可持续发展的最大挑战之一是如何实现公平正义。公平正义意味着每个人都能获得基本的福利和利益,无论他们是哪一个阶层或种族,无论他们在何处居住。因此,各国家和地区必须采取措施,让可持续发展惠及所有人。另一个挑战是实现绿色发展,即可持续发展的前提是在不牺牲环境的前提下取得经济增长。要做到这一点,就需要采取一系列措施,包括转变消费模式、节约资源、投资基础设施建设和加强技术创新。最后,要想可持续发展真正实现,还需要全球参与。这就要求各国家和地区加大支持力度,加强国际间的技术交流和协调,采取有效的法律和政策,并鼓励多元化的投资和技术转让。总之,实现可持续发展是一项艰巨的任务,但是只要各方坚持正义和可持续的原则,就有可能克服种种困难,并且为子孙后代留下一个美好的生活环境。

(5) 对未来的展望。未来可持续发展的目标就是要实现经济发展、社会公平和环境保护之间的平衡,以确保全球繁荣、幸福和安全。为了实现这个目标,我们可以从以下几个方向着手:①加强国际合作和信息共享。通过跨国合作和交流,共同研究并采取措施应对全球环境问题。②加大科技创新力度。推广新技术,探索新的发展模式,为可持续发展提供技术支持。③强调公众参与和教育。提高公众对可持续发展理念的认知,强化全球公民的环境责任感和行动力。④推广绿色投资。鼓励投资于可持续的产业,为可持续发展提供财政支持。

实现可持续发展并非一朝一夕之事,需要持续的努力和付出。尽管有些国家和地区的进步较慢,但只要大家团结一致,就一定能够取得实质性的成果。在未来的几年中，我们需要继续努力，共同创造一个可持续的世界。

1.1.3 国际货币基金组织关于可持续发展的工作

（1）国际货币基金组织。国际货币基金组织（International Monetary Fund, IMF）是一个由189个国家和地区组成的国际组织，其宗旨在于促进全球经济增长、就业和社会进步，以及维持国际货币体系的稳定。作为其中一项重要任务，IMF通过各种方式积极推广可持续发展。

首先，IMF认识到可持续发展不仅对长期经济增长而言至关重要，而且可以减少贫困、改善社会福利和保护环境。因此，在制定经济政策和提供技术援助时，IMF都会考虑到可持续发展的因素。其次，IMF实施了一系列的可持续发展战略，包括提高经济增长的质量和稳定性、促进金融市场的稳定和开放、支持包容性增长等。再者，IMF还倡导绿色发展，鼓励成员采取相应的政策措施来应对气候变化等问题。此外，为了更好地实现可持续发展目标，IMF还与其他国际组织合作，例如世界银行和联合国开发计划署。这些合作伙伴关系为各国提供了更多的技术支持和资源，以促进可持续发展。

（2）主要职能和工作范围。IMF是一个全球性的金融机构，旨在促进国际经济合作、保持全球金融稳定和实现可持续发展。以下是它的主要职能和工作范围：①监测全球经济发展情况，特别是与金融市场和汇率变动有关的动态。通过定期发布报告和预测数据，IMF为成员提供有关全球经济形势的及时、准确的信息和分析。②维护国际货币体系稳定。IMF通过监测成员的货币政策及其与国际金融体系之间的联系，协助它们建立稳健的金融体系。当成员面临金融危机或需要平衡国际收支问题时，IMF将提供紧急贷款和其他形式的技术援助。③提供金融和技术援助。IMF向符合条件的成员提供贷款和其他形式的支持，帮助他们解决经济困境或推动可持续发展项目。此类援助通常附带一些条件，例如改革国内财政政策或改变经济增长模式等。④支持全球化进程。IMF致力于推动国际贸易自由化和投资便利化，并为发展中国家融入全球市场经济提供支持。此外，IMF还积极推动国际资本流动的管理机制建设，确保全球金融市场更加健康有序。⑤加强国际经济合作。IMF与成员、其他国际组织及私人部门开展紧密合作，以提高经济效率、减少贫困、促进可持续发展等方面取得实质性进展。

IMF在维护全球金融稳定、促进可持续发展以及加强国际经济合作方面扮演着至关重要的角色。作为一个多边组织，IMF将继续寻求各种途径以有效发挥其职能，并帮助成员应对全球经济发展带来的各种挑战。

（3）可持续发展的相关策略和政策。IMF通过一系列策略和政策来推广和支持可持续发展。这些举措主要包括以下几个方面：①制定适合可持续发展的宏观经济框架。IMF一直致力于帮助成员制定适当的宏观政策框架和战略，从而实现稳定、可持久的经济增长，并降低宏观经济风险。这包括采取适度的财政和货币政策、监管制度，以及推进结构性改革等方面的工作。②宣传可持续发展理念。IMF 定期发布报告和研究成果,提倡国际社会共同努力促进可持续发展的观念,通过研究实例和最佳实践分享可持续发展方法和经验教训,从而传播绿色经济、社会责任和气候友好型投资的理念。③推广绿色发展和能源转型。IMF 鼓励成员采用清洁能源、节能减排和绿色发展技术,并给予足够的支持和资助。此外,它还支持成员应对气候变化的挑战,并推广绿色金融等创新融资渠道和融资工具。④推进社会福利和就业水平。IMF 提倡建立健全的社会福利体系,以提升人们的收入水平和社会地位,并鼓励成员推行合理的税收和社保制度,从而实现更加公正和可持续的发展模式。⑤实施可持续发展的工具和资源。

IMF 运用多种工具和资源来实施可持续发展的计划和战略。这些工具和资源可以帮助成员在经济、金融、技术等方面推动可持续发展:①信贷和资金援助。IMF 通过提供贷款、赠款和其他形式的资金援助,以支持成员应对短期或长期经济发展中的问题,包括应对金融危机、维护宏观经济稳定以及提高生产能力等。②技术援助。IMF 为成员提供各类技术支持,包括财政、货币政策咨询、金融监管指导以及可持续发展的技术培训等。这些服务旨在提高成员在实施可持续发展战略方面的能力和技能,以实现经济增长和社会发展。③分析研究报告。IMF 发布大量的研究成果和分析报告,为成员提供可持续发展的理论基础和技术支撑。这些报告涵盖广泛的领域,包括能源转型、绿色投资、普惠金融以及社会福利等领域。④多边合作平台。IMF 与各大国际组织紧密合作,如联合国开发计划署、世界银行等,共同推动可持续发展议程的实施。IMF 还会定期举办研讨会、论坛等活动,让各国交流经验和探讨解决方案。

1.1.4　世界银行关于可持续发展的工作

（1）世界银行在可持续发展中的作用。世界银行(World Bank,全称"世界银行集团"),是联合国的一个专门机构。成立于 1945 年,于 1946 年 6 月开始营业,由国际复兴开发银行、国际开发协会、国际金融公司、多边投资担保机构和国际投资争端解决中心五个成员机构组成。它的宗旨是向成员提供贷款和投资,推进国际贸易均衡发展。它的主要目标是向发展中国家提供长期贷款和技术协助来帮助这些国家实现它们的反贫穷政策。

作为全球最大的开发机构之一,世界银行致力于帮助发展中国家实现可持续发展。通过提供贷款、技术援助和政策建议等方式,支持各国在经济、社会和环境方面取得可持续的进展。世界银行的可持续发展工作主要围绕以下几个方面展开:①促进经济增长。世界银行通过投资基础设施建设、提高生产力和创造就业机会等方式,支持发展中国家实现经济增长。同时,世界银行也注重推动包容性增长,确保经济增长惠及所有社会群体。②保护环境和自然资源。世界银行认识到环境保护和可持续发展之间的重要联系,致力于支持各国采取可持续的环境管理措施。世界银行通过提供资金和技术援助帮助各国改善环境状况、减少污染和应对气候变化等挑战。③促进社会公正和人权。世界银行认为,可持续发展必须建立在社会公正和人权的基础上。因此,世界银行支持各国加强社会保障体系、提高教育和卫生水平、促进性别平等方面的工作。④推动全球合作。世界银行积极促进各国之间的合作,以共同应对全球性的可持续发展挑战。世界银行与各国政府、国际组织和非政府组织等多方合作,共同制定并实施可持续发展战略。

（2）世界银行主要业务。世界银行的主要业务有金融产品与服务、创新型知识分享、贷款项目和非贷援助等。

金融产品与服务。世界银行是全世界发展中国家获得资金与技术援助的一个重要来源。世界银行向发展中国家提供低息贷款、无息贷款和赠款,用于支持对教育、卫生、公共管理、基础设施、金融和私营部门发展、农业,以及环境和自然资源管理等诸多领域的投资。部分世界银行项目由政府、其他多边机构、商业银行、出口信贷机构和私营部门投资者联合融资。世界银行也通过与双边和多边捐助机构合作建立的信托基金提供或调动资金。很多合作伙伴要求世界银行帮助管理旨在解决跨行业、跨地区需求的计划和项目。1947—2015 年,世界银行已经在 173 个国家开展 12 215 个项目,其中在中国开展 384 个项目,累计提供贷款 551.2 亿美元。

创新型知识分享。世界银行通过政策建议、分析研究和技术援助等方式向发展中国家提供支持。分析工作通常为世界银行本身的融资决策提供依据,也为广大发展中国家自己的投资活动提供借鉴。为确保各国获得全球最佳实践案例及前沿知识,世界银行不断寻求完善知识共享和与客户及广大公众保持接触的途径;如:①继续大力强调帮助发展中国家取得可衡量的成果。②努力改进各方面的工作,包括如何设计项目、如何对外提供信息（信息获取）、如何使项目和业务更符合客户国政府和社区的需要等。③免费提供越来越多且便于获取的工具和知识,帮助人民应对当今世界面临的发展挑战。

贷款项目。由于减贫在大多数中等收入国家中仍是一个十分重要的问题,所以世界银行通过国际复兴开发银行的贷款发挥其作用,即创造一种有利于吸引更多私人资本的投资环境,帮助制订有效和公平的社会支出方案,为建立人力资本和提供公平的经济机会创造条件。

非贷援助。对可提高借款国发展能力的项目而言,借款国既可获得贷款,也可获得非贷款援助。世界银行相关部门会全面了解借款国的发展问题、对外融资的需要和外部资金的可得性,以及对发展战略和捐款方的援助活动进行评估,事先找出穷人能够直接受益的高收益项目,为政策、公共支出咨询,以及项目和其他业务的开发提供分析基础。

1.1.5 中国双碳战略

（1）战略目标。到 2025 年,我国绿色低碳循环发展的经济体系初步形成,重点行业能源利用效率将大幅提升。单位国内生产总值能耗比 2020 年下降 13.5%;单位国内生产总值 CO_2 排放比 2020 年下降 18%;非化石能源消费比重达到 20% 左右;森林覆盖率达到 24.1%,森林蓄积量达到 180 亿立方米,为实现碳达峰、碳中和奠定坚实基础。

到 2030 年,我国经济社会发展全面绿色转型将取得显著成效,重点耗能行业能源利用效率将达到国际先进水平。单位国内生产总值能耗大幅下降;单位国内生产总值 CO_2 排放比 2005 年下降 65% 以上;非化石能源消费比重达到 25% 左右,风电、太阳能发电总装机容量达到 12 亿千瓦以上;森林覆盖率达到 25% 左右,森林蓄积量达到 190 亿立方米,CO_2 排放量达到峰值并实现稳中有降。

到 2060 年,绿色低碳循环发展的经济体系和清洁低碳安全高效的能源体系将全面建立,能源利用效率将达到国际先进水平,非化石能源消费比重达到 80% 以上。碳中和目标将顺利实现,生态文明建设取得丰硕成果,开创人与自然和谐共生新境界。

(2)碳达峰碳中和工作任务。实现碳达峰、碳中和是一项多维、立体、系统的工程,涉及经济社会发展方方面面。《中共中央 国务院关于完整准确全面贯彻新发展理念做好碳达峰碳中和工作的意见》(简称《意见》)坚持系统观念,提出 10 方面 31 项重点任务,明确了碳达峰碳中和工作的路线图、施工图,包括:①推进经济社会发展全面绿色转型,强化绿色低碳发展规划引领,优化绿色低碳发展区域布局,加快形成绿色生产生活方式。②深度调整产业结构,加快推进农业、工业、服务业绿色低碳转型,坚决遏制高耗能高排放项目盲目发展,大力发展绿色低碳产业。③加快构建清洁低碳安全高效能源体系,强化能源消费强度和总量双控,大幅提升能源利用效率,严格控制化石能源消费,积极发展非化石能源,深化能源体制机制改革。④加快推进低碳交通运输体系建设,优化交通运输结构,推广节能低碳型交通工具,积极引导低碳出行。⑤提升城乡建设绿色低碳发展质量,推进城乡建设和管理模式低碳转型,大力发展节能低碳建筑,加快优化建筑用能结构。⑥加强绿色低碳重大科技攻关和推广应用,强化基础研究和前沿技术布局,加快先进适用技术研发和推广。⑦持续巩固提升碳汇能力,巩固生态系统碳汇能力,提升生态系统碳汇增量。⑧提高对外开放绿色低碳发展水平,加快建立绿色贸易体系,推进绿色"一带一路"建设,加强国际交流与合作。⑨健全法律法规标准和统计监测体系,完善标准计量体系,提升统计监测能力。⑩完善投资、金融、财税、价格等政策体系,推进碳排放权交易、用能权交易等市场化机制建设。

(3)"1+N"政策体系。2021 年 5 月,中央层面成立了碳达峰碳中和工作领导小组作为指导和统筹做好碳达峰碳中和工作的议事协调机构,领导小组办公室设在国家发展改革委。按照统一部署,我国正在加快建立"1+N"政策体系,立好碳达峰碳中和工作的"四梁八柱"。中共中央、国务院印发的《意见》作为"1",总管长远发展,在碳达峰碳中和"1+N"政策体系中发挥统领作用。《意见》将与 2030 年前碳达峰行动方案共同构成贯穿碳达峰、碳中和两个阶段的顶层设计。"N"则包括能源、工业、交通运输、城乡建设等分领域分行业碳达峰实施方案,以及科技支撑、能源保障、碳汇能力、财政金融价格政策、标准计量体系、督察考核等保障方案。一系列文件将构建起目标明确、分工合理、措施有力、衔接有序的碳达峰碳中和政策体系,确保碳达峰碳中和工作取得积极成效。

1.2 碳中和

1.2.1 温室气体减排

温室气体减排,也被称为碳减排,是指通过各种方式减少大气中温室气体的浓度,以减缓全球气候变暖的速度。这些温室气体主要包括 CO_2、CH_4、氮氧化物等。

为什么需要减少温室气体的排放?温室气体能够吸收和反射地球表面的热量,使得地球的温度保持在适宜生物生存的范围内。然而,人类活动,如燃烧化石燃料、大规模的工业生产和农业活动等,导致大量的温室气体排放到大气中,从而加剧了全球气候变暖的趋势。

减少大气中的温室气体含量,可以减缓全球气候变暖的速度。通过以下几种方法实现减排:①提高能源效率。通过改进技术和设备,更有效地使用能源,从而减少温室气体的排放。例如,使用节能灯泡、高效能电器和建筑物等。②发展可再生能源。大力发展和使用太阳能、风能、水能等可再生能源,清洁的能源不会产生温室气体。③植树造林。树木可以吸收 CO_2,并将其转化为氧气,大力推广植树造林,增加碳汇。④减少化石燃料的使用。化石燃料的燃烧是产生温室气体的主要原因之一,应该尽量减少化石燃料的使用。例如:减少汽车的使用,改用公共交通工具;减少煤炭和石油的使用,改用清洁能源。⑤改变生活方式。我们的生活方式也会产生大量的温室气体。例如,过度消费、浪费食物等。我们应该改变这些不环保的生活方式。⑥政策引导。政府应该出台相关政策,鼓励和支持上述措施的实施。例如,提供补贴和税收优惠,鼓励企业和个人使用清洁能源和节能设备。

1.2.2 碳汇

(1) 碳汇的定义:碳汇的概念最早由联合国环境规划署提出,后被国际气候变化专门委员会(IPCC)所采纳。"汇"一词来源于 UNFCCC 缔约国签订的《京都议定书》,1997 年 12 月为缓解全球气候变暖趋势,由 149 个国家和地区的代表在日本京都通过了《京都议定书》,2005 年 2 月 16 日在全球正式生效。该议定书中将碳汇(carbon sink)定义为任何清除大气中产生的温室气体、气溶胶或温室气体前体的任何过程、活动或机制。碳汇在全球应对气候变化的政策和措施中起着重要作用,可以帮助实现减缓温室气体排放、增加大气中 CO_2 吸收的目标。全球可持续发展目标中的一个目标就是到 2030 年实现陆地退化的减少、恢复和可持续管理,这也涉及碳汇的增加与管理。

(2) 碳汇的做法:IPCC 认为,碳封存是陆地库或海洋库吸收含碳物质(特别是 CO_2)的过程,也就是将有关物质加入库中的过程。物理固碳就是采用碳捕集、利用与封存(CCUS)等负排放技术将空气中 CO_2 及其他温室气体捕获后深埋进地底或海底的碳库里。IPCC 发布的《全球升温 1.5C 特别报告》和第六次评估报告（AR6）分别将生物质能碳捕集与封存（BECCS）和直接空气捕集（DAC）等碳移除技术纳入 CCUS 技术内涵，这些技术与可再生能源相结合将提供负排放机会，从而降低大气中 CO_2 的浓度，减少气候风险。

IPCC 也指出，大多数 CO_2 移除措施可能对土地、能源、水、农业和粮食系统、生物多样性与其他生态系统功能和服务产生重大影响。生物封存包括从大气中直接移除 CO_2，方法有土地利用变化、造林、再造林、植被恢复、填埋场碳储存，以及增加农业土壤碳（包括耕地管理、牧场管理等）。对环境来说，生态系统碳汇更强调各类生态系统及其相互关联的整体对全球碳循环的平衡和维持作用，是对传统碳汇概念的拓展和创新。

（3）生态系统碳汇：森林、草原、湿地、农田、荒漠、水域、河口，以及海洋等生态系统都有固碳的功能，可以归纳为陆地生态系统碳汇（绿色碳汇）和海洋生态系统碳汇（蓝色碳汇）两大类。

陆地生态系统碳汇主要分为森林碳汇、草地碳汇、耕地碳汇等。①森林碳汇是指森林植物通过光合作用将大气中的 CO_2 吸收并固定在植被与土壤当中，从而减少大气中 CO_2 浓度的过程，森林面积只占陆地总面积的 1/3，但森林植被区的碳储量几乎占陆地碳库总量的一半。②草地碳汇主要将吸收的 CO_2 固定在地下土壤中，草地土壤的有机碳主要来源于植物的残根，它们在土中比较深、分解速率较小，因此草地土壤的有机碳密度要比森林土壤更高，全球草地占陆地生态系统碳总储量的 2.7% 至 15.2%。③耕地固碳仅涉及农作物秸秆还田固碳部分，只有作为农业有机肥的部分将 CO_2 固定到了耕地的土壤中。

海洋生态系统碳汇是将海洋作为一个特定载体，吸收大气中的 CO_2 并将其固化的过程和机制。联合国环境规划署报告认为，海洋生物（特别是海岸带的红树林、海草床和盐沼）能够捕获和储存大量的碳。蓝碳的捕获效率高，海岸的面积仅占全球海床面积的 0.2%，但它却贡献了海洋沉积物碳总量的 50%。海洋吸收了约 30% 的人为 CO_2 排放量。地球上超过一半的生物碳和绿色碳是由海洋生物（浮游生物、细菌、海草、盐沼植物和红树林）捕获的，单位海域中生物固碳量是森林的 10 倍，是草原的 290 倍。且蓝碳的封存时间比较长，可以达到上千年的时间尺度。

1.2.3　碳中和实现路径

碳中和（carbon neutrality），节能减排术语，一般是指国家、企业、产品、活动或个人在一定时间内直接或间接产生的 CO_2 或温室气体排放总量，通过植树造林、节能减排等形式，以抵消自身产生的 CO_2 或温室气体排放量，实现正负抵消，达到相对"零排放"。减少 CO_2 排放量的手段有碳封存和碳抵消。碳封存主要由土壤、森林和海洋等天然碳汇吸收储存空气中的 CO_2，人类所能做的是植树造林。碳抵消是指通过投资开发可再生能源和低碳清洁技术，减少一个行业的 CO_2 排放量来抵消另一个行业的排放量，抵消量的计算单位是 CO_2 当量吨数。一旦彻底抵消 CO_2 排放，我们就能进入净零碳社会。

1.2.4 碳减排量交易

碳减排量交易是为促进全球温室气体减排,减少全球 CO_2 排放所采用的市场机制。《京都议定书》把市场机制作为解决 CO_2 为代表的温室气体减排问题的新路径,即把 CO_2 排放权作为一种商品,从而形成了 CO_2 排放权的交易,简称碳交易。为达到 UNFCCC 全球温室气体减量的最终目的,前述的法律架构约定了 3 种排减机制:

(1)清洁发展机制(Clean Development Mechanism, CDM)。《京都议定书》第十二条规范的 CDM 针对 UNFCCC 附件一所列缔约方与未列入附件一的缔约方之间在清洁发展机制登记处(CDM Registry)的减排单位转让。机制旨在协助促进未列入附件一的缔约方在可持续发展的前提下进行减排,并从中获益,同时协助附件一所列缔约方透过清洁发展机制项目活动获得专用于清洁发展机制的排放减量权证(Certified Emissions Reductions, CERs),以降低履行联合国气候变化框架公约承诺的成本;

(2)联合履约机制(Joint Implementation, JI)。《京都议定书》第六条规范的联合履行,系 UNFCCC 附件一所列缔约方之间在监督委员会(Supervisory Committee)监督下,进行减排单位核证与转让或获得,所使用的减排单位为"排放减量单位"(Emission Reduction Unit, ERU);

(3)排放贸易(Emissions Trade, ET)。《京都议定书》第十七条规范的"排放交易",则是在 UNFCCC 附件一所列缔约方的国家登记处(National Registry)之间,进行包括 ERU、CERs、分配数量单位(Assigned Amount Units, AAUs)、清除单位(Removal Units, RMUs)等减排单位核证的转让或获得。

CDM 是《京都议定书》相关谈判的核心议题之一。谈判主要是围绕清洁发展机制的补充性,碳汇项目能否作为 CDM 项目、单边项目、基准线、清洁发展项目类型,缔约方会议和清洁发展机制执行理事会的分工,以及清洁发展机制的临时安排等几个方面进行。对发达国家来说,CDM 提供一种灵活的履约机制;对发展中国家而言,通过 CDM 项目可以获得一定资金和技术援助。因此,CDM 被认为是一种"双赢"机制。

1.3 CCER 概述

1.3.1 什么是 CCER

CERs 是基于 CDM 机制的国际合作产生的碳当量,也就是从被批准的 CDM 项目中得到的,经过对 1 t 碳的收集、测量、认证、签发所得到的减排量,需要联合国执行理事会向实施 CDM 项目的企业颁发经过指定经营实体(DOE)核查证实的温室气体减排量。用于强制性减排交易,主要在发达国家与发展中国家之间进行,执行标准较高。自愿减排(Voluntary Emission Reduction,VER)是经过联合国制定的第三方认证机构核证的温室气体减排量,属于自愿减排市场交易的碳信用额。CCER(China Certified Emission Reduction)是中国核证自愿减排量的简称,根据生态环境部《碳排放权交易管理办法(试行)》(2020)附则定义,CCER 是指"对我国境内可再生能源、林业碳汇、CH_4 利用等项目的温室气体减排效果进行量化核证,并在国家温室气体自愿减排交易注册登记系统中登记的温室气体减排量"。CCER 交易市场具有自愿性、主动性特性,所以个人或者公司、机构组织都能够成为碳减排的行动者和直接受益者。

CCER 与 CER 的主要差异在于市场和签发机构,CCER 的市场在国内,签发机构为生态环境部,CER 市场在国外,签发机构为联合国。

1.3.2　碳排放权交易

按照碳交易的分类,目前我国碳交易市场有两类基础产品,一类为政府分配给企业的碳排放配额,另一类为 CCER。

第 1 类:配额交易,是政府为完成控排目标采用的一种政策手段,即在一定的空间和时间内,将该控排目标转化为碳排放配额并分配给下级政府和企业,若企业实际碳排放量小于政府分配的配额,则企业可以通过交易多余碳配额,来实现碳配额在不同企业的合理分配,最终以相对较低的成本实现控排目标。

第 2 类:CCER,在配额市场之外引入自愿减排市场交易,即 CCER 交易。CCER 交易指控排企业向实施"碳抵消"活动的企业购买可用于抵消自身碳排的核证量。

"碳抵消"是指用于减少温室气体排放源或增加温室气体吸收汇,用来实现补偿或抵消其他排放源产生温室气体排放的活动,即控排企业的碳排放可用非控排企业使用清洁能源减少温室气体排放或增加碳汇来抵消。抵消信用由通过特定减排项目的实施得到减排量后进行签发,包括可再生能源项目、林业碳汇项目等。

碳市场按照 1∶1 的比例给予 CCER 替代碳排放配额,即 1 个 CCER 等同于 1 个配额,可以抵消 1 t CO_2 当量的排放。《碳排放权交易管理办法(试行)》规定重点排放单位每年可以使用国家核证自愿减排量抵销碳排放配额的清缴,抵消比例不得超过应清缴碳排放配额的 5%。

1.3.3　如何开发 CCER

根据《温室气体自愿减排交易管理暂行办法》与《温室气体自愿减排项目审定与核证指南》的规定,国内自愿减排项目的开发在很大程度上沿袭了 CDM 项目的框架和思路,主要项目设计、审定、注册、实施与监测、核查与核证、签发 6 个过程。

如想让一个项目成为自愿减排项目,应该使它符合国家规定的项目类别要求,并符合经过备案的方法学要求。目前,国家发改委已在信息平台分三批公布了 177 个备案的国家温室气体自愿减排项目方法学(CCER 方法学)。这些方法学的适用领域基本涵盖了联合国清洁发展机制方法学的范围,也为国内业主开发自愿减排项目提供了广阔的选择空间。

在申请前,备案项目应由经备案的审定机构审定。审定完成后,国资委直管的央企中涉及温室气体减排的企业可直接向国家发展改革委申请自愿减排项目备案,未被列入名单的企业则需通过项目所在省一级发展改革部门提交备案申请。在项目产生减排量后,应由上述审定和核证机构进行核查核证。如核查无异议,国家发改委会将项目发布到 CCER 登记簿上,企业即可出售项目 CCER。不仅风电项目的减排量可以交易,按照国家发改委气候司的规定,目前共有 54 种减排方式可以在陆续启动的 7 个碳交易试点省市出售,除风电外,还包括光伏等其他可再生能源、煤层气、余热利用、高效照明、生物柴油、锅炉改造甚至从动物粪便中回收的 CH_4 等均可进行交易。

1.3.4　CCER 开发流程

CCER 项目的开发流程在很大程度上沿袭了清洁发展机制(CDM)项目的框架和思路,主要包括项目文件设计、项目审定、项目备案、项目实施、项目监测、项目核证、减排量签发 7 个步骤:

(1)项目设计。由咨询机构按照国家有关规定,开展基准线识别、造林作业设计调查和编制造林作业设计(造林类项目)或森林经营方案(森林经营类项目),并报地方林业主管部门审批,获取批复。项目业主协助咨询机构开展调研和开发工作,识别项目的基准线、论证额外性、预估减排量,编制减排量计算表、编写项目设计文件(PDD)并准备项目审定和申报备案所有必需的一整套证明材料和支持性文件。

(2)项目审定。由项目业主或咨询机构委托国家发展改革委批准备案的审定机构,选用适合的林业碳汇项目方法学,按照规定的程序和要求开展独立审定。由项目业主及咨询机构跟踪项目审定工作,并及时反馈审定机构就项目提出的问题和澄清项,修改、完善 PDD。审定合格的项目,审定机构出具正面的审定报告。

(3)项目备案。项目经审定后应向国家发展改革委申请项目备案。项目业主企业(央企除外)需经过省级发改委初审后转报国家发展改革委,同时需要省级林业主管部门出具项目真实性的证明,主要证明土地合格性及项目活动的真实性。国家发展改革委委托专家进行评估,并依据专家评估意见对自愿减排项目备案申请进行审查,对符合条件的项目予以备案。

(4)项目实施。根据 PDD、林业碳汇项目方法学和造林或森林经营项目作业设计等要求,相关人员应开展营造林项目活动。

(5)项目监测。相关人员应按备案的 PDD、监测计划、监测手册实施项目监测活动、测量造林项目实际碳汇量、编写项目监测报告、准备核证所需的支持性文件,用于申请减排量核证和备案。

(6)项目核证。由项目业主或咨询机构跟踪项目核证工作,并及时反馈核证机构就项目提出的问题,修改、完善项目监测报告。对审核合格的项目,核证机构出具项目减排量核证报告。

（7）减排量签发。由国家发改委委托专家进行评估,并依据专家评估意见对自愿减排项目减排量备案申请材料进行联合审查,对符合要求的项目给予减排量备案签发。

以上7个流程完成后,签发下来的核证减排量就是最终在碳排放权交易市场可交易的产品。

1.3.5　CCER 的价值与收益

碳排放权交易目前已成为欧美等国实现低成本减排的市场化手段之一。虽然我国有非常丰富的碳减排资源和极具潜力的碳减排市场,但是碳交易发展相对落后,目前还没有设立相关的碳期货及碳交易等各种碳金融衍生创新产品。面临全球碳交易及其定价权缺失带来的严峻挑战,我国必须进行全方位的战略谋划,探索碳排放权期货交易的可行性,以掌握碳交易及其定价的话语权。自愿碳减排是建立国内碳排放交易市场前的有力尝试,具体指在自愿碳减排市场中,政府、企业、个人为了对自己排放的温室气体作出抵偿,力图实现"碳中和",而购买碳信用额的一种交易模式,可为研究碳排放交易市场的交易机制、认证机制、政策法规等提供实践依据。

通过自愿碳减排,政府、企业、个人可以掌握自愿碳减排的审批流程、运作模式,为后续碳减排权交易奠定坚实的基础。自愿碳减排可为政府、企业、个人提供良好的学习和交流机会;通过树立自愿碳减排的市场理念,可吸引一大批排放类企业、碳排放权投资者进入到自愿碳减排市场。

CCER 交易是形成全国统一碳市场的纽带,是全国碳市场配额价格发现的助推剂。CCER 市场价格应能反映 VER 项目平均减排成本并得到交易各方认可。全国碳市场中,CCER 交易无论是用于配额抵消还是作为碳金融产品交易,都必然与配额交易连接,CCER 价格必然影响到配额价格,进而影响配额供需,使配额价格趋于体现市场供需情况和真实减排成本,促进配额价格的市场发现。

CCER 交易是调控全国碳市场的市场工具。建设全国碳市场的核心目标是采用市场机制实现低成本减排,因此,必须调控全国碳市场交易价格,降低企业履约成本。全国碳市场在短期内难免出现价格波动和反复,用行政手段进行碳市场调控,不仅不可持续,而且易造成市场硬着陆,必须使用市场工具来代替行政手段进行市场调控,CCER 交易正是调控全国碳市场的市场工具。

1.3.6　CCER 项目

CCER 项目是指能够产出 CCER 减排量的项目,像我们常见的风电、光伏发电、林业碳汇等项目都可以是。其实,我们也可以将 CCER 理解为国家给"具有温室气体减排效果项目"的额外奖励,项目方在完成项目的同时,获得的 CCER 经核证后可在碳市场进行交易并获得收益。CCER 从开发到交易获利的过程包括:①量化,项目申报方开发 CCER 项目后,按照相关要求计算出减排量。②核证,由第三方审定和核查机构依照国家有关规定对减排量进行"核查、出具报告、公示"。③登记交易,项目申报方在注册登记系统中"公示、登记减排量"后就可以在碳市场进行交易了。

自然资源部及发改委发布的十二批 CCER 方法学,以及广东、北京、四川、贵州、重庆等 10 个地区的方法学,共 275 项,包括电力、交通、化工、建筑、碳汇等近 40 个领域。其中涉及林业的有《碳汇造林项目方法学(AR - CM - 001 - V01)》《竹子造林碳汇项目方法学(AR - CM - 002 - V01)》《森林经营碳汇项目方法学(AR - CM - 003 - V01)》和《可持续草地管理温室气体减排计量与监测方法学(AR - CM - 004V01)》4 个方法学。

1.3.7 林业碳汇与 CCER

我们国家的林业碳汇,对上面这个系统性的过程又分了 3 类:①国际机制下的林业碳汇,参与的清洁发展机制(即 CERs)。②独立机制下的林业碳汇(国际核证减排标准 VCS)。③我们国内机制下的林业碳汇(即 CCER)。

我国碳市场建设实践过程中,林业碳汇项目国际、国内市场共存有 9 种机制类型。国际包括:CDM 项目、国际自愿碳标准(VCS)项目和黄金标准(GS)项目;国内包括:CCER 项目、中国绿色碳汇基金会(CGCF)自主开发项目、北京市核证减排量(BCER)项目、广东省碳普惠制核证减排量(PHCER)项目、福建省林业碳汇减排量(FFCER)项目和贵州省单株树碳汇扶贫项目。这些项目发挥了林业在应对气候变化方面的重要作用,丰富了碳市场交易产品,降低了排放企业减排成本,调动了社会力量参与应对气候变化的意识和行动,促进了林农就业增收和脱贫,拓展了林业生态补偿途径和形式,实现了碳汇生态产品价值转换。但也依然存在政策制度体系不够健全、自愿减排管理机制不够完善、项目产权不够明晰、项目开发交易流程复杂、碳汇交易品种和补偿机制相对单一、对林业碳汇交易认识不清、交易成本和风险高等问题。

截至 2017 年暂停签发,全国已有 2 871 个 CCER 审定项目,861 个备案项目。其中风电、水电、光伏项目占比较大,共有 97 个林业碳汇 CCER 审定项目,占比 3.4%,备案项目 15 个,其中 3 个项目已签发首期减排量。林业碳汇 CCER 项目主要分为造林碳汇、森林经营、竹子碳汇和竹林经营四类,其中造林碳汇为主要类型,CCER 审定项目数量达 66 个,其次为森林经营,项目数量为 25 个,竹林经营项目数量 5 个,竹子造林项目数量 1 个,审定预计减排总量 5.59 亿 t。VCS 由国际排放交易协会、世界经济论坛及气候组织发起,目前参与国家达 80 余个。截至 2022 年底,全球已注册了 1 923 个 VCS 项目,已签发项目 1 556 个,已签发碳信用 10.45 亿 tCO_2e,其中中国共有 880 个 VCS 项目。全球共有 205 个林业碳汇 VCS 项目,主要分布在中国、巴西、哥伦比亚、秘鲁、肯尼亚等地,其中中国共有 29 个林业碳汇 VCS 项目,数量居全球第一。

参考文献

［1］林道谦.《联合国人类环境会议宣言》简介［J］.云南地理环境研究,1992,(1):14-15.

［2］联合国人类环境会议 人类环境宣言［J］.石油化工环境保护,1993,(2):59-61.

［3］联合国人类环境会议与《人类环境宣言》［J］.中国投资,2011,(6):64.

［4］浙江省环境监测中心.关于消耗臭氧层物质的蒙特利尔议定书［J］.环境污染与防治,2016,38(12):113.

［5］孙伯英.蒙特利尔关于消耗臭氧层物质议定书的要点［J］.环境科学,1989,(6):33.

［6］联合国大会.联合国气候变化框架公约(1)［J］.环境保护,1992,(9):2-6.

［7］联合国大会.联合国气候变化框架公约(2)［J］.环境保护,1992,(10):2-6.

［8］边际.联合国气候变化框架公约［J］.国土绿化,2017,(2):53.

［9］巴黎气候大会.巴黎协定［EB/OL］(2015-12-12)［2023-12-31］.https://mp.weixin.qq.com/s?__biz=MzkyNDMyNzM1Mw==&mid=2247487179&idx=1&sn=70639fa7b1776e7f4cae78742970ccb8&chksm=c1d6c21df6a14b0be6c7c28e8278048c6830cd8a3cb9dc1a359c05bfab4cff3e4551c435624a&scene=27.

［10］联合国大会.政府间气候变化专门委员会(IPCC)第一次评估报告［EB/OL］(1990-3-1)［2023-12-31］.https://max.book118.com/html/2023/0927/5240104224010333.shtm.

［11］联合国大会.政府间气候变化专门委员会(IPCC)第二次评估报告［EB/OL］(1995-3-15)［2023-12-31］.https://www.cma.gov.cn/2011xzt/2012zhuant/20120831/2012083108/201208/t20120830_3104213.html.

［12］联合国大会.政府间气候变化专门委员会(IPCC)第三次评估报告［EB/OL］(2001-3-20)［2023-12-31］.https://baike.baidu.com/reference/18867345/533aYdO6cr3_z3kATKGNnqmlZnrBN9r-6reBALjzzqiP0XOpW43sTo0x6jkv-_h3GA6Fs5dvLtUb2eblCEtE6-gRcO82XeYjnXb4TjHFwbrl-d42hikA_tY.

［13］联合国大会.政府间气候变化专门委员会(IPCC)第四次评估报告［EB/OL］(2007-3-20)［2023-12-31］.http://big5.www.gov.cn/gate/big5/www.gov.cn/wszb/zhibo45/content_588327.htm.

［14］联合国大会.政府间气候变化专门委员会(IPCC)第五次评估报告［EB/OL］(2014-3-31)［2023-12-31］.https://www.cma.gov.cn/2011xzt/2014zt/20141103/2014050701/201411/t20141103_265969.html.

第 2 章

国内外林业碳汇和森林碳汇现状

探讨国内外林业碳汇的现状是理解全球气候变化应对策略的关键组成部分。森林作为地球上重要的碳汇之一,对缓解气候变化和维护生态平衡发挥着至关重要的作用。本章将集中阐述中国的林业碳汇现状,分析其在全球碳循环中的作用及政府在推动林业碳汇发展方面采取的策略。随后,本章将对比研究美国、日本、韩国,以及欧盟在林业碳汇领域的进展和所遇挑战。通过对这些国家和地区的林业碳汇现状的比较分析,可以帮助读者更好地理解全球森林碳汇的多样性和复杂性,并探讨各国在碳减排和气候变化适应策略中的不同路径。

2.1　中国碳汇现状

(1) 中国林业碳汇总体情况。中国政府高度重视并积极支持林业碳汇的发展,实施了一系列政策措施,如推行造林、森林管理等,吸收并固定大气中的 CO_2,形成了一套与国内外减排机制相结合的林业碳汇运作模式。科研层面的探讨和研究也在持续进行中。

通过整合分析发现,1999—2018 年,中国森林生态系统的碳储量年均增长量约为 (208.0 ± 44.5) TgC/a 或 (762.0 ± 163.2) TgCO$_2$-eq/a,其中生物质、死有机质和土壤有机碳库的年均增长量分别约为 (168.8 ± 42.4) TgC/a、(12.5 ± 8.1) TgC/a 和 (26.7 ± 10.9) TgC/a。除木质林产品和森林以外的其他林木碳储量分别增长了 (49.0 ± 15.1) TgC/a 和 (12.0 ± 11.1) TgC/a。中国的森林面积也呈现出持续增长的态势。据 IPCC 的报告,预测到 2030 年,全球碳汇能力将达到 27.5 亿 tCO$_2$e/a,而《全球森林资源评估 2020》显示在 2010—2020 年间,中国的森林年均净增长量达到 190 万 hm^2,森林面积年均净增长为全球第一。

(2) 各地区林业碳汇情况。从地区分布来看,97 个林业碳汇 CCER 审定项目分布在全国 23 个省市,其中吉林、内蒙古、黑龙江、湖北、广东等地凭借丰富森林资源成为林业碳汇 CCER 审定项目主要聚集地。15 个备案项目则分布在广东省、北京市等 8 个省市,其中广东有 3 个、内蒙古 3 个、河北 3 个、黑龙江 2 个、北京 1 个、江西 1 个、湖北 1 个、云南 1 个。

从 97 个林业碳汇 CCER 审定项目单位面积年均减排量来看,林业碳汇减排量为 4.95 tCO$_2$e/hm^2。四大类细分类型中,造林碳汇减排量居首位,达 11.26 tCO$_2$e/hm^2,因此也成为了林业碳汇 CCER 审定项目主要类型;其次为竹子碳汇,其减排量为 9.35 tCO$_2$e/hm^2。森林经营与竹林经营减排量相对较小。

(3) 四类林业碳汇。从计入期来看,四类林业碳汇 CCER 审定项目计入期最短为

20 年,其中造林碳汇、森林经营计入期最长不超过 60 年,竹子碳汇计入期最长 30 年,竹林经营则最长不超过 40 年。目前,有 53 个林业碳汇 CCER 审定项目计入期为 20 年,占比达 55%。计入期为 60 年的项目占比 25%。目前,CCER 市场供给已严重不足,呈现紧缺状态,价格大幅上涨。未来随着碳市场的扩容,CCER 需求量将进一步增加,重启 CCER 已成为大势所趋。在 2022 年 12 月,生态环境部应对气候变化司司长在国际金融论坛(IFF)2022 年全球年会上表示,下一步中国将争取尽早重启 CCER 市场。目前我国已出台 CCER 管理办法修订,CCER 在 2023 年 10 月 20 日重启。而林业碳汇作为 CCER 重要组成部分之一,在 CCER 重启后将迎来快速发展的黄金时期。预计到 2030 年林业碳汇交易整体市场规模有望达 1 344 亿元。

除国际层面的 VCS 与国家层面的 CCER,福建、广东等地也纷纷推出了核证自愿减排量,积极探索林业碳汇权交易。福建省作为国内森林覆盖率最高的省份,将 FFCER 列为福建碳市场三大交易标的物之一。截至 2022 年 11 月,FFCER 成交量达 385 万 t,成交额达 5 745 万亿元,稳居全国首位。广东在 2017 年推出了广东碳普惠抵消信用机制,并正式允许接入碳交易市场。截至 2021 年 6 月底,广东省备案 PHCER 减排量达 191.97 万 t,其中林业碳汇占比达 92%。截至 2022 年末,PHCER 累计交易量达 538.07 万 t,2022 年全年交易 3.81 万 t。

总的来看,中国林业碳汇的现状表现为政府鼎力支持、科研深入探索的综合成果。森林面积的持续增长,展现出了良好的发展势头。

2.2 美国碳汇现状

(1) 美国林业碳汇开发现状。由于森林演替,气候对美国森林的恢复具有一定作用。然而,尽管目前北美森林生物量碳已达到其固碳潜力(21 世纪 80 年代,RCP8.5)的 78%,但未来生物量增长潜力非常有限。如果考虑干扰等因素,未来 60 年内北美森林固碳潜力可能所剩无几。这意味着美国的林业碳汇能力接近于饱和,需要更多的关注和保护。在国际社会,目前全球 13 个国家及地区碳交易体系中被纳入了林业碳汇抵消机制,国际林业碳汇交易融资累计超过 60 亿美元,正在实施或正在开发的林业碳汇项目超过 1 500 个。

(2) 森林面积的历史趋势和未来预测。2017 年,美国森林总面积为 7.65 亿英亩[①]。1977—2017 年,森林和林地增加 3.6%,其中,林地蓄积量增长 39%;2012 年森林总面积达到 6.359 亿英亩,随后开始出现减少迹象。1977—2017 年,落基山脉、南北部、东部林地面积持续增加,西部和太平洋沿岸面积反而减少。

2020 年森林总面积为 6.34 亿英亩,其中,林地面积 4.98 亿英亩(占比约 78.5%)。2020—2070 年,林地面积预计将减少 0.084 亿～0.151 亿英亩,南部森林减少最多,约

---

① 1 英亩约为 4 046.86 平方米。

0.057 亿~0.101 亿英亩。

（3）森林碳储量历史趋势和未来预测。1990 年,美国森林总碳储量为 406 亿 t,碳储量增长约 1.73 亿 t/a;1990—2019 年,森林碳储量持续增长,主要是由于造林活动和森林生长。其中,1990 年,地上生物量碳库储量的增长占增长总量的 67% 以上;1990—2020 年,地下生物量、枯落物和枯木碳库储量占比同样呈现增加趋势。

2019 年,碳储量增长约 1.55 亿 t,地上生物量碳库储量的增长约占增长总量的 70%;2020 年,森林总碳储量为 455 亿 t,地上生物量和土壤碳库储量占比在 80% 以上,地下生物量、枯落物和枯木约占 17.5%。

2020—2070 年,地上生物量碳密度预计增加 17%~25%,但碳固存量将逐年减少;2050 年后的太平洋沿岸森林和 2060 年后的南部森林将转变成为碳源。预计落基山脉森林对气候变化最为敏感,将在 2070 年转变为碳源。北部森林也将在 2070 年成为碳源。美国作为世界上重要的经济体之一,其林业碳汇项目也受到了广泛的关注和全球范围的参与。

2.3　日韩与欧盟碳汇现状

（1）日本林业碳汇现状。日本的森林碳汇研究进展非常活跃。在全球变暖和气候变化问题上,日本作为全球重要的经济体之一,一直在积极寻求解决方案。随着《京都议定书》于 2005 年生效,林业碳汇问题已经越来越受到全世界各地的关注。在具体行动上,日本承诺将在 2008—2012 年第一承诺期内承担比 1990 年减排 6% 的义务。然而,实现这一目标的难度较大,因此日本加大了对林业碳汇研究的投入,希望通过提升森林的碳吸收能力来助力达成减排目标。

此外,日本对林业碳汇市场形成和发展的相关研究也在不断深入。例如,相关部门及单位从碳汇的减排成本优势、碳汇市场的发展潜力、碳汇的交易成本、碳汇市场体系的构建等方面进行了深入探讨。这些研究为日本乃至全球的林业碳汇市场发展提供了重要参考。

日本的林业碳汇市场正在逐步发展和完善。为实现“CO_2 排放量力争于 2030 年前达到峰值,努力争取 2060 年前实现碳中和”的目标,日本出台了《2050 年碳中和绿色增长战略》,这是日本低碳发展的重要依据。该战略中提出了 30 年实现碳中和的目标和重点任务,包括促进产业低碳化转型,实现零碳社会。

在政策引导下,日本对于林业碳汇市场的发展也给予了足够的重视。例如,通过调整产业结构等路径实现碳达峰,采用生态固碳及技术固碳实现碳中和。其中,生态固碳的主阵地在森林碳汇,因此巩固提升林业碳汇的重要性不言而喻。

尽管具体的市场规模数据暂时无法获取,但可以肯定的是,随着全球对于碳排放的日益关注及各国对于碳中和目标的设立,林业碳汇市场的潜力巨大。而日本作为全球重要的经济体之一,其在林业碳汇市场的表现无疑将对全球的碳减排工作产生重要影响。

日本的森林覆盖率非常高,截至 2019 年底,其森林覆盖率高达 66%,相当于国土面积的 2/3 被森林覆盖。其中,40% 的森林是人工林,总蓄积量达到了 52 亿 km²。防护林面积为 12 余万 km²,而日本国有林总面积 7.58 万 km²,占林地面积的 30%,占日本土地面积的 20%。总蓄积量为 11.5 亿 m³。其中,人工林蓄积量为 4.67 亿 m³,天然林蓄积量为 6.83 亿 m³。在碳排放方面,根据联合国《2020 年排放差距报告》数据,日本碳排放量占全球比重约为 2.8%,虽然总排放量远低于中国、美国、印度、俄罗斯,但人均排放仍高于中国、欧盟国家和印度。

此外,日本也在积极探索完善碳汇交易体系,包括激励政策、参与途径、管理模式、宣传引导及技术支撑等方面。总的来说,日本的森林碳汇现状表现为开发、保护丰富的森林资源和积极的减碳政策。

(2)韩国林业碳汇现状。韩国的林业碳汇市场与其全国性碳排放权交易市场(KETS)密切相关。自 2015 年 1 月起,韩国启动了 KETS,这是目前世界第二大国家级碳市场,仅次于欧盟碳市场。KETS 覆盖了钢铁、水泥、石油化工、炼油、能源、建筑、废弃物处理和航空业等八大行业。在具体操作上,该市场的交易分三个阶段进行,分别是阶段一(2015—2017 年)、阶段二(2018—2020 年)和阶段三(2021—2025 年)。配额分配从免费过渡到以免费分配为主、有偿拍卖为辅的方式。然而,受到新冠肺炎疫情的影响,碳价格在 2020—2021 年整体呈下降趋势。值得一提的是,韩国对于减碳减排措施有着深入的研究和实践。如建立碳排目标管理制度(TMS)、引入碳市场和碳交易机制(ETS),推动经济向低碳可持续方向转型等,这些已有短则数年,长则 10 余年的实践经验。韩国对于林业碳汇的研究主要集中在气候变化、碳储量、森林管理及生物质能源等方面。具体来说,2000—2005 年,韩国的研究热度一直集中在气候变化和碳储量等领域,而自 2006 年起,他们的研究内容开始更多地集中在森林管理和生物质能源方面,并且韩国不断探索新的领域,如低碳经济、生态补偿等。

韩国是经济合作与发展组织(OECD)工业化国家中第七大温室气体排放国,为了应对气候变化,韩国自 2009 年起开始推进全国碳市场建设,并于 2015 年 1 月正式开始交易。该碳市场覆盖了八大行业:钢铁、水泥、石油化工、炼油、能源、建筑、废弃物处理和航空业。

在林业碳汇方面,全球有 13 个国家及地区的碳交易体系中纳入了林业碳汇抵消机制,韩国是其中之一。韩国的林业碳汇项目开发已经开始,正在实施或正在开发的林业碳汇项目超过 1500 个。这些项目的实施有助于增加森林的碳储量,从而提升森林生态系统对减缓气候变化的作用。

总体而言,韩国在林业碳汇方面的工作主要通过建立全国碳市场和开展林业碳汇项目等途径进行,以实现减少碳排放的目标并应对气候变化的挑战。

(3)欧盟林业碳汇现状。欧盟的林业碳汇市场是其碳排放交易体系(EU ETS)的一部分,该体系涵盖了能源、工业和农业等领域。目前,欧盟正在计划将土地使用、土地变化和林业(LULUCF)纳入 EU ETS 交易体系,然而,在欧盟碳市场的碳信用项目中,现在并没有把所有的造林/再造林项目纳入其中。这是由于欧盟碳市场各交易阶段对抵消信用额度的使用作出了不同的限制。

　　欧盟的林业碳汇市场是一个充满活力且不断发展的市场,它不仅有助于实现碳排放的减少,而且通过市场化手段参与林业资源交易,可以产生额外的经济价值。欧盟对森林碳汇的研究主要通过实地调查和模型模拟等现代方法来评估森林碳汇的现状和潜力。在气候变化问题上,欧盟充分认识到森林作为重要的经济资产和环境资产,在吸碳固碳中发挥不可代替的作用。全球变暖正成为人类社会面临的重大威胁之一,这也使得欧盟对森林碳汇的研究越来越重视。

参考文献

［1］智研咨询. 2023—2029 年中国林业碳汇行业发展模式分析及未来前景规划报告［EB/OL］(2023 - 1 - 16)［2023 - 12 - 31］. https://business.sohu.com/a/630864126_121308080.

［2］美国农业部. 美国森林和牧场的未来:林务局 2020 年资源规划法案评估［EB/OL］(2023 - 7 - 24)［2023 - 12 - 31］. https://finance.sina.cn/esg/2023 - 08 - 30/detail-imziypnx7972473.d.html.

第 3 章

林业调查技术

　　本章将详细讨论在碳汇计量、林业和生态研究中广泛使用的不同类型的调查技术，这些技术是获取森林和生态系统数据的重要工具。本章将重点介绍抽样调查技术、标准地调查技术、大样地调查技术，以及生物量与碳测定方法。这些技术在森林资源评估、生物多样性研究，以及碳储量和生物量估算中发挥着关键作用。

3.1　抽样调查技术

　　通常在实际问题研究中，研究的对象即总体所包含的单元数较多，如果进行全面调查（即普查），对总体中所有单元一一调查，需要花费大量的时间和精力，费用也比较高。如一个林场的林木总株数太多，很难实施全面调查。普遍的做法是从总体所有单元中抽取部分单元进行调查，抽中的单元集合构成样本，用样本信息去推断总体特征。非全面调查相对于全面调查来说具有以下优点：①调查时间短，速度快。②调查费用少，成本低。③调查结果较准确。④应用范围广等。例如调查福建省市民对快递行业的满意度，可抽取部分市民作为研究的样本；调查一个几十万 hm^2 林场的森林蓄积量，该林场全部立木的材积为总体，单元可以是林场内的每一棵树，也可以是人为划分的面积，可抽取部分单元的森林进行调查。据经验，在森林调查中，通常以样地为抽样单元，样地的大小一般采用经验数字为 $0.06\sim0.08\,hm^2$，在林分变动较大的林区用 $0.1\,hm^2$。其中，幼龄林用 $0.02\sim0.04\,hm^2$ 较合适，中龄林用 $0.04\sim0.06\,hm^2$，成过熟林地区一般用 $0.08\sim0.10\,hm^2$。

　　研究人员可依据不同的调查设计方案，抽取部分满足调查要求的单元，收集感兴趣的指标信息。以单元是否按照一定的概率入样为依据，将抽样调查方式划分为概率抽样和非概率抽样两大类。概率抽样又称随机抽样，指按照一定的概率以随机原则抽取样本。在抽样的过程中，随机原则需要确保总体中的每个单元都要有机会被抽中，每个单元被抽中的概率都是可以计算的，不同单元被抽中的概率可相等也可不相等。非概率抽样则是研究人员以方便为出发点或依据主观判断来抽取样本，这种抽样方主要依赖研究者个人的经验和判断，它无法估计和控制抽样误差。因此，非概率抽样收集的样本数据无法进行量化来推断总体。概率抽样相较于非概率抽样，避免了主观因素的干扰，能够保证样本的代表性，由于抽取的概率已知，可以估计抽样误差，明确样本推断总体的估计效果，可以更广泛应用于各类社会经济现象的调查。概率抽样方法有简单随机抽样、系统抽样、分层抽样和整群抽样等。

3.1.1 简单随机抽样

简单随机抽样是指从总体 N 个单元中随机地抽取 n 个单元构成研究样本,每一个单元都有相同的概率被抽中。它是概率抽样中最基本的抽样方法,是其他抽样方法的基础。采用简单随机抽样时,有放回抽样和无放回抽样 2 种做法。当总体单元数 N 很大时,无放回抽样可等同于有放回抽样。通常,抽样框是一份包含所有抽样单元的资源,包括名单、手册、地图、数据包等。

简单随机抽样的特点是简单、直观。在抽样框完整时,可直接从抽样框中抽取样本,用样本统计量对目标量进行估计也比较方便。但是这种方法也有局限性。当总体单元数 N 很大时,不易构造抽样框;简单随机抽样抽取的单元可能会很分散,会给调查人员实施调查增加困难。对于简单的总体,即总体中各单元较相似,用简单随机抽样抽取的样本代表性较好,但针对复杂的总体,样本的代表性就难以保证。比如,某班有男生 36 人,女生 24 人,从全班抽取一个容量为 10 的样本,分析某种身体素质指标,已知这种身体素质指标与性别有关,若用简单随机抽样,可能抽取的样本 10 个全是男生或全是女生,用这样的样本去做研究肯定是不合适的。所以,简单随机抽样比较适合于总体单元数 N 不是很大且较为简单的总体。

例 3-1 某林场现有林地面积共 $500\,hm^2$,要调查该林场的蓄积量,用简单随机抽样法确定调查样本。

解:本案例中的研究对象是整个林场的蓄积量。该林场林地面积较大,很难实施全面调查。考虑采用抽样调查,根据简单随机抽样,利用地形图、森林分布图等资料进行布点,对林场总体面积进行区划,将该林场划分为面积相等大小的样地,可以设样地面积为 $0.06\,hm^2$,对每个样地进行编号,然后以样地为总体单元,从中随机抽取 20 个样地,在图纸上进行标记,最后到林场中用 GPS 对抽中的样地定位,开展实业调查。

3.1.2 系统抽样

系统抽样是先将总体中各单位按一定顺序排列,根据样本容量要求确定抽选间隔,然后随机确定起点,每隔一定的间隔抽取一个单位的抽样方式。最简单也是最常用的是等间距抽取,所以又被称为等距抽样。

系统抽样的特点是样本均匀地分布,抽样过程简单易行,但需要较为详细、具体的相关资料,即需具备完整抽样框。系统抽样具体的实施步骤为:首先,将总体从 $1\sim N$ 相继编号,并计算抽样距离 $d=N/n$,式中 N 为总体单位总数,n 为样本容量。然后,从

$1 \sim d$ 的编号中抽一随机数 k，作为样本的第一个单位。最后，每隔 d 抽取一个单元编号，取 $k+d$，$k+2d$，$\cdots$，直至抽够 n 个单位为止。系统抽样能保证样本较均匀地分布在总体内，与简单随机抽样比较，其样本代表性提高了。

系统抽样常被应用于森林资源清查中，尤其是大面积的自然资源抽样调查。对大面积森林资源进行调查时，总体单元之间可能在地域上相邻，因此对地域分布的总体与社会调查的系统抽样过程不太一样。下面是一个林地的林木蓄积量调查采用系统抽样的例子。

例 3 - 2　林地总面积为 $A=100\,hm^2$，要调查该林地的林木蓄积量。单元面积为 $0.1\,hm^2$，总体单元数 N 为 500，按照系统抽样法从中抽取样本单元数 n 为 25。

解：大林区的抽样框很难构造，可根据样本量计算出各样本单元的间距，利用地形图进行布点，按规定间距把各样本单元定位。

（1）计算样本单元间距离。2 个样地之间的实际地面距离 L 应为 $100 \times \sqrt{\dfrac{A}{n}} = 100 \times \sqrt{\dfrac{100}{25}} = 200\,m$；然后把实地距离换算成地图上的点间距 D，若布点图上的比例尺为 $1 : B$，那么点间距 $D = \dfrac{100L}{B}$；如 B 为 50 000，则 $D = \dfrac{100 \times 200}{50\,000} = 0.8\,cm$。

（2）制作网点板。按照（1）中计算出的 D 值制作抽样布点用的网点板。

（3）定位与调查。在地图上布点后，找出据地面显著地物标志最近的 1 个样点作为第 1 个样本单元，向 2 个垂直方向以 $L=200\,m$ 的距离确定其他样本单元，直至 25 个样本单元为止。在林地中用 GPS 对抽中的 25 个样地定位，每个样地单元的面积为 $0.1\,hm^2$，开展实业调查。

3.1.3　分层抽样

分层抽样也称为分类抽样或类型抽样，是将总体单位按某种特征或某种规则划分为不同的层，然后从不同的层中独立、随机地抽取样本。分层抽样是在每一个层中独立地按照简单随机抽样进行抽取样本的，总的样本由各层样本组成。当总体是由差异明显的几部分组成时，往往选择分层抽样的方法。如调查森林单位面积蓄积量时，由于蓄积量指标会受到树龄、树种、树高等因素的影响，若按照简单随机抽样法，可能抽取的样本树种、树龄类型比较单一，不够全面，会大大地影响代表性。

由于每层都进行了随机抽样，使得样本在总体中分布更加均匀，与简单随机抽样相比，分层抽样的优点是大大增强了样本代表性，保证了样本的结构与总体的结构比较相近,从而提高估计的精度,降低了抽样误差,研究人员组织实施调查也方便。比如,要研究学生的生活费支出,可先将学生按地区进行分类,分为东部、中部与西部3类,然后从各类地区中随机抽取一定数量的学生组成一个样本。要研究企业员工收入状况,可将员工按职业不同,分为生产人员、管理人员、服务性工作人员等各层,再从各层随机抽取员工进行调查。

　　例 3-3　某林地总面积为 $300\,\mathrm{hm^2}$,林地包含幼龄林、中龄林、成过熟林 3 种。现要估计该林地蓄积量,请采用合适的抽样方法抽取样本。

　　解:不同年龄林木的蓄积量有较大差异,因为该林地包含 3 种不同年龄的林木且分布不均匀,如果采用简单随机抽样或者系统抽样有可能抽取的林木样本未包含所有年龄层,代表性无法保证。因此,应考虑采用分层抽样。按照不同年龄划分为 3 层,第 1 层面积为 $50\,\mathrm{hm^2}$,第 2 层面积为 $150\,\mathrm{hm^2}$,第 3 层面积为 $100\,\mathrm{hm^2}$。样地单元的面积为 $0.1\,\mathrm{hm^2}$,根据分层抽样抽取 30 个样地单元。因为样地单元面积为 $0.1\,\mathrm{hm^2}$,总体单元数 $N=300\,\mathrm{hm^2}/0.1\,\mathrm{hm^2}=3000$。抽样比为 $30/3000=0.01$,第一层抽取面积为 $50\,\mathrm{hm^2}\times0.01=0.5\,\mathrm{hm^2}$,样地单元数 $n_1=0.5\,\mathrm{hm^2}/0.1\,\mathrm{hm^2}=5$,同理可得 $n_2=15$, $n_3=10$。

　　估算一定区域(如国家级、省级、地市级)范围内生物量或碳汇量时,可采用本抽样调查技术,获取其林草生物量或碳汇量数据,关键技术和流程如下:

　　(1) 分层要素。针对乔木林,分层要素有森林起源、郁闭度、年龄结构、优势树种(组)或树种组成等。其中森林起源分为人工、天然林 2 种;郁闭度可按高、中、低 3 类划分,高郁闭度值大于 0.70,中郁闭度值在[0.40,0.69]范围内,低郁闭度值在[0.20,0.39]范围内;年龄结构包括幼龄林、中龄林、近熟林、成熟林;优势树种(组)或树种组成根据调查区域情况具体确定。从表中可知,树种组如按杉木组、马尾松组、硬阔叶树组、竹类树种组,则按树种组分层抽样,样地数量为 78 层[起源×年龄结构×郁闭度×优势树种(组)]。

　　针对灌木林,分层要素有起源、覆盖度、年龄结构、优势树种(组)或树种组成等。其中覆盖度可按密、中、疏 3 类划分,密覆盖度值大于 0.7,中覆盖度值在[0.50,0.69]范围内,疏覆盖度值在[0.30,0.49]范围内。

　　(2) 确定调查树种。以行政区域为单位(如县市级或省级),调查树种按优势树种面积进行统计,前 85% 树种分别分层,剩余 15% 的面积较小的针叶树种合并为针叶混,阔叶树种合并为阔叶混,其他统一合并为针阔混交林 3 种植被类型,参与分层。也可按树种蓄积量占标准地总蓄积量 65% 以上确定,如福建省的优势树种划分见表 3-1。

表 3-1　福建省森林生物量分层抽样调查优势树种(组)划分

树种组		树　种
针叶树种(组)	杉木组	杉木、柳杉、建柏、水杉和其他杉类等
	马尾松组	马尾松、黑松、火炬松、湿地松、黄山松(台湾松)及其他松类等
阔叶树种(组)	硬阔叶树组	槠类、栲类、栎类、木荷、相思树及其他硬阔叶树等
	软阔叶树组	枫香、泡桐、拟赤杨、乔木经济树及其他软阔叶树等
	木麻黄组	木麻黄
	桉树组	柠檬桉、隆缘桉、巨桉、巨尾桉、尾叶桉及其他桉树类等
混交树种组	针叶混	—
	阔叶混	—
	针阔混	—
竹类树种组		毛竹、杂竹

（3）分层。乔木林按××植被区域××起源××龄组××郁闭度等级××树种(组)的样地编号表达方式进行编号,灌木林按××植被区域××起源××0××郁闭度等级××树种(组)的样地编号表达方式进行编号,用 6 位阿拉伯数字表示,如福建省的"411231"层类型号,第一位"4"表示植被区域为亚热带常绿阔叶林区域,第二位"1"表示起源为天然林,第三位"1"表示龄组为幼龄林,第四位"2"表示郁闭度等级为中,最后 2 为"31"表示优势树种为杉木(表 3-2)。最后统计各层面积,如"411231"面积9 301.04 hm²,乔木标准地数 4 个。

表 3-2　树种(组)代码

名称	代码	名称	代码	名称	代码	名称	代码
一、乔木树种(组)		黑松	190	黄山松	270	2. 阔叶树种(组)	
1. 针叶树种(组)		油松	200	乔松	280	栎类	410
冷杉	110	华山松	210	其他松类	290	桦木	420
云杉	120	马尾松	220	杉木	310	白桦	421
铁杉	130	云南松	230	柳杉	320	枫桦	422
油杉	140	思茅松	240	水杉	330	水、胡、黄	430
落叶松	150	高山松	250	池杉	340	水曲柳	431
红松	160	国外松	260	柏木	350	胡桃楸	432
樟子松	170	湿地松	261	紫杉(红豆杉)	360	黄波罗	433
赤松	180	火炬松	262	其他杉类	390	樟木	440

名称	代码	名称	代码	名称	代码	名称	代码
楠木	450	丛生杂竹类	680	油橄榄	752	橡胶	826
榆树	460	混生杂竹类	690	文冠果	753	白蜡树	827
刺槐	465	三、经济树种(组)		油棕	754	栓皮栎	828
木荷	470	1. 果树类		茶叶	755	其他	849
枫香	480	柑橘类	701	咖啡	756	5. 其他经济类	
其他硬阔类	490	苹果	702	可可	757	蚕桑	851
椴树	510	梨	703	花椒	758	蚕柞	852
檫木	520	桃	704	八角	759	其他	859
杨树	530	李	705	肉桂	760	四、其他灌木树种	
柳树	535	杏	706	桂花	761	梭梭	901
泡桐	540	枣	707	3. 药材类		白刺	902
桉树	550	山楂	708	杜仲	801	盐豆木	903
相思	560	柿	709	厚朴	802	柳灌	904
木麻黄	570	核桃	710	枸杞	803	小蘖	941
楝树	580	板栗	711	银杏	804	杜鹃	942
其他软阔类	590	芒果	712	黄柏	805	栎灌	943
3. 混交树种组		荔枝	713	其他	819	桃金娘	944
针叶混	610	龙眼	714	4. 林化工业原料类		其他	799
阔叶混	620	椰子	715	漆树	821	松灌	971
针阔混	630	槟榔	716	紫胶寄主树	822	竹灌	981
二、竹林树种(组)		其他	749	油桐	823	其他灌木	999
毛竹	660	2. 食用原料类		乌桕	824		
散生杂竹类	670	油茶	751	棕榈	825		

注：摘自福建省森林可燃标准地调查实施细则。

3.1.4　整群抽样

整群抽样是将总体中各单元归并成若干个互不交叉、互不重复的子总体或群，然后以群为抽样单位，根据随机原则从中抽取若干个群，形成一个"群"的随机样本，对选中群的所有单元全部实施调查的抽样方式。比如，某大学要调查学生患近视的情况，可以将班级作为群，随机抽取几个班级，然后对这些被抽中班级里的所有学生进行调查。如在森林资源蓄积量调查中,为地理区域性调查,利用总体图将总体面积划分为等大小的地块,然后决定由几个地块组成一个群,从总体中 N 个群中随机地抽取 n 个群组成样本。

整群抽样的优点是抽样时只需构造群的抽样框,可简化工作量;调查的地点相对集中,能节省调查费用,方便调查的实施。整群抽样的缺点是估计精度较差,一般低于简单随机抽样。

群的划分大致有两种方式:根据行政或地域形成群体;由调查人员人为确定。影响整群抽样误差的主要是群间差异的大小,分群的基本原则是尽可能使群内差异大,群间差异小。划分群时,群的规模也要把握好。群的规模大,虽然调查便利且节省费用,但估计精度会比较大;群的规模小可以提高估计精度,但是调查费用会比较高。正常情况下,群的规模不宜过大。

例 3 - 4　某县城有 25 个乡镇,600 个村,该年度某种农作物总的种植面积为 3 000 hm²。如果要估计全县该农作物总产量,用整群抽样方法抽取样本。

解:本案例想要估计全县农作物产量,总体规模很大,如果实施全面调查需要花费大量的时间和精力,费用也比较高。考虑用整群抽样的方法抽取样本实施调查。可根据行政地域标准将全县划分为不同的子总体,村与村互不交叉、互不重复。以村为群,随机抽取若干个村,选中的村构成研究样本,然后对这些村的农作物产量展开全面调查。具体抽取几个村,要根据实际调查人员数、调查经费、调查时间等情况来决定。

3.2　标准地调查技术

标准地调查技术是一种在特定区域内进行详细调查的方法,它使研究者能够获取关于森林生物量、植被结构、物种多样性等方面的详尽信息。本节包括乔木林、灌木林、湿地和草地标准地调查的具体技术,包括样地的选择和布设、调查内容和方法,以及数据收集和分析技术。

3.2.1　乔木林标准地调查

乔木林标准地调查通过分层典型样地调查,为建立各类森林植被生物量、碳储量估算模型提供基础数据。

（1）调查内容及技术要求。

调查分层:基于遥感数据和森林资源管理数据,建立分层抽样方法,确定各层典型样地的数量和大小。

调查因素：包括空间位置、地质地貌、植被因子、森林起源、优势树种、树种组成、年龄、平均高度、郁闭度等。

调查内容：涵盖乔木、灌木、草本、枯落物、地表腐殖质等生物量。

（2）调查准备。

设备和仪器：包括 GPS、北斗、测量工具、取样与测定仪器等。

实验室仪器：烘箱、铝盒、天平等，以及热值测定设备和仪器。

资料收集：基础调查资料、现有林业调查资料、气象资料等。

人员要求：熟悉林业调查、生态调查，具备相应技能和资质。

技术培训：调查前进行基本技能培训及野外调查和室内测定分析培训。

（3）调查方法。

类型分层：根据植被分布特征，结合高分辨率遥感数据进行森林生物量调查分层。

标准地布点：选择适宜的样地，布设标准地并进行编号和定位。

标准地设置：定义标准地的大小和形状，记录样地坐标等相关信息。

（4）标准地调查和采样。通过标准地调查，获取乔木层、灌木层、草本层、枯落物层及土壤腐殖质的生物量测算因子，调查因子包括地貌、坡度、树种名称、每木胸径、平均树高、林龄、密度等。乔木层调查是通过调查获取乔木层各树种胸径、树高等与乔木层生物量相关的乔木层调查因子数据。灌木层调查包括灌木层优势种名、盖度、株数、平均高等，并测定 3 株标准木各器官鲜质量，用于估算灌木层生物量。草本层调查是通过采集样方所有活草本植物样品，带回实验室处理。枯落物层主要是采集样方内全部枯落物，如枯枝、叶、果、枯草、半分解部分等。腐殖质层主要采集腐殖质层厚度和腐殖质样品。

3.2.2 灌木林标准地调查

灌木林标准地调查是针对灌木林进行的生物量（或碳储量）抽样调查，旨在获得待估灌木林单位面积生物量（或碳储量）的重要数据，以便更好地理解和管理灌木林的生物量特性。

（1）样地布设。灌木林标准地样方布设采用分层典型抽样方法，数量根据灌木林面积大小分配标准地数。在最大的斑块中布设 3 个灌木林样方，中心点布一个，沿最长轴方向距离中心点 50 m 布设 2 个。灌木林样方的大小为 5 m×5 m，呈方形。每个样方内设置一个 1 m×1 m 的草本枯落物腐殖质样方，样方编号沿西南至东北方向分别进行编号为 1、2、3。

（2）调查方法与取样。灌木林的调查方法和取样方法与乔木林标准地调查中的方法相同。这包括对灌木林的总体描述、各种植物因子的调查（如树种、盖度、平均高度等），以及对草本层、枯落物层和腐殖质层的详细调查。

3.2.3　湿地标准地调查

　　湿地标准地调查是为了研究和监测湿地生态系统而进行的详细调查和数据收集过程，是湿地生态学和保护的重要工具，有助于了解湿地的生态过程、功能和价值，以支持湿地保护和可持续管理。湿地标准地调查生物量是为了研究湿地生态系统中各种生物的数量和分布而进行的重要工作。

　　（1）样地设置。选择要进行生物量调查的标准地或样地。这些样地通常应该代表不同湿地类型、植被类型或生境类型。

　　（2）样地分类。将标准地分为不同的生境类型，如湿地植被、开水区、湖泊边缘等。这有助于更精确地估算各个生境中的生物量。

　　（3）植被调查。对标准地中的植被进行详细调查，包括记录各种植物物种的存在和数量。使用样方、线样或点样等方法进行植被采样。样方的大小和数量应根据研究目的和生境类型而定。

　　（4）动物调查。进行动物调查，包括鸟类、昆虫、爬行动物、两栖动物等各类动物。使用合适的方法，如鸟类点计法、捕获—释放方法等，记录动物的存在和数量。

　　（5）水生生物调查。如果调查的是湖泊、河流或其他水体湿地，应进行水生生物调查。调查对象包括浮游生物、底栖生物、鱼类等。可以使用水样采集、拖网捕捞等方法进行水生生物采样。

　　（6）数据记录和测量。在每个样点或样方中记录各种生物的数量和分布。这包括树木高度、直径、植被覆盖度、动物捕获数量等数据。使用标准的测量工具和方法来确保数据的准确性。

　　（7）数据分析。对采集的生物量数据进行分析，包括计算平均值、总量、密度等统计指标。可以使用生物量模型来估算未调查区域的生物量。

3.2.4　草地标准地调查

　　草地标准地调查是为了研究和监测草地生态系统中各种生物的数量和分布而进行的详细调查和数据收集过程，是了解草地生态系统中各类生物数量和分布的重要手段，对于草地生态学研究、生态系统管理和保护具有重要意义。

　　（1）样地设置。选择要进行生物量调查的标准地或样地。这些样地通常应该代表不同的草地类型、植被类型或土壤类型。

　　（2）样地分类。将标准地分为不同的生境类型，如草甸、草原、湿地等。这有助于更精确地估算各个生境中的生物量。

　　（3）植被调查。对标准地中的植被进行详细调查，包括记录各种植物物种的存在和数量。使用样方、线样或点样等方法进行植被采样。样方的大小和数量应根据研究目的和生境类型而定。

（4）动物调查。进行动物调查，包括草食性动物（如牛羊）、昆虫、鸟类等各类动物。使用合适的方法，如视觉观察、捕捉方法等，记录动物的存在和数量。

（5）土壤调查。进行土壤调查，包括对土壤类型、质地、有机碳含量、pH 值等参数进行测量。这些信息对于了解草地的土壤特性非常重要。

（6）数据记录和测量。在每个样点或样方中记录各种生物的数量和分布。这包括植物的高度、盖度、种类、动物的数量等数据。使用标准的测量工具和方法来确保数据的准确性。

3.3　大样地调查技术

大样地调查技术适用于大面积森林资源的评估和监测。本节将介绍大样地调查的相关标准、准备工作、区划调绘、调查取样等内容。这些技术能够在更大的空间范围内评估森林生物量和生态系统健康状况。

3.3.1　相关标准

（1）调查目的和任务。调查的主要目的是应用卫星遥感技术和编制森林生物量分布图，建立森林生物量大样地数据库。具体任务包括布设森林生物量大样地、测定样品干鲜比、推算森林生物量，并编制大样地索引图及分布图。

（2）调查内容。调查内容有区划调绘、大样地因子调查（地类、立地类型、地形地势等），以及生物量调查（乔木、灌木、草本、枯落物和地表腐殖质），包括外业调查和内业实验。

（3）调查方法。调查方法涵盖大样地布设、林分型图斑空间区划，以及乔木层和其他层次生物量的调查。调查方法依赖于高分遥感影像和标准地布设数据。

（4）技术流程。技术流程包括大样地的布设、林分型图斑的室内区划调绘与现地核实、角规（样圆）调查点的布设、样方的布设和样品的采集，以及数据的汇集和大样地地图的编制。

3.3.2　准备工作

（1）资料准备。调查前，需准备和审查相关资料，包括对之前的森林资源调查数据、国土三调成果数据等进行详细审查。这些资料为大样地的选择和布设提供了基础信息。

（2）大样地布设。大样地的选取基于对之前森林资源调查和国土三调数据的分析，以确保大样地具有代表性和典型性。

（3）外业调查底图制作。制作外业调查的底图，这些底图将用于指导和记录外业调查过程。底图的准确制作对于确保调查数据的准确性和有效性至关重要。

（4）技术培训。对参与调查的人员进行技术培训，确保他们了解调查的目的、方法和技术要求。培训内容包括森林生物量调查的基础知识、使用的工具和设备的操作方法，以及数据记录和处理的标准操作程序。

（5）调查仪器与设备。准备所需的调查仪器和设备，包括测量工具、样品收集和保存设备，以及用于数据记录和通信的设备。确保所有设备都处于良好状态，适合在野外条件下使用。

3.3.3　区划调绘

生物量样地调查中地形、群落结构、自然度、郁闭度和盖度、起源、枯落物分类及草本高度级等方面的详细规定，是区划调绘工作的重要组成部分。通过遵守这些规定进行操作，工作人员可以确保调查的科学性和数据的准确性。

（1）地形因子。地形因素在区划调绘中起着重要的角色，包括地貌（如中山、低山、丘陵、平原）、平均海拔的确定、坡度的分级（从平坡到险坡）、坡向的划分（如北坡、东北坡、东坡等），以及坡位的定义（如脊部、上坡、中坡等）。

（2）群落结构。群落结构的划分基于森林的植被层次。分为完整结构（包含 4 个植被层）、复杂结构（包含乔木层和 1～2 个其他植被层）和简单结构（只有乔木层）。

（3）自然度。天然林的自然度分为 3 级。第一级为原始或受人为影响很小的植被，第二级为有明显人为干扰的天然植被或处于演替中期或后期的次生群落，第三级为人为干扰极大、演替逆行处于残次植被阶段的天然林。

（4）郁闭度及盖度。乔木林地和毛竹林的郁闭度分级以及灌木林地和杂竹林的盖度分级。郁闭度和盖度分为低、中、高 3 级，具体按照一定的比例划分。

（5）起源。区分森林的起源为天然和人工 2 类。天然包括天然下种和人工促进天然更新等，而人工则包括由植苗、直播或飞播等方式形成的林分。

（6）枯落物分类及草本高度级。枯落物按直径大小分为 3 类，包括小枝、叶和杂草等。草本高度分为 3 个等级，包括 0.5 m 以下、0.5～1.0 m，以及 1.0 m 以上。

3.3.4　调查取样

（1）资料准备。调查前须准备相关资料，这包括福建省的最新森林资源调查数据、国土三调成果数据、森林生物量标准地布设数据以及近期卫星影像等基础地理信息数据。

（2）大样地布设。在已布设的森林生物量标准地中选择一定数量的乔木林标准地，以布设森林生物量大样地。大样地的数量为全省标准地总数的 1/10，每个大样地为 500 m×500 m 的正方形样地。布设时应基于标准地的分层结果，并确保地形上的差异性。同时，需注意避免大样地内出现大面积非林地，并在西南角设立大样地桩，以便于标定。

（3）大样地编号。大样地采用统一编码方式，使用"省代码＋四位阿拉伯数字"的格式。这种编码方式确保了大样地的唯一性和系统性。

（4）外业调查底图制作。制作详细的外业调查底图，以指导实地调查。这些底图基于最新的卫星影像和地理信息数据，确保了调查的精确性和有效性。

3.4　生物量与碳测定

生物量和碳测定是了解生态系统碳循环的关键。本节将详细介绍生物量的测定方法（包括植物生物量和土壤碳测定）、遥感技术在碳测定中的应用，以及每种方法的原理、优势和局限性。这些技术对于评估森林和生态系统的碳储存能力至关重要。

3.4.1　生物量测定

生物量测定是一种用于估算生态系统中植物、动物或微生物生物量的方法。在森林生态学和环境科学中，特别是在研究森林生物量时，生物量测定方法至关重要。常用的生物量测定方法有直接收获法、间接估算法、遥感技术、全树取样法、生物量扩展因子法等。每种方法都有其优势和局限性：直接收获法和全树取样法提供最精确的数据，但成本高且具有破坏性；间接估算法和遥感技术适用于大规模且非破坏性的估算，但可能牺牲一些精度；生物量扩展因子法则在精度和操作性之间提供了平衡。选择哪种方法取决于研究的具体需求、可用资源和期望的精确度。

（1）直接收获法。这是一种直接且精确的方法，涉及实地收割特定区域内的所有生物，并在实验室中测量其干重。通常涉及以下步骤：在研究区域内选择代表性样方；收割样方内所有生物，包括所有组成部分（如树干、枝条、叶子）；将收集的样本带回实验室，烘干至恒重；称量干燥样本以确定其干重。

（2）间接估算法。这种方法使用相关的生物量方程或模型，根据可轻易测量的树木参数（如胸径、树高）来估算生物量。间接估算法可以减少工作量和破坏性，常用于大规模调查，也可以在野外用来测量树木的胸径、树高等参数，应用于预先确定的生物量估算模型（基于大量实地数据获得）中。

（3）遥感技术。利用卫星或航空摄影数据来估算生物量。遥感数据［如归一化植被指数（NDVI）］可以用来估算植被覆盖和生物量。主要步骤为：收集遥感影像数据；应用算法或模型将遥感数据转换为生物量估算。

（4）全树取样法。砍伐并分析一棵或几棵代表性的树来估算生物量。这种方法适用于小规模研究，可以提供非常精确的数据，但是成本高且具有破坏性。主要步骤为：选择并砍伐代表性树木；在实验室中分离并测量每个组分的干重。

（5）生物量扩展因子法。使用从样本数据得出的扩展因子，将单个树木或小样方的生物量扩展到更大的区域。这种方法适用于估算大范围的森林生物量。主要步骤为：依据样本数据计算生物量扩展因子（BEF）；将 BEF 应用到更大区域的估算中。

3.4.2　植物生物量测定

植物生物量是生态学研究中的一个关键参数，用于估算生态系统的能量储存和碳循环。准确测定植物生物量对于理解生态系统的功能和响应至关重要。植物生物量可通过采集植物样品，带回实验室烘干测定，因此，植物生物量测定包括样品收集、样品处理和烘干称重 3 部分。

（1）样品收集。在研究区域内随机选择多个代表性样方进行植物收割。样方大小应根据研究目标和生态系统类型进行确定。使用园艺剪或其他合适的工具收割样方内的所有植物。对于木本植物，记录其胸径和高度。

（2）样品处理。轻轻清洗样品以去除泥土和杂质，然后将植物分解成不同组成部分（如叶、茎、根）。

（3）烘干称重。将分离的样品放入烘干箱中，设置温度为 65 ℃，持续烘干至恒重。烘干时间取决于样品的湿度和厚度。使用精确的电子天平测量每个样品的干重，并准确记录数据。

3.4.3　土壤碳测定

土壤碳测定是一种测量土壤中有机碳和无机碳含量的过程，对于了解碳循环、评估土壤肥力和理解生态系统功能至关重要。测定方法有干燥燃烧法、湿法氧化法、碳酸盐碳的测定，这些方法在不同情况下具有各自的优点和局限性，选择适当的方法取决于土壤类型、研究目标和可用资源。在进行土壤碳测定时，必须谨慎执行样品处理和仪器操作，以确保数据的准确性和可靠性。

（1）干燥燃烧法。这是最常用的土壤有机碳测定方法。主要包括样品准备、研磨筛选、燃烧分析、结果计算等步骤，具体为：从土壤中取样，并去除石块和植物残留物，然后烘干；研磨土壤样品至细粉，通过标准筛选；使用元素分析仪，样品在高温下燃烧，释放的 CO_2 被测量；根据 CO_2 的量计算土壤有机碳含量，通常使用 C：N 比例校正，以排除氮的影响。

（2）湿法氧化法。适用于测定低有机质土壤中的碳，适用于低有机碳土壤，相对简单，不需要昂贵的仪器，但可能对土壤中的无机碳含量不敏感，结果受土壤颜色和质地的影响。测定步骤为：使用强氧化剂（通常是重铬酸钾）处理土壤样品，氧化剂会将有机碳氧化为 CO_2；在氧化后，土壤溶液的颜色通常会发生变化，使用分光光度计测量颜色强度，这与有机碳含量相关；根据颜色强度计算土壤中的有机碳含量。

（3）碳酸盐碳的测定。该方法适用于石灰性或碱性土壤，相对简单且经济，但只测定无机碳含量，不包括有机碳。结果可能受到土壤中其他碳源的干扰。测定步骤为：使用稀盐酸将土壤中的碳酸盐分解,碳酸盐分解后,释放出 CO_2 气体;收集释放的 CO_2 气体,使用气体测量仪器测量 CO_2 的量;根据释放的 CO_2 气体量计算土壤中的无机碳含量。

3.4.4　遥感测定

遥感测定碳是基于光谱学和能量交换原理,利用遥感数据中的光谱信息和植被指数,结合数学模型和地面验证,来估算地表特征(如植被和土壤)中的碳含量。这种方法可以实现大范围的碳含量监测,对于生态系统研究和碳循环研究具有重要意义。

(1)数据获取。通过卫星或飞机等遥感平台获取遥感数据。这些数据包括可见光、红外线、近红外线和微波波段的反射率或辐射数据。

(2)辐射校正。获取的遥感数据需要经过辐射校正,以消除大气吸收、散射和反射的影响,确保数据准确性。

(3)光谱分析。根据不同波段的反射率数据,可以进行光谱分析。植被、土壤和其他地表特征在不同波段下具有特定的光谱特征。

(4)植被指数。常用的植被指数[如 NDVI、差值植被指数(DVI)等]可以通过遥感数据计算出来。这些指数可以反映植被的状况,包括覆盖度和健康状态。

(5)碳含量估算。基于植被指数和光谱特征可以估算植被中的碳含量。植被中的碳含量与植被健康状态和生长情况相关,因此可以通过遥感数据推断。

(6)土壤特征分析。土壤的光谱特征也可以通过遥感数据进行分析。土壤中的有机碳含量和质地等特征与其光谱特征相关。

(7)模型和算法。估算碳含量通常需要使用数学模型和算法,将遥感数据与地面采样数据或模型进行关联。这些模型可以是统计模型、机器学习模型或物理模型。

(8)精度验证。估算的碳含量需要进行精度验证,通常通过地面采样和实地测量来验证遥感估算的准确性。

参考文献

[1]宋新民,李金良.抽样调查技术[M].北京:中国林业出版社,1995.

[2]中华人民共和国国家质量监督检验检疫总局,中国国家标准化管理委员会.森林资源规划设计调查技术规程:GB/T 26424－2010[S].北京:中国标准出版社,2011.

[3]国家林业局.森林可燃物的测定:LY/T 2013－2012[S].北京:中国标准出版社,2012.

[4]中国林业科学研究院林业研究所.森林植物(包括森林枯枝落叶层)样品的采集与制备:LY/T 1211－1999[S].北京:中国标准出版社,1999.

[5]国家林业局.立木生物量建模样本采集技术规程:LY/T 2259－2014[S].北京:中国标准出版社,2014.

[6]中华人民共和国国家质量监督检验检疫总局,中国国家标准化管理委员会.实验室测定微生物过程、生物量与多样性用土壤的好氧采集、处理及贮存指南:GB/T 32725－2016[S].北京:中国标准出版社,2016.

第 **4** 章

森林碳储量计量

森林碳储量计量是适应全球变化和增汇减排机制研究中的重要内容,开展森林碳储量计量对全球森林生态系统碳循环研究及森林生态系统碳汇管理具有重要意义。森林碳储量计量包括地上生物质碳储量计量、地下生物质碳储量计量、枯死木碳储量计量、枯落物碳储量计量和土壤碳储量计量。本章将先对森林碳储量计量研究进行概述,然后依次介绍森林碳储量的估算流程、森林生物量和森林含碳率的估算方法、森林碳储量的计算步骤。

▌4.1　森林碳储量计量概述

4.1.1　相关概念

森林生态系统(forest ecosystem):是森林生物群落与其环境在物质循环和能量转换过程中形成的功能系统。

碳库(carbon pool):在碳循环过程中,森林生态系统存储碳的各组成部分。碳库包括地上活体植物生物质、地下活体植物生物质、枯落物、枯死木,以及土壤等五个部分。

森林碳储量(forest carbon stock):森林生态系统各碳库中碳元素的储备量(或质量)。

地上生物量(above-ground biomass):地表以上以干重表示的所有活体植物的重量,可分为乔木层(包括干、桩、枝、皮、种子、叶)和下木层(灌木、草本和幼树)。

地下生物量(below-ground biomass):地表以下以干重表示的所有活体植物的重量,包括根状茎、块根、板根在内的所有活根。

枯落物(dead organic matter for litter):土壤层以上,直径小于5.0 cm,处于不同分解状态的所有死的植物体,包括凋落物、腐殖质,以及死根。

枯死木(dead wood):枯落物以外的所有死的林木生物质。

土壤有机碳(soil organic carbon):土壤矿质土和有机土(包括泥炭土、砂砾层)中的有机碳储量。

生物量扩展因子(biomass expansion factor):森林生态系统林木地上生物量与树干生物量的比值。

4.1.2　森林碳储量估算方法概述

目前,针对不同的计量目的,对森林植物碳库的估算有多种方法。比如皆伐法、生物量模型法、平均样地法、蓄积扩展因子法、空间插值法、遥感估算法,以及生态模型法。

皆伐法是将样木伐倒称重的一种方法,也是其他方法的基础。该方法估算准确,但成本极高,不能直接用于大区域。生物量模型法是直接根据林木胸径或林木树高对单株林木进行估算的方法,该方法可结合一类调查数据在国家尺度上进行计量,同时该方法也是样地法和过程模型等方法的基础。蓄积扩展因子法是基于森林蓄积量估算出区域的碳储量的方法;平均样地法根据森林碳密度和森林面积估算区域总生物量;蓄积扩展因子法和平均样地法主要用于估算区域尺度的总量,有一定的估算误差,也难以获取森林碳密度的空间特征。

随着对森林经营的要求提高,可利用更为翔实的调查数据、新手段和新方法,来获取森林资源的空间特征,如我国的森林二类调查提供了详细的林班属性。可根据一类调查和二类调查的数据,结合生物量模型或者蓄积扩展因子,即可估算出生物量碳密度的空间分布。还可以采用空间插值法,即将样地尺度的碳插值到空间可得到碳密度的空间分布,再进一步估算出碳储量。

此外,将遥感和雷达等新手段获取的数据与地面调查数据相结合,即可估算出森林生物量的储量和多时期的变化。还可以通过生长收获模型、过程模型,以及遥感模型等生态模型,实现对森林生物量的估算。

4.1.3　森林生物量估算和森林含碳率估算概述

森林群落的生物量及其组成树种的含碳率是研究森林碳储量的两个关键因子。无论是在森林群落或森林生态系统尺度上,还是在区域和国家尺度上,目前对森林碳储量的估计普遍采用的方法是通过直接或间接测定森林植被的生产量与生物量现存量再乘以生物量中碳元素的含量推算而得的。对森林生物量估算和森林含碳率估算的准确测定或估计是估算区域和全国森林生态系统碳储量的基础。

由于我国具有较为丰富的森林群落类型,对估算森林碳储量精度提出了新的要求。尽管国内对不同区域及不同森林群落类型生物量的研究相对较多,但仍无法满足区域与国家森林生态系统碳储量的精确估算与误差估计的要求。此外,在对区域和国家尺度的森林生态系统碳储量进行估算时,国内外研究者大多采用 0.50 来作为各类森林类型的平均含碳率,极少数根据不同森林类别采用不同含碳率。

事实上,不同树种或同一种树种的不同组织器官中碳元素的含量是有差别的。不同树种各器官的含碳率具有一定的差别,针叶树种含碳率与阔叶树种的含碳率存在差异,人工树种与天然树种的含碳率也存在差异。含碳率的影响因素包括树种、器官、木质组成、年龄和所处地理区域等,其中关于树种和器官对含碳率影响的研究相对较多,年龄和所处地理区域对含碳率影响的研究相对较少。除上述因素外,树种的碳挥发性、同一器官在树木的相对位置、森林生态区域和立地类型、经营模式冠层结构和区域尺度,均有可能会对含碳率产生影响。测定某一树种各器官含碳率时要充分考虑其生长条件的差异,取样的大小、高度、方向等因素的影响。

由于生物量和含碳率的估算受许多因素的影响,因此在估算时应尽可能全面地考虑这些影响因素,为后期的预测和计量提供更为准确的数据基础。

4.1.4　森林碳储量计量的调查方法概述

森林碳储量计量的调查总体的确定和面积调查的方法包括适用于国家尺度和区域尺度的。国家尺度包括全国及省(市、自治区)以上区域,森林碳储量计量直接采用各省(市、自治区)林业资源调查数据,其总体面积与林业资源监测数据一致。而对于区域和项目尺度,则利用二类调查数据和其他相关数据源、划分项目或区域总体边界、确定面积,其中区域和项目面积确定方法:各行政区域利用现有森林二类调查数据确定面积;林业工程和项目区域可用林业工程规划、设计、实施图来确定;区域内林业资源调查数据或边界等数据模糊或者不完整,可采用遥感方法或地形图结合 GPS 方法调查区域总体及其面积。

样地抽样也包括适用于国家尺度和区域尺度的。国家尺度直接依据全国森林资源清查体系的监测成果,不进行重新抽样调查,主要是利用乔木层资源调查成果,通过建立的相关关系参数和函数关系,推算其碳库量。区域项目尺度是利用森林资源二类调查成果,再辅助采用其他相关数据源及湿地资源、荒漠化和沙化土地监测成果,进行相应范围内的碳储量计量。样地调查内容包括地上生物量、地下生物量、枯落物生物量、枯死木生物量、土壤有机碳。

目前林业常用的抽样方法包括典型抽样、系统抽样和分层抽样等。森林碳储量计量的抽样方法的选取主要依据总体大小、林业调查数据详细程度和抽样方法特点选择适合条件的抽样方法。如果对调查对象总体有全面了解或调查对象数据比较完整,并且监测总体面积不是太大,则推荐采用典型抽样方法。如果对调查对象事先不了解或缺乏调查对象数据,则需要采用一种简单易行、具有较好代表性的抽样方法,推荐采用系统抽样。如果调查对象总体可以按林分特征因子进行分层,总体划分后各分层单元不重叠、遗漏,并且分层单元权重可以确定,则需要采用准确性高的抽样方法时,推荐采用分层抽样。

样地抽样内容包括总体边界确定、样本单元数确定、抽样方法选取、确定样本量的大小、样本量分配方法等内容。总体边界的确定一般采用地形图或二类调查成果来确定。样本单元确定是主要是依据精度要求和植被类型进行确定,若采现有林业资源调查体系的样本单元时,要先对其进行检查,避免有重复、遗漏的情况发生,以提高样本对总体的代表性。样地设置是基于已经完成的抽样设计图,然后利用 GPS 和罗盘仪进行样地定位,最后按样地设置要求进行设置。

4.2　森林碳储量估算流程

森林碳储量估算包括乔木层碳储量估算、灌木层碳储量估算、草本层碳储量估算、枯死木碳储量估算和土壤有机碳估算。其中乔木层碳储量估算是利用5年一次的森林资源清查成果,估算方法包括基于单株样木的碳储量估算和基于样地统计数据的碳储量估算;灌木、草本层碳储量估算方法包括基于与地上乔木层关系参数方程的估算方法和基于区域类型单位面积参数的估算方法;地下生物量的估算方法包括基于地上地下相关关系的估算方法和按区域与森林类型的单位面积换算参数的估算方法;枯落物生物量的估算方法与灌木层、草本层碳储量方法一致;枯死木碳储量的估算方法包括基于样木数据的估算方法和基于区域类型参数的换算方法;土壤有机碳的估算一般是通过调查获得的土壤类型、土壤厚度、土壤容重和土壤有机碳密度几个方面的参数。

全国森林植被总碳储量的估算是按各省森林碳库总量统计,各省森林碳库按其森林类型、优势树种(组)进行计量或按起源、龄组、经营方式等因子进行计量。区域森林碳储量计量与监测内容,在空间尺度(即面积)和数据获取方面与国家尺度有差异,但其他各碳库(灌木层、草本层、地下生物量、枯落物、枯死木、土壤有机碳等碳库)估算方法与国家尺度森林碳库估算方法大部分相同。对于区域森林碳储量计量中的乔木层碳储量估算方法介绍如下:利用森林资源规划设计(二类)调查数据估算乔木层碳储量,估算流程为:小班蓄积;小班生物量;小班碳储量。估算小班生物量具体方法如下:根据森林资源规划设计调查(小班)的林分类型、优势树种、立木蓄积量等数据,采用林分蓄积量与生物量的换算关系(换算因子连续函数法),将小班的林分蓄积量换算为生物量。

4.2.1 乔木层、灌木和草本层碳储量估算流程

乔木层碳储量估算包括基于样木数据和样地统计数据的估算流程。基于森林资源清查样木数据估算乔木层碳储量,需要选用相应的树木异速生长方程来进行估算,估算步骤流程为:单株树的胸径(和树高);单株树地上生物量;单株树地上碳储量;样地乔木层地上碳储量;乔木层碳储量总量。其具体方法如下:利用实测样木的胸径(与树高)数据选择基于单株树木各部分的异速生长方程,计算单株树生物量。基于森林资源清查样地统计数据进行乔木层碳储量估算,该方法是选用 BEF 方程估算乔木层地上生物量。其流程是:平均单位面积优势树种(组)蓄积;单位面积优势树种(组)生物量;平均单位面积优势树种(组)碳储量;乔木层碳储量总量。具体方法如下:根据森林资源清查样地优势树种(组)乔木层蓄积量与森林面积相结合换算成单位面积优势树种(组)乔木层的蓄积量。基于现有的森林资源调查中的样地数据、样木数据、土壤类型等数据,按实测数据对模型参数计算、分析和评价,利用合适的模型计算相关碳库,计量和监测整个森林的碳储量及其变化量。

灌木和草本层的碳储量估算方法包括与乔木层关系参数方程方法和区域类型换算方法。选用灌木、草本层生物量与乔木层生物量关系模型进行生物量估算方法。其估算流程为:根据森林类型面积;选择合适的乔木层与灌木、草本层关系参数模型;灌木层、草本层生物量总量;灌木层、草本层碳储量总量。具体方法如下:选择分区域、分龄

组和森林类型的单位面积灌木层、草本层生物量与单位面积乔木层生物量的关系模型与参数,根据相应乔木层生物量来估算对应的灌木层、草本层生物量,分别乘以灌木、草本层含碳率得其对应部分的碳储量;再分别按区域、森林类型总面积进行灌木、草本层碳储量总量的估算。选用区域类型换算方法估算灌木、草本层生物量。其计算流程是:森林类型面积;选择相应的单位面积(每公顷)灌木、草本生物量参数;灌木层、草本层生物量总量;灌木层、草本层总碳储量。具体方法如下:选择分区域、森林类型、龄组的灌木、草本生物量的单位面积(每公顷)参数,乘以各类型面积得到相应类型的灌木、草本生物量,再乘以灌木、草本层的碳含率得各部分碳储量,再将所有类型的灌木、草本碳储量按面积汇总得到灌木层、草本层总碳储量。

4.2.2　地下碳储量估算流程

地下碳储量的估算方法包括地上地下相关关系方法和区域类型单位换算方法。选用地上与地下生物量关系方法来估算地下生物量,其估算流程为:相应区域的地上生物量;地上地下关系模型;相应地下生物量;地下碳储量。具体方法如下:针对相应区域的森林,选择分区域、森林类型和龄组的地上地下生物量关系模型,根据地上生物量,计算出对应部分的地下生物量,再乘以地下生物量含碳率得到相应部分的地下碳储量。分区域、森林类型等因子按面积统计得到地下总碳储量。采用区域类型单位换算方法估算地下生物量。其估算流程为:单位面积(每公顷)地下生物量;地下生物量总量;地下总碳储量,具体方法如下:根据区域、森林类型和龄组的森林单位面积(每公顷)的地下生物量参数,乘以面积得到相应类型的地下生物量,再将所有类型的地下生物量统计汇总得到地下生物量总量,再乘以含碳率就得到总的地下碳储量。

4.2.3　枯落物和枯死物枯落物碳储量估算流程

枯落物碳储量的估算流程与灌木层、草本层碳储量方法一致。枯死木碳储量估算包括基于样木数据和基于区域类型换算方法的估算流程。利用森林资源清查枯死木和枯倒木调查成果,选用相应树种的异速生长方程,估算单株枯死木生物量,样地内单株枯死木生物量之和为样地枯死木生物量,将样地枯死木生物量按其森林类型、树种分级计算,统计汇总得到总体枯死木总生物量。估算流程为:单株枯死木生物量;样地枯死木生物量;枯死木生物量总量;枯死木总碳储量。具体方法如下:利用实测样木数据选择单株树木的异速生长方程,计算单株树木总生物量。采用区域类型参数估算枯死木碳储量方法。其流程为单位面积(每公顷)枯死木生物量;枯死木碳储量;枯死木总碳储量。具体方法如下:建立我国不同地区、不同森林类型的单位面积(每公顷)枯死木生物量,乘以各森林类型面积得到不同类型的枯死木生物量,再将所有类型的枯死木生物量统计汇总得到枯死木生物量总量。

4.2.4 土壤有机碳储量估算流程

首先是计算出土类的有机碳密度,再根据土壤类型面积推算出整个土壤碳库量。某一土类的有机碳密度(SOC_i,kg/m²)计算公式为:

$$SOC_i = C_i \times D_i \times E_i(1-G_i)/10 \qquad (4-1)$$

式中:i 为土层代号;C_i 为 i 层土壤有机碳含量(%);D_i 为容重(g/cm³);E_i 为土层厚度(cm);G_i 为大于 2 mm 的石栎所占的体积百分比(%)。

$$土壤碳储量 = 土壤有机碳密度 \times 土壤类型面积 \qquad (4-2)$$

区域土壤有机碳储量估算。按地区土类的平均有机碳密度与其面积的乘积之和求得。计算公式为:

$$TOC = SOC_i \times S_i \qquad (4-3)$$

式中:TOC 为区域土壤有机碳储量;SOC_i 为第 i 类土壤的碳密度;S_i 为第 i 类土壤面积。

实际估算土壤碳过程中,需根据不同地区、不同森林类型的土壤有机碳密度乘以各土壤类型面积得到相应类型的森林土壤有机碳储量,再将所有类型的森林土壤碳量相加得森林土壤碳总量。

4.3 森林生物量和森林含碳率的估算

森林群落的生物量及其组成树种的含碳率是研究森林碳储量的两个关键因子,对它们的准确测定或估计是估算区域和全国森林生态系统碳储量的基础。本节介绍森林生物量和森林含碳率的估算方法,以及影响森林含碳率的因素。

4.3.1 森林生物量估算

森林生物量估算分为样地生物量估算和区域森林生物量估算,其中样地生物量估算方法包括皆伐法、单株生物量模型法、标准木法和蓄积扩展因子法,区域森林生物量估算包括基于地统计学的空间插值法、遥感估算法和基于生长收获模型法。

(1) 样地生物量估算。皆伐法是将样地内的所有林木伐倒后测定其枝、干、根、叶、果等的生物量,全部相加得到林分的乔木生物量。皆伐法的精度高,常被用来作为是检验其他间接测定方法的标准,但是工作量繁重且在实际操作中难度较大,因此很少被采用。

单株生物量模型法是选择不同径阶的树木皆伐后,建立生物量与胸径(或者生物量与胸径和树高)的关系,利用该回归关系推算出样地的生物量,再结合连续清查的结果,估算出生物量的净增长。异速生长模型是在众多的生物量模型中应用最广的经验模型,当研究区域扩展时,可通过整合大量文献资料,从而建立适用范围更大的广义异速生长方程。单株生物量模型法的精度取决于单株生物量模型的精度,也会受到树种、样本大小、径级范围、空间分布、林分状况和立地条件等的影响。对于区域尺度,尽管大部分区域生物量方程的拟合精度都比较高($R^2>0.9$),但对于样地尺度,若再使用区域生物量方程,则有可能产生较大的偏差。

标准木法主要是根据样地每木调查数据计算出全部林木的平均胸径、平均树高或其他测树因子的平均值,然后选出样地中等于或接近这个平均值的几株林木作为标准木,将标准木伐倒后求出生物量,再乘以该样地内单位面积的林木株树,从而获得单位面积上的林木生物量。该方法是较为粗略的方法,因为当选取的标准木不同时,估算的林分生物量也可能会有一定的差异。研究表明,利用标准木法推算的树干生物量和皆伐法相比,误差不超过 5%。枝条和叶的生物量误差比较大,分别可达到 15% 和 20%。

蓄积扩展因子法是一种基于森林蓄积量数据的估算方法。通过抽样计算不同树种的生物量与蓄积的比值,即 BEF 乘以该森林类型的总蓄积量求出生物量,再根据不同类型森林的含碳率计算森林的碳储量。

生态学家们对生物量扩展因子的认识有一定的变化。在研究早期,有学者认为生物量与蓄积量之比为常数。随着研究的深入,有学者认为生物量与蓄积量的连续函数变化。方精云等根据中国 758 个林分的生物量与蓄积,提出了 BEF 与林分蓄积之间是呈倒数的非线性关系,当林分蓄积达到一定程度时,趋于常数;并利用森林清查数据结合 BEF 方法,分析了五个亚洲国家 30 年来的森林碳储量的动态变化特征。Li 等利用倒数形式的扩展方程,估算了中国 1997—2008 年的森林碳储量。因而,研究者通过建立扩展因子与不同林分蓄积的关系,使得该方法更加准确。

BEF 值随林分年龄、胸径、树高变化而变化,呈一定的函数关系。有研究表明,对于某一特定的森林类型而言,生物量转化与扩张因子在不同龄组间有明显差异。有研究认为,平均胸径从 7.5~57.5 cm 的山毛榉(fagus sylvatica)的生物量转化与扩展因子 BEF 从 0.32 减少到 0.20;平均胸径 7.5~32.5 cm 栎类(quercus ilex)的 BEF 从 0.49 减少到 0.33。有学者研究表明 BEF 与树干生物量呈双曲线,即随树干生物量的增长,BEF 值有下降的趋势。有学者对比了平均密度法、扩展因子常数法和扩展方程法,发现扩展因子法估算的生物量最低,其次是平均密度法,而扩展因子常数法估算的森林生物量最大。

(2)区域森林生物量碳估算。用于估算区域森林生物量的主要方法有以下几种:

基于地统计学的空间插值法。一般用于较大区域生物量碳的空间插值,较为常用的是将国家森林连续清查体系的森林样地插值到区域上。比如克里金插值、kNN(k-nea-rest-neighbours)方法、反距离插值(IDW)、偏最小二乘法(partial least squares)、回归克里金、一般克里金法。Destan 等结合空间插值和多因素决策分析法(multi-criteria decision analysis)用于森林生物量碳的空间估算。Zhang 等基于遥感和森林清查,以及气候数据等,结合随机森林法对区域森林生物量进行估算。Shaban 对德国西南部地区的瓦尔德基希森林的蓄积量及其基底面积进行估算,同时比较了 K 近邻(UNN)、支持向量机回归(SVR)、随机森林(RF)和人工神经网络(ANN)等 4 种方法的估算结果,结果表明使用径向基神经网络(RBF)估算的蓄积量结果精度更高。

遥感估算法。随着遥感技术的发展,在多种尺度上,多源遥感数据已经作为一种替代手段来进行定量化森林地上生物量。但在景观异质性较强的地区,森林地上生物量的估测存在着复杂的难以解决的问题。当前国内外学者采用的遥感数据主要包括光学遥感数据(TM)、合成孔径雷达卫星数据(SAR)和激光雷达数据(LiDAR),3 种数据各有其特点。国内外对用光学遥感数据进行地上生物量反演有较多的研究,光学遥感较为直观敏感,但是由于光学遥感的物理特征使其有局限性会影响反演效果,如波长范围有限、不能够穿透树冠、会和树叶发生相互作用等,因此其主要用于获取森林植被的光谱信息。合成孔径雷达以其能够全天候、全天时、不受天气影响成像的特点,在估测森林生物量及蓄积量方面有巨大的优势,如 SAR 对森林冠层有一定的穿透性,波长越长穿透性越强,不同波段反映了不同冠层深度的信息,不同的传感器反映了森林不同层面的信息,但 SAR 信号很大程度依赖于地形和电磁波波长;航空极化干涉 SAR 可以获取到精确的三维结构信息,然而由于技术原因,我国目前还未能实现真正意义的广泛应用。激光雷达,是个发射激光束的主动测距技术,具有高效的测量三维结构信息的能力,尤其在估测林木高度和空间结构方面具有独特的优势。目前广泛使用的激光雷达仍然是机载激光雷达,其最为高效亦最为昂贵,因此与被动光学遥感主动 SAR 遥感相比,激光雷达数据在时空分布上不具备优势。

基于生长收获模型法。基于遥感数据的估算虽然能够提供空间分布,但是难以分辨到树种而且在估算的精度上偏低。利用生长收获模型法能够很好地利用森林清查资料,该方法也是主要的森林碳储量估算方法,即根据不同树种的年龄生长曲线(或者建立回归关系)计算胸径的生长,进而得到各部分的生物量,再通过扩展因子推算地下生物量,把生物量乘以系数再转换成碳(一般不包括土壤碳库)。该生长模型中涉及的指标可能包括胸径、断面积、树高、冠高、冠幅,以及立地条件等因及其组合,构造方式也随建立模型的目的而改变。Avery 和 Burkhart、唐守正根据模型的层次将林分生长和收获模型分为全林分模型(以林分总体特征指标为基础)、径级模型(以林木级为基本模拟单元)和单木模型(以个体树木生长信息为基础)3 类。

4.3.2 树木含碳率测定方法

树木含碳率的测定方法包括湿烧法、干烧法、基于分子式计算植物有机碳的方法和基于重量测定有机碳的方法,其中湿烧法和干烧法是主要的方法。

湿烧法是根据树木样品有机碳容易被氧化的特点,采用重铬酸钾-浓硫酸氧化法测定。干样后,将样品置于重铬酸钾和浓硫酸溶液,在 $185\sim190\,℃$ 温度下氧化,消解液用比色法代替滴定法测定碳含量。该方法原理是在较高温度条件下,植物有机碳可用过量的重铬酸钾和浓硫酸氧化。该方法快速、省力,可以保证足够的准确度,适宜大批样品的分析测定。

干烧法是将所有采集的样品在粉碎前放入 80 ℃ 的恒温箱中烘至恒重。该方法在分析时样品的实际用量较少。为保证取样全面及混合均匀,宜采用 3 次粉碎法制样,即初次粉碎时取样量较大,在初粉碎的基础上按四分法取其中的 1/4 进行第 2 次粉碎,然后依法进行第 3 次粉碎,经粉碎的样品过 200 目筛后装瓶备用。所有粉碎后的样品在分析前,再次放入 80 ℃ 的恒温箱中烘 24 h。最后用碳氮分析仪进行测定。

基于分子式计算植物有机碳是指绿色植物体中的碳元素是通过光合作用积累在有机物质中的。通过计算植物体中有机物的增加量即可求得其中的含碳率。植物体有机物质主要由纤维素($C_6H_{10}O_5$)、半纤维素($C_5H_8O_4$)、木质素和其他提取物组成,但各物质的含量因树种而异。纤维素、半纤维素、木质素的含量占木材总量的 95% 以上,如果能确定这 3 种组分的组成比例,即可得到不同树种的碳含量。

基于重量测定有机碳的流程是将试样放入一体化碳氢仪中,在(800 ± 10)℃ 高温下分解,使碳转化为 CO_2,CO_2 随气流进入碱石棉吸收管,根据吸收剂的增重计算得到试样的碳含量。样品重复测定 3 次,取平均值。

不同方法各有优缺点。如湿烧法的优点是效率高、速度快,适合对大批量样品进行测定,但误差较大,一般为 $\pm 2\% \sim \pm 4\%$,不确定性高。干烧法误差小、检测精度高,测定误差一般小于 0.1%,但步骤相对繁琐,适合精度要求高的小批量试样测定。

4.3.3　树种对含碳率的影响

树种是影响含碳率的一个重要因素。Elias 对 32 种不同树种的树干含碳率进行了估测,含碳率范围为 44.4% ~ 49.4%,认为在所有影响含碳率的因素中,树种因素高达 38.7%,是立地条件因素的 10 倍。不同树种的含碳率可能有一定的差异性。Thomas 等对中国东部吉林省 14 个树种树干含碳率的研究得出,各树种边材的含碳率范围在 48.4%(胡桃楸) ~ 51.0%(臭冷杉),且差异显著($F_n = 11.2$, $p < 0.0001$)。马钦彦等对华北地区主要森林类型的 8 个乔木建群种不同器官的有机含碳率进行测定得出,针叶树林分的平均含碳率为 50.73%,阔叶树林分的平均含碳率为 48.89%,且 $C_{针叶树} > C_{阔叶树}$。于颖等对东北林区不同尺度森林的含碳率进行研究得出,大兴安岭和长白山林区的 $C_{针叶树} > C_{阔叶树}$,而大、小兴安岭林区的 $C_{针叶树} > C_{阔叶树}$。在进行森林碳储量估测时,应尽量采用同树种、同地区的植物含碳率测定结果作为估算植被碳储量的基本参数,以提高估测的准确性。Zhang 等研究得到 10 种温带树种的含碳率范围是 47.1% ~ 51.4%,如果忽略种间或种内的含碳率差异,将会使碳储量的估测产生 $-6.7\% \sim +7.2\%$ 的误差。阔叶树种和针叶树种的含碳率存在差异。

贾炜玮等收集了东北主要乔木树种的平均含碳率(表 4-1)。同一树种的不同器官平均含碳率也存在差异,通常同一株树不同器官的含碳率比较中,树叶最高,其余依次是树枝、树干和树根部分。针叶树种的平均含碳率比阔叶树种平均高 2.4%,人工树种的平均含碳率比天然树种平均高 2.0%。

表 4-1 东北林区主要乔木树种平均含碳率

树种	样本数	平均含碳率/%				单木平均含碳率/%	标准差
		树干	树叶	树枝	树根		
天然云杉	48	0.472 7	0.483 9	0.487 5	0.477 5	0.480 4	0.040 7
天然冷杉	60	0.467 3	0.505 7	0.478 3	0.471 0	0.480 5	0.040 6
天然水胡黄	72	0.445 4	0.454 3	0.440 7	0.428 7	0.442 3	0.021 6
天然椴树	46	0.442 6	0.448 4	0.425 5	0.432 5	0.437 3	0.021 2
天然柞树	64	0.455 8	0.467 2	0.449 1	0.440 7	0.453 0	0.020 1
天然榆树	40	0.435 5	0.432 2	0.433 0	0.431 1	0.433 0	0.018 3
天然色木	46	0.442 2	0.446 2	0.434 6	0.428 4	0.437 8	0.018 7
天然黑桦	52	0.452 9	0.463 9	0.458 5	0.449 4	0.456 2	0.017 9
天然白桦	73	0.463 4	0.485 7	0.461 9	0.451 5	0.465 6	0.022 9
天然山杨	54	0.443 0	0.458 7	0.445 4	0.433 0	0.445 0	0.019 3
人工樟子松	85	0.477 5	0.496 7	0.483 3	0.469 6	0.481 8	0.020 3
人工红松	90	0.470 4	0.483 7	0.481 5	0.480 9	0.480 9	0.012 7
天然红松	34	0.480 7	0.492 4	0.498 9	0.480 3	0.488 1	0.010 8
人工落叶松	90	0.461 0	0.473 4	0.473 6	0.461 7	0.467 4	0.009 8
天然落叶松	103	0.469 5	0.483 2	0.476 1	0.468 1	0.474 2	0.031 1

注:摘自《东北林区各林分类型森林生物量和碳储量》,贾炜玮,黑龙江科学技术出版社,2014。

4.3.4 器官对含碳率的影响

器官是影响含碳率的一个因素。不同器官的含碳率存在一定的差异。Bert 等对成熟海岸松的根、干、冠含碳率进行研究得到,各器官的含碳率范围在 51.7%(根)~53.6%(嫩枝),不同器官的含碳率差异显著。侯琳、雷瑞德对秦岭火地塘林区油松林下主要灌木含碳率进行测定得出,不同灌木同一器官的含碳率存在显著差异,含碳率在不同灌木的叶、茎、根、皮的差值范围分别为 0.25%~4.86%,0.52%~9.98%,0.16%~2.80% 和 0.49%~10.58%,同一灌木不同器官的含碳率差值最高达 6.47%。王立海、孙墨珑对东北地区 12 种灌木的碳含量进行了分析,得出各器官的含碳率均差异显著(t 检验,$p<0.01$)。侯琳等在对秦岭火地塘林区油松群落乔木层的碳密度研究中测定了油松、华山松、锐齿栎和华北落叶松干、皮、枝、叶、根的含碳率,结果表明不同

树种各器官的含碳率差异显著,相同树种不同器官的含碳率明显不同,用不同测定方法获得的含碳率也有一定差异。Tolunay 对土耳其西北部幼龄樟子松各器官的含碳率进行研究,发现各器官的含碳率都高于广泛采用的转换因子——0.5,平均加权含碳率为51.96%,如果粗略采用 0.5 作为估测碳储量的转换因子,将会造成 3.77% 的低估值,针叶的含碳率最高为 53.02%。唐宵对四川 13 种主要针叶树不同器官的有机含碳率进行测定,并对林分平均含碳率进行了分析,得到种内各器官的含碳率变动系数为1.90%～5.96%,种间器官的含碳率变动系数为 0.18%～5.96%。刘维等在对鹫峰国家森林公园主要乔木树种含碳率分析中,根据各器官生物量的权重(各器官的生物量所占单木或林分总生物量的权重不同)计算森林类型林分平均含碳率的值与每个树种各器官含碳率的算术平均值具有差异,种内各组分(器官)含碳率变异系数为 2.44%～5.30%,种间各组分(器官)的变异系数为 3.84%～6.22%,且 $C_{针叶树} > C_{阔叶树}$。Bert 等研究得出,各器官的含碳率与其化学组成有关,针叶树种的含碳率更高一些。

4.3.5　其他因素对含碳率的影响

空间分布是影响含碳率的一个因素。对不同层次植物含碳率的测定结果显示,木质化程度越高的含碳水平也较高,即 $C_{乔木层} > C_{林下植被层}$,林下植被层中 $C_{灌木层} > C_{草本层}$。李铭红等研究得出,赤杨叶片含碳量最高为 50.34%,苔草地下部分含率碳量最低为 41.82%,含碳率在不同层大体呈现 $C_{乔木层} > C_{亚乔木层} > C_{下木层} > C_{藤本植物} > C_{草本层}$,即随着植物个体高度或组织木质化程度的降低,其含碳率也相应减少。植物层次之间碳素积累能力的差异与不同层次的种类在群落中所处地位密切相关。不同代表植物碳素平均含量的种间、层次和器官间变化幅度相近。其中乔木层和亚乔木的种间变化幅度最小。乔木层种间含碳率的差异主要反映在枝和叶两个器官上;亚乔木层的种间差异主要反映在叶上;下木层种间差异主要反映在地上器官中;草本层含碳率的差异主要反映在地下器官上。杨晓梅等对黄土高原柴松林碳储量与碳密度研究得出,植被层各层次含碳率的总体特征为 $C_{乔木层} > C_{灌木层} > C_{草本层}$。郑帏婕等研究得出,不同生长类型的植物含碳率为 $C_{乔木层} > C_{灌木层} > C_{苔藓} > C_{草本层}$。

木质组成是影响含碳率的一个因素。Elias 研究得出,含碳率与木质比重高度相关。一般而言,早材都比晚材的含碳率高,且早材木质素含量较高。S. H. Lamlom 等对成熟枫树和巨杉树干含碳率研究得出,枫树树干含碳率因木质层的不同而异,每棵树自上而下每个部位的年平均吸收碳率与木质形成的年度密切相关,并且得到从上到下自髓心(<50%)到形成层(51%)呈现近似线性的增长趋势。大多数成熟巨杉心材的含碳率大于 55%,但是在心材和边材的过渡区含碳率突然下降,且边材部分含碳率较低,表明心材的形成包含制造蛋白质的新陈代谢。

年龄和地理区域可能是影响含碳率的一个因素。尉海东和马祥庆对福建尤溪楠木幼、中、成熟林生态系统各组分含碳率和碳贮量进行的测定和比较研究得出,不同发育阶段楠木林乔木层、林下植被层和凋落物层的含碳率为 42.64%～51.45%,表现为

$C_{成熟林} > C_{中龄林} > C_{幼龄林}$。郑帷婕等对141种陆生高等植物碳含量进行了统计分析,按照气候分类法,3大气候带植物的含碳量表现为 $C_{高纬度气候} > C_{低纬度气候} > C_{中纬度气候}$;这些植物又分别属于不同的气候型,其含碳量的大小表现为 $C_{副极地大陆性气候} > C_{高地气候} > C_{热带季风气候} > C_{副热带季风气候} > C_{副热带湿润气候} > C_{温带季风气候} > C_{温带干旱气候} > C_{热带半干旱气候} > C_{温带海洋性气候}$。

此外,树种的碳挥发性、同一器官在树木的相对位置、森林生态区域和立地类型、经营模式冠层结构和区域尺度均有可能会对含碳率的计算产生影响。

4.4 森林碳储量计算步骤

森林碳储量计算步骤包括林分地上生物质碳储量、枯落物和枯死木碳储量,以及土壤碳储量的计算步骤。其中林分地上生物质碳储量的计算步骤可以细分到乔木层、灌木层和草本层的各层计算。

4.4.1 林分地上生物质碳储量计算步骤

(1) 乔木层。乔木层地上部分碳储量应根据组成林分各树种的平均单位面积地上生物量、树种含碳率及林分面积,采用以下公式计量:

$$C_{乔木地上部分} = \sum_{k=1}^{n}(B_{乔木地上部分,k} \times CF_{乔木,k}) \times S \tag{4-4}$$

式中: $C_{乔木地上部分}$ 为林分乔木地上部分生物质碳储量(tC); $k = 1, 2, 3, \cdots, n$ 为组成林分的树种; $B_{乔木地上生物量,k}$ 为林分中树种 k 的平均单位面积地上生物量(t. d. m/hm²); $CF_{乔木,k}$ 为树种 k 的含碳率(tC/t. d. m); S 为林分面积(hm²)。

公式(4-4)中的 $B_{乔木地上生物量,k}$ 可选择以下方式获得:

① 已发布《立木生物量模型及碳计量参数》行业标准的树种,根据碳库调查所获得的各树种测树因子的数据,采用以下公式:

$$B_{乔木地上部分,k} = f_k(x1_k, x2_k, x3_k, \cdots) \tag{4-5}$$

式中: $f_k(x1_k, x2_k, x3_k, \cdots)$ 为将测树因子转化为地上生物量的回归方程。

② 未发布《立木生物量模型及碳计量参数》行业标准的树种,应按顺序选择以下方法获得:采用森林生态系统碳库调查及测定获得的各树种平均单位面积地上生物量;采用森林生态系统碳库调查及测定获得的各树种单位面积蓄积量、树种的基本木材密度以及生物量扩展因子,采用以下公式:

$$B_{乔木地上部分,k} = V_{乔木,k} \times SVD_{乔木,k} \times BEF_{乔木,k} \tag{4-6}$$

式中: $V_{乔木,k}$ 为树种 k 单位面积蓄积量(m³/hm²); $SVD_{乔木,k}$ 为树种 k 的基本木材密度

$(\text{t. d. m}/\text{m}^3)$；$BEF_{乔木,k}$ 为树种 k 的生物量扩展因子。

或采用森林生态系统碳库调查及测定获得的各树种单位面积蓄积量，并根据树种选择附录中提供的 SVD 和 BEF 值，采用上述公式（4-6）。

公式（4-4）中的 $CF_{乔木,k}$ 应按顺序选择以下方式获得：

采用森林生态系统碳库调查及树种含碳率测定的结果；根据树种选择附录中提供的 CF 值；采用缺省值 $0.5\,\text{tC}/\text{t. d. m}$。

（2）灌木层。灌木层地上部分碳储量应根据林地灌木地上部分平均单位面积生物量、灌木含碳率，以及林分面积，采用以下公式计量：

$$C_{灌木地上部分} = \sum_{k=1}^{n} (B_{灌木地上部分,k} \times CF_{灌木,k}) \times s \tag{4-7}$$

式中：$C_{灌木地上部分}$ 为林分中灌木层地上部分碳储量（tC）；$B_{灌木地上部分,k}$ 为林分中灌木层地上部分平为单位面积生物量（$\text{t. d. m}/\text{hm}^2$）；$CF_{灌木,k}$ 为灌木平均含碳率（$\text{tC}/\text{t. d. m}$）。

公式（4-7）中的 $B_{灌木地上部分,k}$ 和 $CF_{灌木,k}$ 应按顺序选择以下 2 种方法获得：采用碳库调查及测定结果；$B_{灌木地上部分,k}$ 采用缺省值 $12.51\,\text{t. d. m}/\text{hm}^2$，$CF_{灌木,k}$ 采用缺省值 $0.47\,\text{tC}/\text{t. d. m}$。

（3）草本层。草本层地上部分碳储量应根据林地草本地上部分平均单位面积生物量、草本植物平均含碳率及林分面积采用以下公式获得：

$$C_{草本地上部分} = \sum_{k=1}^{n} (B_{草本地上部分,k} \times CF_{草本,k}) \times s \tag{4-8}$$

式中：$C_{草本地上部分}$ 为林分中草本层地上部分碳储量（tC）；$B_{草本地上部分,k}$ 为林分中草本层地上部分平均单位面积生物量（$\text{t. d. m}/\text{hm}^2$）；$CF_{草本,k}$ 为草本植物平均含碳率（$\text{tC}/\text{t. d. m}$）。

（4）林分地上生物质碳储量。森林生态系统林分地上生物质碳储量应通过上述方法获得的乔木层、灌木层及草本层的地上部分碳储量，采用以下公式获得：

$$C_{地上部分生物质} = C_{乔木地上部分} + C_{灌木地上部分} + C_{草本地上部分} \tag{4-9}$$

式中：$C_{地上部分生物质}$ 为林分地上生物质碳储量（tC）。

4.4.2　地下生物质碳储量计算步骤

（1）乔木层。森林生态系统乔木地下部分碳储量应根据组成林分各树种的单位面积地下生物量、树种含碳率及林分面积，采用以下公式获得：

$$C_{乔木地下部分} = \sum_{k=1}^{n} (B_{乔木地下生物量,k} \times CF_{乔木,k}) \times S \tag{4-10}$$

式中：$C_{乔木地下部分}$ 为林分乔木地下部分生物质碳储量（tC）；$B_{乔木地下生物量,k}$ 为林分中树种 k 的平均单位面积地下生物量（$\text{t. d. m}/\text{hm}^2$）。

公式(4-10)中的 $B_{乔木地下生物量,k}$ 应按顺序选择以下方式获得:采用森林生态系统碳库调查获得的各树种的平均单位面积地下生物量结果;根据树种选择附录 A 中提供的 RSR 值,通过以下公式:

$$B_{乔木地下部分,k} = B_{乔木地上部分,k} \times RSR_k \tag{4-11}$$

式中:RSR_k 为树种 k 地下生物量与地上生物量的比值。

采用公式(4-11),并采用缺省值 0.236 作为 RSR_k 值。

(2) 灌木层。灌大层地下部分的碳储量应根据灌木地下部分平均单位面积生物量、灌木含碳率以及林分面积采用以下公式计算:

$$C_{灌木地下部分} = B_{灌木地下部分} \times CF_{灌木} \times S \tag{4-12}$$

式中:$C_{灌木地下部分}$ 为林分灌木层地上部分生物质碳储量(tC);$B_{灌木地下部分}$ 为林分中灌木层地下部分平为单位面积生物量(t. d. m/hm²)。

公式(4-12)中的 $B_{灌木地下部分}$ 和 $CF_{灌木}$ 应按顺序选择以下 2 种方法获得:根据森林生态系统碳座调查获得的灌木平均单位面积地下生物量结果及灌木含碳率的测定结果;$B_{灌木地下部分}$ 采用缺省值 6.721 t. d. m/hm²,$CF_{灌木}$ 缺省值 0.47 tC/t. d. m。

(3) 草本层。草本层地上部分碳储量应根据林地草本地下部分平均单位面积生物量、草本植物含碳率及林分面积采用以下公式获得:

$$C_{草本地下部分} = B_{草本地下部分} \times CF_{草本} \times S \tag{4-13}$$

式中:$C_{草本地下部分}$ 为林分中草本层地下部分碳储量(tC);$B_{草本地下部分}$ 为林分中草本层地下部分平均单位面积生物量(t. d. m/hm²)。

(4) 林分地下生物质碳储量。森林生态系统地下生物量碳库碳储量应通过上述方法获得的乔木层、灌木层及草本层的地下部分碳储量之和获得:

$$C_{地下部分生物质} = C_{乔木地上部分} + C_{灌木地下部分} + C_{草本地下部分} \tag{4-14}$$

式中:$C_{地下部分生物质}$ 为林分地下生物质碳储量(tC)。

4.4.3 枯落物和枯死木碳储量计算步骤

(1) 枯落物碳库。森林生态系统枯落物碳储量应根据林地枯落物平均单位面积生物量、枯落物含碳率,以及林分面积采用以下公式计算:

$$C_{枯落物} = B_{枯落物} \times CF_{枯落物} \times S \tag{4-15}$$

式中:$C_{枯落物}$ 为林分中枯落物碳储量(tC);$B_{枯落物}$ 为林分中枯落物平均羊位面积生物量(t. d. m/hm²);$CF_{枯落物}$ 为枯落物平均含碳率(tC/t. d. m)。

公式(4-15)中的 $B_{枯落物}$ 和 $CF_{枯落物}$ 应按顺序选择以下方法获得:采用森林生态系统碳库调查及测定结果;$CF_{枯落物}$ 采用缺省值 0.37 tC/t. d. m,$B_{枯落物}$ 根据森林类型选择

附录中提供的估计值,并采用下列公式获得:

$$B_{枯落物} = (\sum_{k=1}^{n} B_{乔木地上生物量,k} + B_{灌木地上部分} + B_{草本地上部分}) \times DF_{枯落物} \qquad (4-16)$$

式中:$DF_{枯落物}$为枯落物生物量占地上生物量的比例(%)。

（2）枯死木碳库

森林生态系统枯死木碳库碳储量应根据林地枯死木平均单位面积生物量、枯死木含碳率以及林分面积采用以下公式计算:

$$C_{枯死木} = B_{枯死木} \times CF_{枯死木} \times S \qquad (4-17)$$

式中:$C_{枯死木}$为林分中枯死大碳储量(tC);$B_{枯死木}$为林分中枯死木平均羊位面积生物量(t. d. m/hm^2);$CF_{枯死木}$为枯死木平均含碳率(tC/t. d. m)。

公式(4-17)中的$B_{枯死木}$和$CF_{枯死木}$应按顺序选择以下 2 种方法获得:采用森林生态系统碳库调查及测定结果;$CF_{枯死木}$采用缺省值 0.37 tC/t. d. m,$B_{枯死木}$根据林分所在地区选择附表提供的 DFpw 值,并采用下列公式获得:

$$B_{枯死木} = \sum_{k=1}^{n} B_{乔木地上生物量,k} \times DF_{枯死木} \qquad (4-18)$$

式中:$DF_{枯死木}$为枯死木生物量占乔木地上生物量的比例(%)。

4.4.4　土壤碳储量计算步骤

森林生态系统碳库碳储量根据土壤有机碳密度及林分面积,采用以下公式获得:

$$C_{土壤} = SOCC \times S \qquad (4-19)$$

式中:$C_{土壤}$为林分中土壤碳储量(tC);$SOCC$ 为林分土壤有机碳密度(tC/hm^2)。

公式(4-19)中的$SOCC$,可按顺序采用以下方式获得:采用森林生态系统碳库调查及测定结果;根据森林类型选择附录中提供的 $SOCC$ 值。

参考文献

[1] Wulder M A, White J C, Nelson R F, et al. Lidar sampling for large-area forest characterization: A review [J]. Remote Sens. Environ. 2012, 121, 196 - 209.

[2] Brown S L, Schroeder P E, Kern J S. Spatial distribution of biomass in forests of the eastern USA [J]. Forest Ecol. Manag. 1999, 123. 81 - 90.

[3] Brown S, Lugo A E. The storage and production of organic matter in tropical forests and their role in the global carbon cycle [J]. Biotropica. 1982, 14: 161 - 187.

[4] Zhang L Y, Deng X W, Lei X D, et al. Determining stem biomass of Pinus massoniana L. through variations in basic density [J]. Forestry. 2012, 85: 601 - 609.

[5] Turner D P, Koepper G J, Harmon M E, et al. A carbon budget for forests of the conterminous United

States [J]. Ecological Applications,1995,5: 421 - 436.

[6] Garcia M, Fiano D, Chuvieco E, et al. Estimating biomass carbon stocks for a Mediterranean forest in central Spain using LiDAR height and intensity data [J]. Remote Sens. Environ. 2010, 114,816 - 830.

[7] Brown S, Lugo A E. The storage and production of organic matter in tropical forests and their role in the global carbon cycle [J]. Biotropica. 1982, 14: 161 - 187.

[8] Fang J Y, Chen A P, Peng C H, et al. Changes in forest biomass carbon storage in China between 1949 and 1998 [J]. Science. 2001, 292: 2320 - 2322.

[9] Lehtonen A, Cienciala E, Tatarinov F, et al. Uncertainty estimation of biomass expansion factors for Norway spruce in the Czech Republic [J]. Annals of Forest Science. 2007, 64: 133 - 140.

[10] Guo Z D, Hu H F, Li P, et al. Spatio-temporal changes in biomass carbon sinks in China's forests from 1977 to 2008 [J]. Sci. China Life Sci. 2013, 56, 661 - 671.

[11] Fang j Y, Chen A P, Peng C H, et al. Changes in forest biomass carbon storage in China between 1949 and 1998 [J]. Science. 2001, 292: 2320 - 2322.

[12] Milena S, Markku K. Allometric Models for Tree Volume and Total Aboveground Biomass in a Tropical Humid Forest in Costa Rica [J]. Biotropica. 2005, 37(1): 2 - 8.

[13] Fang j Y, Liu G H, Xu S L. Forest biomass of China: an estimation based on the biomass volume relationship [J]. Ecol Appl, 1998, 8: 1084 - 1091.

[14] Shaban S. Non-parametric forest attributes estimation using Lidar and TM data [J]. 32nd Asian Conference on Remote Sensing. 2011, (2): 887 - 893.

[15] Vashum KT, Jayakumar S. Methods to Estimate Above — Ground Biomass and Carbon Stock in Natural Forests — A Review [J]. J Ecosyst Ecogr. 2012, 2, 116.

[16] Thurner M, Beer C, Santoro M, et al. Carbon stock and density of northern boreal and temperate forests [J]. Glob. Ecol. Biogeogr. 2014, 23, 297 - 310.

[17] Avery TE, Burkhart HE. Forest measurements. the third edition [J]. New York: Mc Graw-Hill Book Company, 1983.

[18] Elias M, Potvin C. Assessing inter- and intra-specific variation in trunk carbon concentration for 32 neotropical tree species D. Canadian journal of Forest Research, 2003, 33(6): 1039 - 1045.

[19] Thomas S C, Malezewski G. Wood carbon content of tree species in Eastern China; interspecific variability and the importance of the volatile fraction [J]. journal of Environmental Management, 2007, 85 (3): 659 - 662.

[20] Zhang QZ, Wang CK, Wang XC, et al. Carbon concentration variability of 10 Chinese temperate tree species D [J]. Forest Ecology and Management, 2009, 258(5): 722 - 727.

[21] 国家林业和草原局.森林生态系统碳储量计量指南:LY/T 2988—2018[S].北京:中国标准出版社,2019.

[22] 马钦彦,陈退林,王娟,等.华北主要森林类型建群种的含碳率分析[D].北京林业大学学报,2002,24(5):100 - 104.

[23] 付尧,孙玉军.植物有机碳测定研究进展[J].世界林业研究,2013,26(01):24 - 30.

[24] 胡砚秋,苏志尧,李佩瑗,等.林分生物量碳计量模型的比较研究[J].中南林业科技大学学报,2015,(01):83 - 87.

[25] 唐守正,李希菲,孟昭和.林分生长模型研究的进展[J].林业科学研究,1993,6(6): 672 - 679.

[26] 马钦彦,康峰峰,等.山西泰岳山典型灌木林生物量及生产力研究[J].林业科学研究,2002,15(3):304 - 309.

[27] 于颖,范文义,李明泽.东北林区不同尺度森林的含碳本[J].应用生态学报,2012,23(2):341 - 346.

[28] 贾炜玮.东北林区各林分类型森林生物量和碳储量[M].哈尔滨黑龙江科学技术出版社,2014.

［29］侯琳,雷瑞德.秦岭火地塘林区油松林下主要灌木碳吸存［J］.生态学报,2009,29(11):6077-6084.

［30］王立海,孙墨龙.东北 12 种灌木热值与碳含量分析［J］.东北林业大学学报,2008,36(5):45-46.

［31］尉海东,马祥庆.不同发育阶段楠木人工林生态系统碳贮量研究［J］.烟合师范学院学报:自然科学版,2006,22(2):130-133.

［32］郑帷婕,包维柑,率彬,等.陆生高等植物碳含量及其特点［J］.生态学杂志,2007,26(3):307-313.

第 5 章

碳汇造林项目与
森林碳汇核算

　　本章以"林业碳汇项目方法学"中的核算技术模板为基础,为了便于相关研究人员快速熟悉森林碳汇核算技术,便于计算公式的查阅,较为系统、全面地梳理了"竹子造林碳汇项目方法学""森林经营碳汇项目方法学""竹林经营碳汇项目方法学"和"碳汇造林项目方法学"等方法学中的碳汇核算技术,本章的内容具有逻辑性、可操作性和科学性。

5.1　相关定义与统一说明

5.1.1　碳汇造林项目的相关定义

　　碳汇造林:为区别于其他一般定义上的造林活动,这里特指以增加森林碳汇为主要目标之一,对造林和林木生长全过程实施碳汇计量和监测而进行的有特殊要求的项目活动。

　　基线情景:指在没有碳汇造林项目活动时,最能合理地代表项目边界内土地利用和管理的未来情景。

　　项目情景:指拟议的碳汇造林项目活动下的土地利用和管理情景。

　　项目边界:是指由拥有土地所有权或使用权的项目业主或其他项目参与方实施的碳汇造林项目活动的地理范围。一个项目活动可以在若干个不同的地块上进行,但每个地块都应有特定的地理边界。该边界不包括位于两个或多个地块之间的土地。

　　计入期:指项目情景相对于基线情景产生额外的温室气体减排量的时间区间。

　　基线碳汇量:基线情景下项目边界内各碳库中的碳储量变化之和。

　　项目碳汇量:项目情景下项目边界内所选碳库中的碳储量变化量,减去由拟议的碳汇造林项目活动引起的项目边界内温室气体排放的增加量。

　　泄漏:指由拟议的碳汇造林项目活动引起的、发生在项目边界之外的、可测量的温室气体源排放的增加量。

　　项目减排量:指由于造林项目活动产生的净碳汇量。项目减排量等于项目碳汇量减去基线碳汇量,再减去泄漏量。

　　额外性:指项目碳汇量高于基线碳汇量的情形。这种额外的碳汇量在没有拟议的碳汇造林项目活动时是不会产生的。

　　土壤扰动:是指如整地、松土、翻耕、挖除树桩(根)等活动,这些活动可能会导致土壤有机碳的降低。

　　湿地:湿地包括全年(对某些土地种类而言可以是一年中大部分时间,如泥炭土)被水淹没或土壤水分处于饱和状态的土地,且不属于森林、农田、草地和居住用地的范畴。

有机土：指同时符合下列条件①和②，或同时符合条件①和③的土壤：①有机土层厚度≥10 cm，如果有机土层厚度不足 20 cm，则 20 cm 深度土层内混合土壤的有机碳含量必须大于或等于 12%。②对于极少处于水分饱和状态（一年内处于水分饱和状态不超过数天）的土壤，其有机碳含量必须大于 20%。③对于经常处于水分饱和状态的土壤，则：不含黏粒的土壤，有机碳含量不低于 12%；或黏粒含量≥60% 的土壤，有机碳含量不低于 18%；或 0＜黏粒含量＜60% 的土壤，有机碳含量不低于 12%～18%。

5.1.2 竹林造林碳汇项目的相关定义

竹林：指连续面积不小于 667 m³、郁闭度不低于 0.20、成竹竹秆高度不低于 2 m、竹秆胸径（或眉径）不小于 2 cm 的以竹类为主的植物群落。竹林是中国森林的一种类型。

基线情景：指在没有拟议的竹子造林项目活动时，最能合理地代表项目边界内土地利用和管理未来的可能情景。

项目情景：指拟议的竹子造林项目活动下的土地利用和管理情景。

项目边界：指由拥有土地所有权或使用权的项目参与方实施的竹子造林项目活动的地理范围，也包括以竹子造林活动的产品为原材料生产的竹产品的使用地点。一个竹子造林项目活动可在若干个不同的地块上进行，但每个地块应有特定的地理边界，该边界不包括位于两个或多个地块之间的土地。

计入期：指项目情景相对于基线情景产生额外的温室气体减排量的时间区间。基线碳汇量：指在基线情景下，项目边界内碳库中碳储量变化之和。

项目碳汇量：指在项目情景下，项目边界内所选碳库中碳储量变化量，减去由拟议的竹子造林项目活动引起的项目边界内温室气体排放的增加量。

泄漏：指由拟议的竹子造林项目活动引起的、发生在项目边界之外的、可测量的温室气体源排放的增加。

项目减排量：指竹子造林项目活动引起净温室气体减排量，其大小等于项目碳汇量，减去基线碳汇量，再减去泄漏量。

额外性：指拟议的竹子造林项目活动产生的项目碳汇量高于基线情景下的基线碳汇量的情形。这种额外的碳汇量在没有拟议的竹子造林项目活动时是不会产生的。

土壤扰动：是指导致土壤有机碳降低的活动，如整地、松土、翻耕、挖树桩（根）或竹篼等。

碳库：包括地上生物量、地下生物量、枯落物、枯死木和土壤有机质。

地上生物量：土壤层以上以干重表示的本本植被（包括竹类）活体的生物量，包括干、桩、枝、皮、种子、花、果和叶等。

地下生物量：所有本本植被（包括竹类）活根的生物量。由于细根（直径≤2 mm）通常很难从土壤有机成分或枯落物中区分出来，因此通常不包括该部分。

枯落物：土壤层以上、直径小于 5 cm、处于不同分解状态的所有死生物量，包括凋落物、腐殖质，以及不能从经验上从地下生物量中区分出来的活细根（直径≤2 mm）。

枯死木：枯落物以外的所有死生物量，包括枯立木、枯倒木，以及直径大于或等于 5 cm 的枯枝、死根和树桩。

土壤有机质：一定深度内（通常为 100 cm）矿质土和有机土（包括泥炭土）中的有机质，包括不能从经验上从地下生物量中区分出来的活细根。

小竹丛：指成竹竹秆高度低于 2 m 或竹秆胸径（或眉径）小于 2 cm 的竹类植物群落。小竹丛不属于森林范畴。

大径散生竹林：指成竹竹秆高度大于 6 m、竹秆胸径（或眉径）大于 5 cm 的单轴散生型竹林。

大径丛生竹林：指成竹竹秆高度大于 6 m、竹秆胸径（或眉径）大于 5 cm 的合轴丛生型竹林。

小径散生竹林：指成竹竹秆高度大于 6 m、竹秆胸径（或眉径）2~5 cm 的单轴散生竹林。

小径丛生竹林：指成竹竹秆高度大于 6 m、竹秆胸径（或眉径）2~5 cm 的合轴丛生竹林。

复轴混生型竹林：指成竹竹秆高度大于 6 m、竹秆胸径（或眉径）大于 5 cm 的单轴和合轴混生的竹林。

立竹度：指单位面积内正常生长的竹子（病死竹、倒伏竹除外）的数量。

5.1.3　森林经营碳汇项目的相关定义

森林经营：本书中的"森林经营"特指通过调整和控制森林的组成和结构、促进森林生长，以维持和提高森林生长量、碳储量及其他生态服务功能，从而增加林业碳汇。主要的森林经营活动包括：结构调整、树种更替、补植补造、林分抚育、复壮和综合措施等。

基线情景：指在没有拟议的项目活动时，项目边界内的森林经营活动的未来情景。

项目情景：指拟议的项目活动下的森林经营情景。

项目边界：是指由对拟议项目所在区域的林地拥有所有权或使用权的项目参与方（项目业主）实施森林经营碳汇项目活动的地理范围。一个项目活动可在若干个不同的地块上进行，但每个地块应有特定的地理边界，该边界不包括位于两个或多个地块之间的林地。项目边界包括事前项目边界和事后项目边界。

事前项目边界：是在项目设计和开发阶段确定的项目边界，是计划实施项目活动的边界。

事后项目边界：是在项目监测时确定的、经过核实的、实际实施的项目活动的边界。

计入期：指项目情景相对于基线情景产生额外的温室气体减排量的时间区间。

项目碳汇量：指在项目情景下（即在拟议的森林经营碳汇项目活动情景下），项目边界内所选碳库中碳储量变化量之和，减去由拟议的森林经营碳汇项目活动引起的温室气体排放的增加量。

基线碳汇量：指在基线情景下（即没有拟议的森林经营碳汇项目活动的情况下），项目边界内碳库中碳储量变化之和。

泄漏：指由拟议的森林经营碳汇项目活动引起的、发生在项目边界之外的、可测量的温室气体源排放的增加量。

项目减排量：即由于项目活动产生的净碳汇量。项目减排量等于项目碳汇量减去基线碳汇量，再减去泄漏量。

额外性：指拟议的森林经营碳汇项目活动产生的项目碳汇量高于基线碳汇量的情形。这种额外的碳汇量在没有拟议的森林经营碳汇项目活动时是不会产生的。

土壤扰动：是指导致土壤有机碳降低的活动，如整地、松土、翻耕、挖除树桩（根）等。

碳库：包括地上生物量、地下生物量、枯落物、枯死木和土壤有机质。

地上生物量：土壤层以上以干重表示的活体生物量，包括树干、树桩、树枝、树皮、种子、花、果和树叶等。

地下生物量：所有林木活根的生物量。由于细根（直径≤2 mm）通常很难从土壤有机成分或枯落物中区分出来，因此通常不包括该部分。

枯落物：土壤层以上、直径小于 5 cm、处于不同分解状态的所有死生物量，包括凋落物、腐殖质，以及不能从经验上从地下生物量中区分出来的活细根（直径≤2 mm）。

枯死木：枯落物以外的所有死生物量，包括枯立木、枯倒木，以及直径大于或等于 5 cm 的枯枝、死根和树桩。

土壤有机质：一定深度内（通常为 100 cm）矿质土和有机土（包括泥炭土）中的有机质，包括不能从经验上从地下生物量中区分出来的活细根（直径≤2 mm）。

5.1.4　竹林经营碳汇项目的相关定义

竹林经营：本书中的"竹林经营"是指通过改善竹林生长营养条件，调整竹林结构（如竹种组成、经营密度、胸径、年龄、根鞭状况），从而改善竹林结构，促进竹林生长，提高竹林质量、竹材产量，同时增强竹林碳汇能力和其他生态和社会服务功能的经营活动。主要的竹林经营活动包括：促进竹林发笋、改善竹林结构、维护竹林健康、衰退竹林复壮、竹种更新调整，及其他综合措施等。

项目情景：指拟议的项目活动下的竹林经营情景。

项目边界：是指由拟议项目所在区域的林地拥有所有权或使用权的项目参与方（项目业主）实施竹林经营碳汇项目活动的地理范围，也包括竹产品生产地点。竹林经营活动可在若干个不同的地块上进行，但每个地块均应有明确的地理边界，该边界不包括位于 2 个或多个地块之间的林地。项目边界包括事前项目边界和事后项目边界。

竹林经营项目活动的"项目边界"是指，由拥有土地所有权或使用权的项目参与方实施的竹子经营项目活动的地理范围，也包括以竹林经营活动的竹材为原材料的竹产品生产地点。竹林经营活动可在若干个不同的地块上进行，但每个地块均应有明确的地理边界，该边界不包括位于两个或多个地块之间的林地。

事前项目边界：是在项目设计和开发阶段确定的项目边界，是计划实施项目活动的边界。

事后项目边界：是在项目监测时确定的、经过核实的、实际实施的项目活动的边界。

计入期：指项目情景相对于基线情景产生额外的温室气体减排量的时间区间。基线碳汇量：指在基线情景下项目边界内所选碳库中碳储量变化之和。

项目碳汇量：指在项目情景下项目边界内所选碳库中碳储量变化量，减去由拟议的竹林经营碳汇项目活动引起的项目边界内温室气体源排放的增加量。

泄漏：指由拟议竹林经营碳汇项目活动引起的发生在项目边界之外的、可测量的温室气体排放的增加量。

项目减排量：指竹林经营碳汇项目活动引起的净碳汇量。项目减排量等于项目碳汇量减去基线碳汇量，再减去泄漏量。

额外性：指拟议的竹林经营碳汇项目活动产生的项目碳汇量高于基线碳汇量的情形。这种额外的碳汇量在没有拟议的竹林经营碳汇项目活动时是不会产生的。

土壤扰动：是指导致土壤有机碳降低的活动，如松土除草、深翻垦复、挖除竹篼竹鞭等活动。

碳库：包括地上生物量、地下生物量、枯落物、枯死木、土壤有机质和竹材产品碳库。

竹材产品碳库：指利用项目边界内收获的成熟竹材（主要指竹秆部分）而生产的竹产品，在项目期末或产品生产后 30 年（以时间长者为准）仍在使用或进入垃圾填埋的竹产品中的碳量。

地上生物量：竹类地上部分的生物量，包括竹秆、竹枝、竹叶生物量。

地下生物量：竹类地下部分的生物量，包括竹篼、竹鞭、竹根生物量。

枯落物：土壤层以上，直径小于≤5.0 cm，处于不同分解状态的所有死生物量。包括凋落物、腐殖质，以及难以从地下生物量中区分出来的细根。

枯死木：枯落物以外的所有死生物量，对于本章，包括各种原因引起的枯立竹、枯倒竹以及死亡腐烂的竹篼、竹根、竹鞭。

土壤有机质：指一定深度内（本章中为 100 cm）矿质土中的有机质，包括不能从经验上从地下生物量中区分出来的活细根。

大径散生竹林：指成竹竹秆高度大于 6 m、竹秆胸径大于 5 cm 的单轴散生型竹林。

大径丛生竹林：指成竹竹秆高度大于 6 m、竹秆胸径大于 5 cm 的合轴丛生型竹林。

小径散生竹林：指成竹竹秆高度大于 6 m、竹秆胸径为 2～5 cm 的单轴散生竹林。

小径丛生竹林：指成竹竹秆高度大于 6 m、竹秆胸径为 2～5 cm 的合轴丛生竹林。

复轴混生型竹林：指成竹竹秆高度大于 6 m、竹秆胸径大于 5 cm 的单轴和合轴混生的竹林。

小竹丛：是指成竹竹秆高度低于 2 m 或竹秆胸径小于 2 cm 的竹类植物群落。小竹丛不属于森林范畴。

立竹（密）度：指单位面积内正常生长的竹子（病死竹、枯死竹、倒伏竹除外）的株数。基线情景：指在没有拟议的项目活动时，项目边界内的竹林经营活动的未来情景。

竹子择伐强度：指单位面积竹林内，采伐的竹子株数与伐前立竹株数之比。它与拟议项目竹子成熟择伐年龄和竹林留养的度数(年龄)结构有关。

竹林择伐更新周期:类似于乔木林的轮伐周期,指竹林通过不断的老竹择伐和新竹发育,其立竹实现全部更新一次所需的年数,在数值上与项目确定的竹子成熟择伐年龄一致。

5.1.5　碳汇核算表达式的统一说明

在进行碳汇核算前,先对碳汇核算表达式进行统一的说明。本章中碳汇核算表达式中的字符采用"大写字母与其下标相结合"的方式来表示其含义。大写字母如 C 表示碳储量(tCO_2e);CF 表示含碳率;B 表示生物量(t. d. m);S 表示面积(hm^2)。"下标"如 t 表示年龄(a);i 表示基线碳层的层数;j 表示树种;BAMBOO 表示竹子,SHRUB 表示灌木,PROJ 表示项目,BSL 表示基线等。此外还有一些常数和符合也有特定的含义,如 44/12 表示 CO_2 与 C 的分子量之比,△表示变化量。

5.2　碳汇核算前期工作

无论是碳汇造林项目和竹林造林碳汇项目,还是森林经营碳汇项目和竹林经营碳汇项目,在进行碳汇核算前,工作人员均需要对碳汇核算的前期工作有一定的了解,才能更好地开展碳汇核算工作。即项目业主或其他项目参与方均须需要确定项目的边界、确定土地的合格性、对碳库和温室气体排放源进行选择、对基线情景进行识别、进行额外性的论证,同时需要明确项目期和计入期,也需要进行碳层划分。

5.2.1　项目边界和土地合格性的确定

项目边界包括事前项目边界和事后项目边界,其中事前项目边界是在项目设计和开发阶段确定的项目边界,即计划实施造林项目活动或竹子造林等项目活动的地理边界。事前项目边界可采用 GPS、北斗或其他卫星导航系统进行确定,也可利用高分辨率的地理空间数据(如卫星影像、航片)、森林分布图、林相图等,还可以使用大比例尺地形图(比例尺不小于 1:10 000)进行现场勾绘进行确定。事后项目边界是在项目监测时确定的、项目核查时核实的、实际实施的项目活动的边界,事后项目边界面积测定允许误差小于 5%。

对于项目审定和核查,须提交项目边界的矢量图形文件。当项目审定时,须提供占项目活动总面积 2/3 或以上的土地所有权或使用权的证据。当首次核查时,须提供所有项目地块的土地所有权或使用权的证据。

对于项目边界内的土地合格性,项目业主或其他项目参与方须提供透明的信息及

其对应的证据来证明。项目参与方须采用下述程序证明项目边界内的土地合格性[①]:

(1) 提供透明的信息证明,在项目开始时,项目边界内的土地符合下列所有条件:①植被状况不符合我国政府定义森林的阈值标准,即植被状况不同时满足下列所有条件:郁闭度≥0.20,树高≥2 m,面积≥667 m^2,如果为竹类,竹秆胸径(或眉径)≥2 cm。②如果地块上有天然或人工幼树,其继续生长不会达到我国政府定义森林的阈值标准。③项目地块不属于因采伐或自然干扰而产生的临时的无林地(迹地)。

(2) 提供信息证明,2005 年 2 月 16 日起,项目活动所涉每个地块上的植被状况符合上述(1)①的条件。

(3) 为证明上述(1)和(2),项目参与方须提供下列证据之一,以根据我国政府确定的森林定义标准,区分有林地和无林地,以及可能的土地利用方式的变化:①经过地面验证的高分辨率的地理空间数据(如卫星影像、航片)。②森林分布图、林相图或其他林业调查规划空间数据。③土地权属证或其他可用于证明的书面文件。如果没有上述①～③的资料,项目参与方须呈交通过参与式乡村评估(PRA)方法获得的书面证据。

5.2.2　碳库和温室气体排放源的选择

对于碳库的选择,其中地上生物量和地下生物量碳库是必须要选择的碳库。项目参与方可以根据实际数据的可获得性、成本有效性、保守性原则,选择是否忽略枯死木、枯落物、土壤有机碳和木产品碳库。对于碳汇造林项目的温室气体排放源的选择、竹林造林碳汇项目的项目边界内的温室气体排放源的选择、森林经营碳汇项目的项目边界内温室气体排放源的选择,分别详见表 5-1、表 5-2 和表 5-3。

表 5-1　碳汇造林项目的温室气体排放源的选择

温室气体排放源	温室气体种类	是否选择	理由或解释
生物质燃烧	CO_2	否	生物质燃烧导致的 CO_2 排放已在碳储量变化中考虑
	CH_4	是	有森林火灾发生,会导致生物质燃烧产生 CH_4 排放
		否	没有森林火灾发生
	N_2O	是	有森林火灾发生,会导致生物质燃烧产生 N_2O 排放
		否	没有森林火灾发生

① 基于"证明 CDM 造林再造林项目活动土地合格性的程序(V01.0,EB35)"修改而来。

表5-2　竹林造林碳汇项目的项目边界内的温室气体排放源的选择

排放源	气体	考虑或不考虑	理由或解释
木本植物（包括竹类）生物质燃烧	CO_2	不考虑	该 CO_2 排放已在碳储量变化中考虑
	CH_4	考虑	林地清理、整地或竹林经营过程中由于木本植被（包括竹子）生物质燃烧可引起显著的 CH_4 排放
	N_2O	考虑	林地清理、整地或竹林经营过程中由于木本植被（包括竹子）生物质燃烧可引起显著的 N_2O 排放
化石燃料燃烧	CO_2 CH_4、N_2O	不考虑	潜在排放量很小，可忽略不计
施肥	N_2O	不考虑	潜在排放量很小，可忽略不计

表5-3　森林经营碳汇项目的项目边界内温室气体排放源的选择

温室气体	排放源	是否选择	理由或解释
CO_2	木本生物质燃烧	否	该 CO_2 排放已在碳储量变化中考虑
CH_4	木本生物质燃烧	是	森林经营过程中，由于木本植被生物质燃烧可引起显著的 CH_4 排放
N_2O	木本生物质燃烧	是	森林经营过程中，由于木本植被生物质燃烧可引起显著的 N_2O 排放

5.2.3　项目期和计入期

项目活动的开始时间、计入期和项目期。项目活动开始时间是指实施造林项目活动开始的日期，不得早于 2005 年 2 月 16 日。如果项目活动的开始时间早于向国家主管部门提交备案的时间，则须提供透明的、可核实的证据，且证据是发生在项目开始之时或之前的官方的或有法律效力的文件。计入期是指项目活动相对于基线情景所产生的额外的温室气体减排量的时间区间，其按国家主管部门规定的方式来确定（计入期最短为 20 年，最长不超过 60 年）。项目期是指自项目活动开始到项目活动结束的间隔时间。对于竹林造林碳汇项目和竹林经营碳汇项目，其计入期与上述有所区别，即计入期最短为 20 年，最长不超过 30 年。

5.2.4　基线情景识别与额外性论证

基线情景识别与额外性论证。造林项目活动基线情景的识别须具有透明性，基于保守性原则确定基线碳汇量。项目业主或其他项目参与方要提供所有与额外性论证相关的数据、原理、假设、理由和文本，由主管部门认可的独立第三方机构进行可信度评估。项目业主或其他项目参与方可选用最新版"CDM造林再造林项目活动基线情景识别和额外性论证的组合工具"来识别造林项目活动的基线情景和论证项目活动的额外性。

5.2.5　碳层划分

为提高生物量估算的精度并降低监测成本,可采用分层抽样(分类抽样)的方法调查生物量。其中基线情景和项目情景可能需要采用不同的分层因子来划分不同的层次(类型、亚总体)。分层分为"事前分层"和"事后分层",其中事前分层又分为"事前基线分层"和"事前项目分层"。

对于碳汇造林项目,"事前基线分层"通常根据主要植被类型、植被冠层盖度和(或)土地利用类型进行分层,"事前项目分层"主要根据项目设计的造林或营林模式(如树种、造林时间、间伐、轮伐期等)进行分层。如果在项目边界内由于自然或人为影响(如火灾)或其他因素(如土壤类型)导致生物量分布格局发生显著变化,则应对事后分层作出相应调整。

对于竹林造林碳汇项目,项目参与方可根据项目边界内地块上的主要植被状况[如散生木(竹)盖度和年龄、灌木植被(包括小竹丛)的种类和盖度]和土地利用类型(农地、宜林荒山等)来划分基线碳层。事前项目碳层用于项目碳汇量的事前估计,主要根据竹子造林和竹林经营管理计划来划分。事后项目碳层用于项目碳汇量的事后估计,主要根据竹子造林和竹林经营管理实际发生的情况来划分项目参与方可使用项目开始时和发生干扰时的卫星影像来进行碳层划分。

对于森林经营碳汇项目,事前项目碳层用于项目碳汇量的事前计量,主要是在基线碳层的基础上,根据拟实施的森林经营措施来划分。事后项目碳层用于项目碳汇量的事后监测,主要基于发生在各基线碳层上的森林经营管理活动的实际情况。如果发生自然或人为干扰(如火灾、间伐或主伐)或其他原因(如土壤类型)导致项目的异质性增加,在每次监测和核查时的事后分层调整时均须考虑这些因素的影响;项目参与方可使用项目开始时和发生干扰时的卫星影像进行对比,确定事前和事后项目分层。

5.3　基线碳汇量核算

5.3.1　碳汇造林项目

基线碳汇量是指在基线情景下项目边界内各碳库的碳储量变化量之和。在本小节的假设条件下(在无林地上造林),基线情景下的枯死木、枯落物、土壤有机质和木产品碳库的变化量可以忽略不计,统一视为0。因此,基线碳汇量只考虑林木和灌木生物质碳储量的变化:

$$\Delta C_{\mathrm{BSL},t} = \Delta C_{\mathrm{TREE\_BSL},t} + \Delta C_{\mathrm{SHRUB\_BSL},t} \tag{5-1}$$

式中：$\Delta C_{\mathrm{BSL},t}$ 为第 t 年的基线碳汇量（$\mathrm{tCO_2e/a}$）；$\Delta C_{\mathrm{TREE\_BSL},t}$ 为第 t 年时，项目边界内基线林木生物质碳储量的年变化量（$\mathrm{tCO_2e/a}$）；$\Delta C_{\mathrm{SHRUB\_BSL},t}$ 为第 t 年时，项目边界内基线灌木生物质碳储量的年变化量（$\mathrm{tCO_2e/a}$）。

对于基线林木生物质碳储量的变化，根据划分的基线碳层，计算各基线碳层的林木生物质碳储量的年变化量之和，即为基线林木生物质碳储量的年变化量（$\Delta C_{\mathrm{TREE\_BSL},t}$）：

$$\Delta C_{\mathrm{TREE\_BSL},t} = \sum_{i=1} \Delta C_{\mathrm{TREE\_BSL},i,t} \tag{5-2}$$

式中：$\Delta C_{\mathrm{TREE\_BSL},t}$ 表示第 t 年时基线林木生物质碳储量的年变化量（$\mathrm{tCO_2e/a}$）；$\Delta C_{\mathrm{TREE\_BSL},i,t}$ 表示第 t 年时第 i 基线碳层林木生物质碳储量的年变化量（$\mathrm{tCO_2e/a}$）；i 表示基线碳层。

假定一段时间内（第 t_1 至 t_2 年）基线林木生物量的变化是线性的，基线林木生物质碳储量的年变化量（$\Delta C_{\mathrm{TREE\_BSL},i,t}$）计算如下：

$$\Delta C_{\mathrm{TREE\_BSL},i,t} = \frac{C_{\mathrm{TREE\_BSL},i,t_2} - C_{\mathrm{TREE\_BSL},i,t_1}}{t_2 - t_1} \tag{5-3}$$

式中：$\Delta C_{\mathrm{TREE\_BSL},i,t}$ 表示第 t 年时第 i 基线碳层林木生物质碳储量的年变化量（$\mathrm{tCO_2e/a}$）；$C_{\mathrm{TREE\_BSL},i,t}$ 表示第 t 年时第 i 基线碳层林木生物量的碳储量（$\mathrm{tCO_2e}$）；t_1，t_2 表示项目开始以后的第 t_1 年和第 t_2 年，且 $t_1 \leqslant t \leqslant t_2$。

林木生物质碳储量是利用林木生物量含碳率将林木生物量转化为碳含量，再利用 CO_2 与 C 的分子量（44/12）比将碳含量（tC）转换为 CO_2 当量（$\mathrm{tCO_2e}$），其计算公式如下：

$$\Delta C_{\mathrm{TREE\_BSL},i,j,t} = 44/12 \times \sum_{j=1} (B_{\mathrm{TREE\_BSL},i,j,t} \times CF_{\mathrm{TREE\_BSL},j}) \tag{5-4}$$

式中：$C_{\mathrm{TREE\_BSL},i,j,t}$ 表示第 t 年时第 i 基线碳层树种 j 的生物质碳储量（$\mathrm{tCO_2e}$）；$B_{\mathrm{TREE\_BSL},i,j,t}$ 表示第 t 年时，基线第 i 基线碳层树种 j 的生物量（t.d.m）；$CF_{\mathrm{TREE\_BSL},j}$ 表示树种 j 的生物量中的含碳率（tC/t.d.m）；44/12 表示 CO_2 与 C 的分子量之比。项目参与方可以根据生物量方程法或生物量扩展因子法等方法来估算基线林木生物量（$B_{\mathrm{TREE\_BSL},i,j,t}$）。

对于基线灌木生物质碳储量的变化，假定一段时间内（第 t_1 至 t_2 年）灌木生物量的变化是线性的，基线灌木生物质碳储量的年变化量（$\Delta C_{\mathrm{SHRUB\_BSL},t}$）计算如下：

$$\Delta C_{\mathrm{SHRUB\_BSL},t} = \sum_{i=1} \Delta C_{\mathrm{SHRUB\_BSL},i,t} = \sum_{i=1} \left(\frac{C_{\mathrm{SHRUB\_BSL},i,t_2} - C_{\mathrm{SHRUB\_BSL},i,t_1}}{t_2 - t_1} \right) \tag{5-5}$$

式中：$\Delta C_{\mathrm{SHURB\_BSL},t}$ 表示第 t 年时基线灌木生物质碳储量的年变化量；$\Delta C_{\mathrm{SHRUB\_BSL},i,t}$ 表示第 t 年时第 i 基线碳层灌木生物质碳储量的年变化量；$C_{\mathrm{SHRUB\_BSL},i,t}$ 为第 t 年时，

第 i 基线碳层灌木生物质碳储量；t_1、t_2 为项目开始以后的第 t_1 年和第 t_2 年，且 $t_1 \leqslant t \leqslant t_2$。

第 t 年时项目边界内基线灌木生物质碳储量计算方法如下：

$$C_{\text{SHRUB\_BSL},t} = 44/12 \times CF_S \times (1 + R_S) \times S_{\text{BSL},i,t} \times B_{\text{SHRUB\_BSL},i,t} \qquad (5-6)$$

式中：$C_{\text{SHRUB\_BSL},i,t}$ 表示第 t 年时，第 i 基线碳层灌木生物质碳储量；CF_S 表示灌木生物量中的含碳率(tC/t. d. m)缺省值为 0.47；R_S 表示灌木的地下生物量 / 地上生物量之比；$S_{\text{BSL},i,t}$ 表示第 t 年时，第 i 基线碳层的面积(hm^2)；$B_{\text{SHRUB\_BSL},i,t}$ 为第 t 年时，第 i 基线碳层平均每公顷灌木地上生物量(t. d. m/hm^2)。

灌木平均每公顷生物量采用"缺省值"法进行估算：当灌木盖度<5%时，平均每公顷灌木生物量视为 0；当灌木盖度≥5%时，按下列方式进行估算：

$$B_{\text{SHRUB\_BSL},t} = BDR_{\text{SF}} \times B_{\text{FOREST}} \times CC_{\text{SHRUB\_BSL},i,t} \qquad (5-7)$$

式中：$B_{\text{SHRUB\_BSL},i,t}$ 表示第 t 年时第 i 基线碳层平均每公顷灌木生物量(t. d. m/hm^2)；BDR_{SF} 为灌木盖度为 1.0 时的平均每公顷灌木地上生物量，与项目实施区域的平均每公顷森林地上生物量的比值；B_{FOREST} 为项目实施区域的平均每公顷森林地上生物量(t. d. m/hm^2)；$CC_{\text{SHRUB\_BSL},i,t}$ 为第 t 年时，第 i 基线碳层的灌木盖度，以小数表示(如盖度为 10%，则 $CC_{\text{SHRUB},i,t}$ 为 0.10)。

5.3.2 竹林造林碳汇项目

根据本小节的假设条件，竹子造林项目基线碳汇量可假定为零，即 $\Delta C_{\text{BSL},t} = 0$，其中 t 为竹子造林项目活动开始后的年数。因此本小节不对竹林造林碳汇项目的基线碳汇量核算技术进行赘述。

5.3.3 森林经营碳汇项目

对于森林经营碳汇项目的基线碳汇量，本小节主要考虑基线林木生物量、枯死木、枯落物和木质林产品碳库的碳储量变化。对于基线土壤有机质碳库、林下灌木等的碳储量变化，以及基线情景下火灾引起的生物质燃烧造成的温室气体排放，本小节不予考虑。计算方法如下：

$$\Delta C_{\text{BSL},t} = \Delta C_{\text{TREE\_BSL},t} + \Delta C_{\text{DW\_BSL},t} + \Delta C_{\text{LI\_BSL},t} + \Delta C_{\text{HWP\_BSL},t} \qquad (5-8)$$

式中：$\Delta C_{\text{BSL},t}$ 是第 t 年时的基线碳汇量(tCO$_2$e/a)；$\Delta C_{\text{TREE\_BSL},t}$、$\Delta C_{\text{DW\_BSL},t}$、$\Delta C_{\text{LI\_BSL},t}$ 和 $\Delta C_{\text{HWP\_BSL},t}$ 分别是第 t 年时项目边界内基线林木生物质碳储量、基线枯死木生物质碳储量、基线枯落物生物质碳储量和基线情景下生产的木产品碳储量的年变化量(tCO$_2$e/a)。

基线情景下各碳层林木生物质碳储量的变化的计算公式如下：

$$\Delta C_{\text{TREE\_BSL}, t} = \sum_{i=1} \frac{C_{\text{TREE\_BSL}, i, t_2} - C_{\text{TREE\_BSL}, i, t_1}}{t_2 - t_1} \qquad (5-9)$$

式中：$\Delta C_{\text{TREE\_BSL}, t}$ 是指第 t 年时，项目边界内基线林木生物质碳储量的年变（tCO_2e/a）；$C_{\text{TREE\_BSL}, i, t}$ 是指第 t 年时，项目边界内基线第 i 碳层林木生物量的碳储量（tCO_2e）；t_1、t_2 是指 2 次监测或核查时间；t 是指项目开始后的年数（a），$t_1 \leqslant t \leqslant t_2$；$i$ 是指 1, 2, 3, …基线第 i 碳层。

项目边界内基线林木生物质碳储量的计算公式如下：

$$C_{\text{TREE\_BSL}, i, t} = 44/12 \times \sum_{j=1} (B_{\text{TREE\_BSL}, i, j, t} \times CF_j) \qquad (5-10)$$

式中：$C_{\text{TREE\_BSL}, i, t}$ 是第 t 年时，项目边界内基线第 i 碳层林木生物量的碳储量（tCO_2e）；$B_{\text{TREE\_BSL}, i, j, t}$ 是第 t 年时，项目边界内基线第 i 碳层树种 j 的林木生物量（t. d. m）；CF_j 是树种 j 的生物量含碳率（tC/t. d. m）；i 是 1, 2, 3, …基线第 i 碳层；j 是 1, 2, 3, …基线第 i 碳层的树种 j。

项目参与方可以采用生物量方程法、蓄积-生物量相关方程、材积法和缺省值法等方法中的一种来估算基线第 i 碳层树种 j 的生物量（$B_{\text{TREE\_BSL}, i, j, t}$）。

对于基线枯死木碳储量的变化，基线情景下各碳层枯死木碳储量的变化采用"碳储量变化法"结合"缺省值法"进行估算：

$$\Delta C_{\text{DW\_BSL}, t} = \sum_{i=1} \frac{C_{\text{DW\_BSL}, i, t_2} - C_{\text{DW\_BSL}, i, t_1}}{t_2 - t_1} \qquad (5-11)$$

式中：$\Delta C_{\text{DW\_BSL}, t}$ 是第 t 年时，项目边界内基线枯死木碳储量的年变化量（tCO_2e/a）；$C_{\text{DW\_BSL}, i, t}$ 是第 t 年时，项目边界内基线第 i 碳层枯死木的碳储量（tCO_2e）；t_1、t_2 是 2 次监测或核查时间；t 是项目开始后的年数（a），$t_1 \leqslant t \leqslant t_2$；$i$ 是 1, 2, 3, …基线第 i 碳层。

基线枯死木碳储量（$C_{\text{DW\_BSL}, i, t}$）采用缺省值法进行估算：

$$C_{\text{DW\_BLS}, i, t} = C_{\text{TREE\_BLS}, i, t} \times DF_{\text{DW}} \qquad (5-12)$$

式中：$C_{\text{DW\_BSL}, i, t}$ 是第 t 年时，项目边界内基线第 i 碳层的枯死木碳储量（tCO_2e）；$C_{\text{TREE\_BSL}, i, t}$ 是第 t 年时，项目边界内基线第 i 碳层的林木生物质碳储量（tCO_2e）；DF_{DW} 是林分枯死木碳储量占林木生物质碳储量的比例。

对于基线情景下各碳层枯落物碳储量的变化，采用"碳储量变化法"结合"缺省值法"进行估算：

$$\Delta C_{\text{LI\_BSL}, t} = \sum_{i=1} \frac{C_{\text{LI\_BSL}, i, t_2} - C_{\text{LI\_BSL}, i, t_1}}{t_2 - t_1} \qquad (5-13)$$

式中：$\Delta C_{\text{LI\_BSL}, t}$ 是第 t 年时项目边界内基线枯落物碳储量的年变化量（tCO_2e/a）；

$C_{\text{LI\_BSL},\,i,\,t}$ 是第 t 年时，项目边界内基线第 i 碳层的枯落物碳储量（tCO_2e）；t_1、t_2 是 2 次监测或核查时间；t 是项目开始后的年数（a），$t_1 \leqslant t \leqslant t_2$；$i$ 是 1，2，3，… 基线第 i 碳层。

基线枯落物碳储量（$C_{\text{LI\_BSL},\,i,\,t}$）可以采用以下方法进行估算：

$$C_{\text{LI\_BSL},\,i,\,t} = \sum_{j=1} \left[f_{\text{LI},\,j(B_{\text{TREE\_AB},\,j})} \times B_{\text{TREE\_BSL\_AB},\,i,\,j,\,t} \times CF_{\text{LI},\,j} \right] \times S_i \times 44/12$$

$$(5-14)$$

式中：$C_{\text{LI\_BSL},\,i,\,t}$ 是第 t 年时项目边界内基线第 i 碳层的枯落物碳储量（tCO_2e）；$f_{\text{LI},\,j(B_{\text{TREE\_AB},\,j})}$ 是树种（组）j 的林分单位面积枯落物生物量占林分单位面积地上生物量的百分比与林分单位面积地上生物量（t. d. m/hm^2）的相关关系（%）；$B_{\text{TREE\_BSL\_AB},\,i,\,j,\,t}$ 是第 t 年时，项目边界内基线第 i 碳层树种 j 的林分平均单位面积地上生物量（t. d. m/hm^2）；$CF_{\text{LI},\,j}$ 是项目边界内基线第 i 碳层树种 j 枯落物的含碳率（tC/t. d. m）；S_i 是项目边界内基线第 i 碳层的面积（hm^2）；i 是 1，2，3，… 基线第 i 碳层；j 是 1，2，3，… 基线第 i 碳层的树种 j。

对于基线木产品碳储量的变化，本小节假定木产品碳储量的长期变化，等于木产品在项目期末或产品生产后 30 年（以时间较后者为准）仍在使用或进入垃圾填埋的木产品中的碳，而其他部分则在生产木产品时立即排放。计算公式如下：

$$\Delta C_{\text{HWP\_BSL},\,t} = \sum_{ty=1} \sum_{j=1} \left[(C_{\text{STEM\_BSL},\,j,\,t} \times TOR_{ty,\,j}) \times (1 - WW_{ty}) \times OF_{ty} \right]$$

$$(5-15)$$

$$C_{\text{STEM\_BSL},\,j,\,t} = V_{\text{TREE\_BSL\_H},\,j,\,t} \times WD_j \times CF_j \times 44/12 \qquad (5-16)$$

$$OF_{ty} = e^{\left(-\ln(2) \times \frac{WT}{LT_{ty}} \right)} \qquad (5-17)$$

式中：$\Delta C_{\text{HWP\_BSL},\,t}$ 表示第 t 年时，基线木产品碳储量的变化量（$\text{tCO}_2\text{e/a}$）；$C_{\text{STEM\_BSL},\,j,\,t}$ 表示第 t 年时，基线情景下采伐的树种 j 的树干生物质碳储量。如果采伐利用的是整株树木（包括干、枝、叶等），则为地上部生物质碳储量（$C_{\text{AB\_BSL},\,j,\,t}$），采用前述方法进行计算。$V_{\text{TREE\_BSL\_H},\,j,\,t}$ 表示第 t 年时，基线情景下树种 j 的采伐量（m^3）；WD_j 表示树种 j 的木材密度（t. d. m/m）；CF_j 表示树种 j 的生物量含碳率（tC/t. d. m）；$TOR_{ty,\,j}$ 表示采伐树种 j 用于生产加工 ty 类木产品的出材率；WW_{ty} 表示加工 ty 类木产品产生的木材废料比例；OF_{ty} 表示根据 IPCC 一阶指数衰减函数确定的、ty 类木产品在项目期末或产品生产后 30 年（以时间较后者为准）仍在使用或进入垃圾填埋的比例；WT 表示木产品生产到项目期末的时间，或选择 30 年（以时间较长为准）（a）；LT_{ty} 表示 ty 类产品的使用寿命（a）；ty 表示木产品的种类；j 表示 1，2，3，… 基线第 i 碳层的树种 j。

5.3.4 竹林经营碳汇项目

对于竹林经营碳汇项目的基线碳汇量,本小节主要考虑基线竹子生物量(地上和地下)、基线竹材产品、基线土壤有机质碳储量的变化。对于枯死木、枯落物和基线林下灌木生物量(地上和地下)碳储量的变化,以及基线情景下可能发生火灾引起的生物质燃烧造成的温室气体排放,则不在考虑范围之内。此外,对于项目边界竹林地内的少量散生木,基线情景和项目情景都不进行计量监测。基线碳汇量计算方法如下:

$$\Delta C_{BSL,\,t} = \Delta C_{BAMBOO\_BSL,\,t} + \Delta C_{HBP\_BSL,\,t} + \Delta C_{SOC\_BSL,\,t} \tag{5-18}$$

式中:$\Delta C_{BSL,\,t}$ 为第 t 年基线碳汇量($tCO_2 e/a$);$\Delta C_{BAMBOO\_BSL,\,t}$ 和 $\Delta C_{SOC\_BSL,\,t}$ 分别表示第 t 年时,项目边界内基线竹子生物质碳储量和土壤有机碳储量的年变化量($tCO_2 e/a$);$\Delta C_{HBP\_BSL,\,t}$ 为第 t 年时,项目边界内基线情景下收获的竹材生产的竹产品碳储量的年变化量($tCOe/a$)。

对于基线竹子生物质碳储量的变化,其计算公式为

$$\Delta C_{BAMBOO\_BSL,\,AB,\,t} = \Delta C_{BAMBOO\_BSL,\,t} + \Delta C_{BAMBOO\_BSL,\,BB,\,t} \tag{5-19}$$

式中:$\Delta C_{BAMBOO\_BSL,\,AB,\,t}$ 为第 t 年时,项目边界内基线竹子地上生物质碳储量的年变化量($tCO_2 e/a$);$\Delta C_{BAMBOO\_BSL,\,BB,\,t}$ 为第 t 年时,项目边界内基线竹子地下生物质碳储量的年变化量($tCO_2 e/a$)。

对于基线竹子地上生物质碳储量的变化,根据可获得的方程及数据情况,可选择竹子生物量连年生长变化法、竹子生物量平均生长变化法进行估算。对于基线竹子地下生物质碳储量的变化,可通过动态的竹林地下生物量与地上生物量之比和当年的地上生物质碳储量变化来计算。如果项目参与方无法获得竹子地下生物量与地上生物量之比随竹林年龄变化的相关关系,则可假定地下生物量与地上生物量之比为常数。竹林地下生物质碳储量的变化可选择动态的竹林地下生物量与地上生物量之比法或择伐竹子平均单株地下生物量与地上生物量之比法进行估算。

对于基线收获竹材产品的碳储量变化,可采用下述公式计算:

$$\Delta C_{HBP\_BSL,\,t} = \sum_i \sum_j HB_{BAMBOO\_BSL,\,stem,\,j,\,t} \times CF_j \times BPP_{ty,\,j} \times BU_{ty} \times OF_{ty} \times 44/12 \tag{5-20}$$

$$OF_{ty} = e^{\left(-\ln(2) \times \frac{BT}{LT_{ty}}\right)} \tag{5-21}$$

式中:$C_{HBP\_BSL,\,t}$ 为第 t 年时,基线情景竹产品碳储量的年变化量($tCO_2 e/a$);$HB_{BAMBOO\_BSL,\,stem,\,j,\,t}$ 为第 t 年时,基线情景下,采伐收获的 j 竹种(组)的竹秆干重生物量(t.d.m)。如果采伐的竹子是以竹秆鲜重计,则应将鲜重通过含水率换算成干重;CF_j 为竹种(组)j 的含碳率(tC/t.d.m);$BPP_{ty,\,j}$ 为竹种(组)j 的含碳率;BU_{ty} 为生产加工 ty 类

竹产品的竹材利用率；BT 为竹产品生产至项目期末的时间，或选择 30 年（以时间较长者为准）（a）；OF_{ty} 为品生产后 30 年（以时间较长者为准）仍在使用或进入垃圾填埋的比例；ty 为竹产品种类；LT_{ty} 为 ty 类竹产品的使用寿命（a）；t 为 1，2，3，⋯项目活动开始以后的年数（a）。

在事前计量时，根据竹林的普遍经营特点，第 t 年时采伐收获的竹材（竹秆）量可用下式估算：

$$HB_{\text{BAMBOO\_BSL, stem}, j, t} = \sum_i \sum_j B_{\text{BAMBOO\_BSL, stem}, i, j, t} \times IC_{\text{BSL}, i, j, t} \times S_{\text{BSL}, i, j}$$

$$(5-22)$$

式中：$HB_{\text{BAMBOO\_BSL, stem}, j, t}$ 为第 t 年时，基线情景下，采伐收获的 j 竹种（组）的竹秆干重生物量（t. d. m）。如果采伐的竹子是以竹秆鲜重计，则应将鲜重通过含水率换算成干重，此时，$HB_{\text{BAMBOO\_BSL, stem}, j, t}$ 为第 t 年时，基线情景下，第 i 碳层 j 竹种（组）单位面积竹秆干重生物量（t. d. m/hm^2）；$B_{\text{BAMBOO\_BSL, stem}, i, j, t}$ 为第 t 年时，基线情景下，第 i 碳层 j 竹种（组）单位面积竹秆干重生物量（t. d. m/hm^2）；$IC_{\text{BSL}, i, j, t}$ 为第 t 年时，i 碳层 j 竹种（组）基线情景竹子择伐强度；$S_{\text{BSL}, i, j}$ 为项目边界内基线第 i 碳层 j 竹种（组）的面积（hm^2）。

对于基线土壤有机碳储量的变化的计算公式如下：

$$\Delta C_{\text{SOC\_BSL}, t} = \sum_i \begin{cases} \dfrac{C_{\text{SOC\_BSL, IM}, i} - C_{\text{SOC\_EM}, i}}{t_{\text{IM}, i}} \times A_{\text{SOC}, i} \times 44/12 & \text{当 } t \leqslant 20 - t_{\text{IM}, i} \\ 0 & \text{当 } t > 20 - t_{\text{IM}, i} \end{cases}$$

$$(5-23)$$

式中：$C_{\text{SOC\_BSL}, t}$ 为第 t 年时，项目边界内基线土壤有机碳储量的年变化量（tCO$_2$e/a）；$C_{\text{SOC\_BSL, IM}, i}$ 为项目开始时，第 i 碳层集约经营竹林现有的单位面积土壤有机碳储量（tC/hm^2）；$C_{\text{SOC\_EM}, i}$ 为项目开始时，与第 i 碳层竹林具有相似气候、立地条件但处于粗放管理的竹林单位面积土壤有机碳储量（tC/hm^2）；$A_{\text{SOC}, i}$ 为基线情景下，第 i 碳层的土壤面积（hm^2）；$t_{\text{IM}, i}$ 为项目开始时，第 i 碳层竹林已经实施集约经营的历史年数（a）；t 为 1，2，3，⋯项目活动开始以后的年数（a）。

如果无法确定基线情景下竹林采取集约经营的历史（时间），则需要分两种情况：①采取集约经营后，土壤有机碳储量比粗放经营时低。基于保守性原则，可假定基线情景下土壤有机碳已经处于稳定状态，不再下降，即年变化视为零。②采取集约经营后，土壤有机碳储量比粗放经营时高。基于保守性原则，则假定基线情景下土壤有机碳储量达到稳定还需要 20 年时间。这种情况下：

$$\Delta C_{\text{SOC\_BSL}, t} = \sum_i \begin{cases} \dfrac{C_{\text{SOC\_BSL, IM}, i} - C_{\text{SOC\_EM}, i}}{20} \times S_{\text{SOC}, i} \times 44/12 \\ \qquad\qquad \text{当 } t \leqslant 20 \text{ 且 } C_{\text{SOC\_BSL, IM}, i} \geqslant C_{\text{SOC\_EM}, i} \\ 0 \qquad\qquad \text{当 } t \leqslant 20 \text{ 且 } C_{\text{SOC\_BSL, IM}, i} < C_{\text{SOC\_EM}, i} \end{cases}$$

$$(5-24)$$

式中：$C_{SOC\_BSL, t}$ 为第 t 年时，项目边界内基线土壤有机碳储量的年变化量（tCO_2e/a）；$C_{SOC\_BSL, IM, i}$ 为项目开始时，第 i 碳层集约经营竹林现有的单位面积土壤有机碳储量（tC/hm^2）；$C_{SOC\_EM, i}$ 为项目开始时，与第 i 碳层竹林具有相似气候、立地条件但处于粗放管理的竹林单位面积土壤有机碳储量（tC/hm^2）；$S_{SOC, i}$ 为基线情景下，第 i 碳层的土壤面积（hm^2）。

▌5.4 项目碳汇量核算

5.4.1 碳汇造林项目

项目碳汇量，等于拟议的项目活动边界内各碳库中碳储量变化之和，减去项目边界内产生的温室气体排放的增加量。

$$\Delta C_{ACTURAL, t} = \Delta C_{P, t} - GHG_{E, t} \tag{5-25}$$

式中：$\Delta C_{ACTURAL, t}$ 为第 t 年时的项目碳汇量（tCO_2e/a）；$\Delta C_{P, t}$ 为第 t 年时项目边界内所选碳库的碳储量变化量（tCO_2e/a）；$GHG_{E, t}$ 为第 t 年时由于项目活动的实施所导致的项目边界内非 CO_2 温室气体排放的增加量，项目事前预估时设为 0（tCO_2e/a）。

项目边界内所选碳库碳储量变化量的计算方法如下：

$$\Delta C_{P, t} = \Delta C_{TREE\_PROJ, t} + \Delta c_{SHRUB\_PROJ, t} + \Delta C_{DW\_PROJ, t} + \Delta C_{LI\_PROJ, t} + \Delta SOC_{AL, t} + \Delta C_{HWP\_PROJ, t} \tag{5-26}$$

式中：$\Delta C_{P, t}$ 为第 t 年时，项目边界内所选碳库的碳储量变化量（tCO_2e/a）；$\Delta C_{TREE\_PROJ, t}$、$\Delta C_{SHRUB\_PROJ, t}$、$\Delta C_{DW\_PROJ, t}$ 和 ΔC_{LI_PROJ} 分别表示为第 t 年时项目边界内林木生物质碳储量、灌木生物质碳储量、枯死木碳储量和枯落物碳储量的变化量（tCO_2e/a）；$\Delta SOC_{AL, t}$ 为第 t 年时，项目边界内土壤有机碳储量的变化量（tCO_2e/a）；$\Delta C_{HWP\_PROJ, t}$ 为第 t 年时，项目情景下收获木产品碳储量的年变化量（tCO_2e/a）。

项目边界内林木生物质碳储量变化（$\Delta C_{TREE\_PROJ, t}$）的计算方法如下：

$$\Delta C_{TREE\_PROJ, t} = \sum_{i=1} \Delta C_{TREE\_PROJ, i, t} = \sum_{i=1} \frac{C_{TREE\_PROJ, i, t_2} - C_{TREE\_PROJ, i, t_1}}{t_2 - t_1} \tag{5-27}$$

$$\Delta C_{TREE\_PROJ, t} = \sum_{i=1} \Delta C_{TREE\_PROJ, i, t} \tag{5-28}$$

$$C_{TREE\_PROJ, t} = 44/12 \times \sum_{i=1} (B_{TREE\_PROJ, i, j, t} \times CF_{TREE\_PROJ, j}) \tag{5-29}$$

式中：$\Delta C_{TREE\_PROJ, t}$ 为第 t 年时项目边界内林木生物质碳储量的年变化量，（tCO_2e/a）；$\Delta C_{TREE\_PROJ, i, t}$ 为第 t 年时第 i 项目碳层林木生物质碳储量的年变化量（tCO_2e/a）；$C_{TREE\_PROJ, i, t}$ 为第 t 年时第 i 项目碳层林木生物质碳储量（tCO_2e）；$B_{TREE\_PROJ, i, j, t}$ 为第

t 年时第 i 项目碳层树种 j 的生物量(t. d. m)；$CF_{TREE\_PROJ, j}$ 为树种 j 生物量中的含碳率 (tC/t. d. m)；t_1、t_2 为项目开始以后的第 t_1 年和第 t_2 年，且 $t_1 \leqslant t \leqslant t_2$。

对于项目边界内林木生物量 ($B_{TREE\_PROJ, i, j, t}$) 的估算，可以采用"生物量方程法"或"生物量扩展因子法"，但要保证与基线情景下选择的计算方法一致。实际计算时，用字母下标"PROJ"代替字母下标"BSL"即可，如：用 $B_{TREE\_PROJ, i, j, t}$ 代替 $B_{TREE\_BSL, i, j, t}$。

项目边界内灌木生物质碳储量变化 ($\Delta C_{SHURB\_PROJ, t}$) 的计算方法，与基线灌木生物质碳储量变化的计算方法相同。项目边界内灌木生物量在实际计算时，用字母下标"PROJ"代替公式中的字母下标"BSL"，如：用 $\Delta C_{SHURB\_PROJ, t}$ 代替 $\Delta C_{SHURB\_BSL, t}$。

枯死木碳储量，采用缺省因子法进行计算。假定一段时间内枯死木碳储量的年变化量为线性，一段时间内枯死木碳储量的平均年变化量计算如下：

$$\Delta C_{DW\_PROJ, t} = \sum_{i=1} \frac{C_{TREE\_PROJ, i, t_2} - C_{TREE\_PROJ, i, t_1}}{t_2 - t_1} \tag{5-30}$$

$$C_{DW\_PROJ, i, t} = C_{TREE\_PROJ, i, t} \times DF_{DW} \tag{5-31}$$

式中：$\Delta C_{DW\_PROJ, t}$ 为第 t 年时，项目边界内枯死木碳储量的年变化量(tCO$_2$e/a)；$C_{DW\_PROJ, i, t}$ 为第 t 年时，第 i 项目碳层的枯死木碳储量(tCO$_2$e)；$C_{TREE\_PROJ, i, t}$ 为第 t 年时，第 i 项目碳层的林木生物质碳储量(tCO$_2$e)；DF_{DW} 为保守的缺省因子，是项目所在地区森林中枯死木碳储量与活立木生物质碳储量的比值；t_1、t_2 为项目开始以后的第 t_1 年和第 t_2 年，且 $t_1 \leqslant t \leqslant t_2$。

枯落物碳储量采用缺省因子法进行计算。假定一段时间内枯落物碳储量的年变化量为线性，一段时间内枯落物碳储量的平均年变化量计算如下：

$$\Delta C_{LI\_PROJ, t} = \sum_{i=1} \frac{C_{LI\_PROJ, t_2} - C_{LI\_PROJ, t_1}}{t_2 - t_1} \tag{5-32}$$

$$C_{LI\_PROJ, i, t} = C_{TREE\_PROJ, i, t} \times DF_{LI} \tag{5-33}$$

式中：$\Delta C_{LI\_PROJ, t}$ 为第 t 年时，项目边界内枯落物碳储量的年变化量(tCO$_2$e/a)；$C_{LI\_PROJ, i, t}$ 为第 t 年时，第 i 项目碳层的枯落物碳储量(tCO$_2$e)；$C_{TREE\_PROJ, i, t}$ 为第 t 年时，第 i 项目碳层的林木生物质碳储量(tCO$_2$e)；DF_{LI} 为保守的缺省因子，是项目所在地区森林中枯落物碳储量与活立木生物质碳储量的比值；t_1、t_2 为项目开始以后的第 t_1 年和第 t_2 年，且 $t_1 \leqslant t \leqslant t_2$。

对于项目边界内土壤有机碳储量的变化，在估算土壤有机碳储量变化时，先要确定项目开始前各项目地块的土壤有机碳含量初始值 ($SOC_{INITIAL, i}$)。项目参与方可以通过国家规定的标准操作程序直接测定项目开始前各碳层的 $SOC_{INITIAL, i}$；也可以采用下列方法估算项目开始前各碳层的 $SOC_{INITIAL, i}$：

$$SOC_{INITIAL, i} = SOC_{REF, i} \times f_{LU, i} \times f_{MG, i} \times f_{IN, i} \tag{5-34}$$

式中：$SOC_{INITIAL, i}$ 为项目开始时，第 i 项目碳层的土壤有机碳储量(tC/hm^2)；

$SOC_{\text{REF}, i}$ 为与第 i 项目碳层具有相似气候、土壤条件的当地自然植被(如：当地未退化的、未利用土地上的自然植被)下土壤有机碳储量的参考值(tC/hm^2)；$f_{\text{LU}, i}$ 为第 i 项目碳层与基线土地利用方式相关的碳储量变化因子；$f_{\text{MG}, i}$ 为第 i 项目碳层与基线管理模式相关的碳储量变化因子；$f_{\text{IN}, i}$ 为第 i 项目碳层与基线有机碳输入类型(如：农作物秸秆还田、施用肥料)相关的碳储量变化因子；i 为 1，2，3，… 项目碳层；$SOC_{\text{REF}, i}$、$f_{\text{LU}, i}$、$f_{\text{MG}, i}$ 和 $f_{\text{IN}, i}$ 的取值，可参考《碳汇造林项目方法学》的参数表。如果选取其他不同的数值，须提供透明和可核实的信息来证明。确定第 i 项目碳层的造林时间(即由于整地发生土壤扰动的时间，$t_{\text{PREP}, i}$)。

对于项目开始以后的第 t 年，如果：①$t \leqslant t_{\text{PREP}, i}$，则第 t 年时第 i 项目碳层的土壤有机碳储量的年变化率($dSOC_{t, i}$)为 0；②$t_{\text{PREP}, i} < t \leqslant t_{\text{PREP}, i} + 20$，则

$$dSOC_{t, i} = \frac{SOC_{\text{REF}, i} - SOC_{\text{INITIAL}, i}}{20} \tag{5-35}$$

式中：$dSOC_{t, i}$ 为第 t 年时，第 i 项目碳层的土壤有机碳储量年变化率(tC/hm^{2}a)；$SOC_{\text{REF}, i}$ 为与第 i 项目碳层具有相似气候、土壤条件的当地自然植被(如：当地未退化的、未利用土地上的自然植被)下土壤有机碳储量的参考值(tC/hm^2)；$SOC_{\text{INITIAL}, i}$ 为项目开始时，第 i 项目碳层的土壤有机碳储量(tC/hm^2)；i 为 1，2，3，…项目碳层；20 为假定项目地块的土壤有机碳含量从初始水平提高到相当于当地自然植被下土壤有机碳含量的稳态水平需要 20 年时间。由于本章采用了基于因子的估算方法，考虑到其精度的不确定性和内在局限性，实际计算过程中土壤有机碳库碳储量的年变化率一般不超过 0.8 tC/hm^{2}a，即

如果 $dSOC_{t, i} > 0.8$ tC/hm^{2}a，则

$$dSOC_{t, i} = 0.8 \text{ tC/hm}^2\text{a} \tag{5-36}$$

第 t 年时，所有项目碳层的土壤有机碳储量变化估算如下：

$$\Delta SOC_{\text{AL}, t} = 44/12 \times \sum_{i=1} (S_{t, i} \times dSOC_{t, i}) \tag{5-37}$$

式中：$\Delta SOC_{\text{AL}, t}$ 为第 t 年时，所有项目碳层的土壤有机碳储量的年变化量(tCO$_2$e/a)；$dSOC_{t, i}$ 为第 t 年时，第 i 项目碳层的土壤有机碳储量年变化率(tC/hm^{2}a)；$S_{t, i}$ 为第 t 年时，第 i 项目碳层的土地面积(hm^2)；i 为 1，2，3，…项目碳层。

理论上，土壤有机碳储量可能会随造林活动而增加，但基于保守性原则、成本有效性原则和降低不确定性原则，可以选择对其忽略不计。

对于项目边界内收获的木产品碳储量的变化，对于项目事前和事后估计均采用以下方法进行估算：

$$\Delta C_{\text{HWP\_PROJ}, t} = \sum_{ty=1} \sum_{i=1} \left[(C_{\text{STEM\_PROJ}, j, t} \times TOR_{ty, j}) \times (1 - WW_{ty}) \times OF_{ty} \right]$$

$$\tag{5-38}$$

$$C_{\text{STEM\_PROJ}, j, t} = V_{\text{TREE\_PROJ\_H}, j, t} \times WD_j \times CF_j \times 44/12 \qquad (5-39)$$

$$OF_{ty} = e^{-\ln 2 \times WT/LT_{ty}} \qquad (5-40)$$

式中：$\Delta C_{\text{HWP\_PROJ}, t}$ 为第 t 年时，项目产生的木产品碳储量的变化量（tCO_2e/a）；$C_{\text{STEM\_PROJ}, j, t}$ 为第 t 年时，项目采伐的树种 j 的树干生物质碳储量，如果采伐利用的是整株树木（包括干、枝、叶等），则为地上生物质碳储量 $C_{\text{AB\_PROJ}, j, t}$（tCO_2e）；$TOR_{ty, j}$ 为采伐树种 j 用于生产加工 ty 类木产品的出材率；WW_{ty} 为加工 ty 类木产品产生的木材废料比例；OF_{ty} 为根据 IPCC 一阶指数衰减函数确定的、ty 类木产品在项目期末或产品生产后 30 年（以时间较后者为准）仍在使用和进入垃圾填埋的比例；$V_{\text{TREE\_PROJ\_H}, j, t}$ 为第 t 年时，项目采伐的树种 j 的蓄积量（m^3）；WD_j 为树种 j 的木材密度（$t.d.m/m^3$）；CF_j 为树种 j 的生物量中的含碳率（$tC/t.d.m$）；WT 为木产品生产到项目期末的时间，或选择 30 年（以时间较长为准）（a）；LT_{ty} 为 ty 类产品的使用寿命（a）；ty 为木产品的种类；t 为 1，2，3，…项目开始以后的年数（a）；j 为 1，2，3，…树种。

对于项目边界内温室气体排放量的增加量，其项目事前估计可以不考虑森林火灾造成的项目边界内温室气体排放，即 $GHG_{E, t} = 0$。对于项目事后估计，项目边界内温室气体排放的估算方法如下：

$$GHG_{E, t} = GHG_{\text{FF\_TREE}, t} + GHG_{\text{FF\_DOM}, t} \qquad (5-41)$$

式中：$GHG_{E, t}$ 为第 t 年时，项目边界内温室气体排放的增加量（tCO_2e/a）；$GHG_{\text{FF\_TREE}, t}$ 为第 t 年时，项目边界内由于森林火灾引起林木地上生物质燃烧造成的非 CO_2 温室气体排放的增加量（tCO_2e/a）；$GHG_{\text{FF\_DOM}, t}$ 为第 t 年时，项目边界内由于森林火灾引起死有机物燃烧造成的非 CO_2 温室气体排放的增加量（tCO_2e/a）；t 为 1，2，3，…项目开始以后的年数（a）。

森林火灾引起林木地上生物质燃烧造成的非 CO_2 温室气体排放，使用最近一次项目核查时（t_L）划分的碳层、各碳层林木地上生物量数据和燃烧因子进行计算。第一次核查时，无论自然或人为原因引起森林火灾造成林木燃烧，其非 CO_2 温室气体排放量都假定为 0。

$$GHG_{\text{FF\_TREE}, t} = 0.001 \times \sum_{i=1} \left[A_{\text{BURN}, i, t} \times b_{\text{TREE}, i, t_L} \times COMF_i \right. \qquad (5-42)$$
$$\left. \times (EF_{CH_4} \times GWP_{CH_4} + EF_{N_2O} \times GWP_{N_2O}) \right]$$

$$GHG_{\text{FF\_TREE}, t} = 0.001 \times \sum_{i=1} A_{\text{BURN}, i, t} \qquad (5-43)$$

式中：$GHG_{\text{FF\_TREE}, t}$ 为第 t 年时，项目边界内由于森林火灾引起林木地上生物质燃烧造成的非 CO_2 温室气体排放的增加量（tCO_2e/a）；$A_{\text{BURN}, i, t}$ 为第 t 年时，第 i 项目碳层发生燃烧的土地面积（hm^2）；b_{TREE, i, t_L} 为火灾发生前，项目最近一次核查时（第 t_L 年）第 i 项目碳层的林木地上生物量。如果只是发生地表火，即林木地上生物量未被燃烧，则 $B_{\text{TREE}, i, t}$ 设定为 0（$t.d.m/hm^2$）；$COMF_i$ 为第 i 项目碳层的燃烧指数（针对每个植被类型);EF_{CH_4} 为 CH_4 排放因子,gCH_4/kg 燃烧的干物质 d. m;EF_{N_2O} 为 N_2O 排放因子,gN_2O/kg 燃烧的干物质 d. m;GWP_{CH_4} 为 CH_4 的全球增温潜势,用于将 CH_4 转换成 CO_2 当量,缺省值 25;GWP_{N_2O} 为 N_2O 的全球增温潜势,用于将 N_2O 转换成 CO_2 当量,缺省值 298;i 为 1,2,3,…项目碳层,根据第 t_L 年核查时的分层确定;t 为 1,2,3,…项目开始以后的年数(a);0.001 为将 kg 转换成 t 的常数。

森林火灾引起死有机物质燃烧造成的非 CO_2 温室气体排放,应使用最近一次核查 (t_L)的死有机质碳储量来计算。第一次核查时由于火灾导致死有机质燃烧引起的非 CO_2 温室气体排放量设定为 0,之后核查时的非 CO_2 温室气体排放量计算如下:

$$GHG_{FF\_DOM, t} = 0.07 \times \sum_{i=1} \left[S_{BURN, i, t} \times (C_{DW, i, t_L} + C_{LI, i, t_L}) \right] \tag{5-44}$$

式中:$GHG_{FF\_DOM, t}$ 为第 t 年时,项目边界内由于森林火灾引起死有机物燃烧造成的非 CO_2 温室气体排放的增加量(tCO_2e/a);$S_{BURN, i, t}$ 为第 t 年时,第 i 项目碳层发生燃烧的土地面积(hm^2);C_{DW, i, t_L} 为火灾发生前,项目最近一次核查时(第 t_L 年)第 i 层的枯死木单位面积碳储量(tCO_2e/hm^2);C_{LI, i, t_L} 为火灾发生前,项目最近一次核查时(第 t_L 年)第 i 层的枯落物单位面积碳储量(tCO_2e/hm^2);i 为 1,2,3,…项目碳层,根据第 t_L 年核查时的分层确定;t 为 1,2,3,…项目开始以后的年数(a);0.07 为非 CO_2 排放量占碳储量的比例,使用 IPCC 缺省值(0.07)。

5.4.2　竹林造林碳汇项目

竹林造林碳汇项目的项目碳汇量是指在拟议的竹子造林项目活动的情景下,项目边界内所选碳库中碳储量变化量,减去由竹子造林项目活动引起的温室气体排放的增加量,采用下式计算:

$$\Delta C_{ACTUAL, t} = \Delta C_{P, t} - GHG_{E, t} \tag{5-45}$$

式中:$\Delta C_{ACTUAL, t}$ 为第 t 年项目碳汇量(tCO_2e/a);$\Delta C_{P, t}$ 为第 t 年项目边界内所选碳库中碳储量年变化量(tCO_2e/a);$GHG_{E, t}$ 为第 t 年项目活动引起的温室气体排放的年增加量(tCO_2e/a)。

采用下述公式计算项目边界内所选碳库中碳储量的年变化量:

$$\Delta C_{P, t} = \Delta C_{BAMBOO\_PROJ, t} + \Delta C_{SHRUB\_PROJ, t} + \Delta C_{LI\_PROJ, t} + \Delta C_{SOC\_AL, t} + \Delta C_{HWP\_PROJ, t}$$
$$\tag{5-46}$$

式中:$\Delta C_{P, t}$ 为第 t 年项目边界内所选碳库中碳储量的年变化量(tCO_2e/a);$\Delta C_{BAMBOO\_PROJ, t}$ 为项目情景下,第 t 年项目边界内营造的竹林生物质碳储量的年变化量(tCO_2e/a);$\Delta C_{SHRUB\_PROJ, t}$ 为项目情景下,第 t 年项目边界内灌木生物质碳储量的年变化量(tCO_2e/a),这里的灌木包括小竹丛。$\Delta C_{LI\_PROJ, t}$ 为项目情景下,第 t 年项目边界内枯落物碳储量的年变化量(tCO_2e/a)。对于集约经营的竹林,枯落物碳储量的变化为

0；$\Delta C_{\text{SOC\_AL}, t}$ 项目情景下，第 t 年项目边界内土壤有机碳储量的年变化（tCO_2e/a）。对于集约经营的竹林，土壤有机碳储量的变化为零；$\Delta C_{\text{HWP\_PROJ}, t}$ 为项目情景下，第 t 年收获的竹材生产的竹产品中碳储量的变化量（tCO_2e/a）。

对于竹林生物质碳储量变化量（$\Delta C_{\text{BAMBOO\_PROJ}, t}$），其事前估算如下：

$$\Delta C_{\text{BAMBOO\_PROJ}, t} = \Delta C_{\text{BAMBOO\_PROJ}, AB, t} + \Delta C_{\text{BAMBOO\_PROJ}, BB, t} \tag{5-47}$$

式中：$\Delta C_{\text{BAMBOO\_PROJ}, AB, t}$ 为第 t 年项目边界内营造的竹林地上生物质碳储量的年变化量（tCO_2e/a）；$\Delta C_{\text{BAMBOO\_PROJ}, BB, t}$ 为第 t 年项目边界内营造的竹林地下生物质碳储量的年变化量（tCO_2e/a）。

对于地上生物质碳储量变化的事前估计，根据可获得的数据情况，如果有拟营造的竹林单位面积生物量随竹林年龄变化的相关方程，则可直接用该方程估算造林后各年度的生物质碳储量和碳储量变化量，直到进入竹林成林稳定阶段为止。此后，假定竹林地上生物质碳储量变化量为 0。

竹林地下生物质碳储量的变化可通过竹林地下生物量与地上生物量之比和地上生物质碳储量变化计算，即：

$$\Delta C_{\text{BAMBOO\_PROJ}, BB, t} = \sum_i \sum_j (C_{\text{BAMBOO\_PROJ}, AB, i, j, t} \times R_{j, t_a}$$
$$- C_{\text{BAMBOO\_PROJ}, AB, i, j, t-1} \times R_{j, t_{a-1}}) \times S_{\text{BAMBOO}, i, j, t}$$
$$\tag{5-48}$$

式中：$\Delta C_{\text{BAMBOO\_PROJ}, BB, t}$ 为第 t 年项目边界内营造的竹林地下生物质碳储量的年变化量（tCO_2e/a）；$S_{\text{BAMBOO}, i, j, t}$ 为第 t 年第 i 碳层 j 竹种（组）的面积（hm^2）；$C_{\text{BAMBOO}, AB, i, j, t}$ 为第 t 年第 i 碳层 j 竹种（组）单位面积竹林地上生物质碳储量（tCO_2e/hm^2）；$C_{\text{BAMBOO}, AB, i, j, t-1}$ 为第 $(t-1)$ 年时，第 i 碳层 j 竹种（组）单位面积竹林地上生物质碳储量（tCO_2e/hm^2）；R_{j, t_a} 为 j 竹种（组）在竹林年龄为 t_a 时的地下生物量与地上生物量之比；$R_{j, t_{a-1}}$ 为 j 竹种（组）在竹林年龄为 (t_{a-1}) 时的地下生物量与地上生物量之比；t_a 为林龄（a）；$t_a = t - a$，其中 a 为造林发生的年份；t 为项目开始后的年数（a）。

如果项目参与方没有竹子地下生物量与地上生物量之比随竹林年龄变化的相关关系，则可假定地下生物量与地上生物量之比为常数。在这种情况下，当竹林到达成林稳定阶段后，地上和地下生物质碳储量的变化均为 0。

对于灌木生物质碳储量的变化量，其事前计量可假定灌木生物质碳储量变化为零。对事后监测和计量。根据灌木盖度对项目边界内的灌木生物量进行分层，并估算每层灌木生物量的碳储量。假定一段时间内（第 t_1 至 t_2 年）灌木生物量的变化是线性的，基线灌木生物质碳储量的年变化量（$\Delta C_{\text{SHRUB\_PROJ}, t}$）计算如下：

$$\Delta C_{\text{SHRUB\_PROJ}, t} = \sum_i \left(\frac{C_{\text{SHRUB\_PROJ}, i, t_2} - C_{\text{SHRUB\_PROJ}, i, t_1}}{t_2 - t_1} \right) \tag{5-49}$$

式中：$\Delta C_{\text{SHRUB\_PROJ}, t}$ 为第 t 年项目情景下灌木生物质碳储量的年变化量（tCO_2e/a）；

$C_{SHRUB\_PROJ, i, t}$ 为第 t 年 i 灌木碳层灌木生物质碳储量(tCO$_2$e)；i 为 1，2，3，…灌木碳层；t_1、t_2 为项目开始以后的第 t_1 年和第 t_2 年，且 $t_1 \leqslant t \leqslant t_2$。

采用下式计算第 t 年 i 灌木碳层内灌木生物质碳储量：

$$C_{SHRUB\_PROJ, t} = B_{SHRUB\_PROJ, i, t} \times (1 + R_s) \times S_{SHRUB\_PROJ, i, t} \times CF_S \times 44/12$$

$$(5-50)$$

式中：$B_{SHRUB\_PROJ, i, t}$ 为第 t 年 i 灌木碳层灌木的平均每公顷地上生物量(t.d.m/hm^2)；R_s 为灌木的地下生物量与地上生物量之比；$S_{SHRUB\_PROJ, i, t}$ 为第 t 年 i 灌木碳层的面积(hm^2)；CF_s 为灌木生物量中的含碳率(tC/t.d.m)，缺省值为 0.47；i 为 1，2，3，…灌木碳层。

对于灌木平均每公顷生物量($B_{SHRUB\_PROJ, i, t}$)的估算，其方法有：①灌木盖度<5%时，灌木平均每公顷生物量视为 0；②灌木盖度≥5%时，按下列方式进行估算：

$$B_{SHRUB\_PROJ, i, t} = BDR_{SF} \times B_{FOREST} \times CC_{SHRUB\_PROJ, i, t} \qquad (5-51)$$

式中：BDR_{SF} 为灌木盖度为 1.0 时的每公顷灌木生物量与拟议项目所在地区完全郁闭森林每公顷地上生物量之比；B_{FOREST} 为拟议项目所在地区完全郁闭人工林平均每公顷地上生物量(t.d.m/hm^2)；$CC_{SHRUB\_PROJ, i, t}$ 为第 t 年 i 灌木碳层的灌木盖度，以小数表示(如盖度为 10%，则 $CC_{SHRUB\_PROJ, i, t} = 0.10$)；$i$ 为 1，2，3，… 灌木碳层。

对于枯落物碳储量的变化量，假定一段时间内枯落物碳储量的年变化量为线性，则一段时间内枯落物碳储量的平均年变化量采用下式计算：

$$\Delta C_{LI\_PROJ, t} = \sum_i \left(\frac{CLI_{\_PROJ, i, t_2} - C_{LI\_PROJ, i, t_1}}{t_2 - t_1} \right) \qquad (5-52)$$

$$C_{LI, PROJ, i, t} = C_{BAMBOO\_PROJ, i, t} \times DF_{LI} \qquad (5-53)$$

式中：$\Delta C_{LI\_PROJ, t}$ 为第 t 年项目情景下枯落物碳储量的年变化量(tCO$_2$e/a)；$C_{LI\_PROJ, i, t}$ 为第 t 年 i 项目碳层的枯落物碳储量(tCO$_2$e)；$C_{BAMBOO\_PROJ, i, t}$ 为第 t 年第 i 项目碳层的竹林生物质碳储量(tCO$_2$e)；DF_{LI} 为项目所在地区竹林枯落物碳储量与其活生物质碳储量的比值；t_1、t_2 为项目开始以后的第 t_1 年和第 t_2 年，且 $t_1 \leqslant t \leqslant t_2$；$i$ 为 1，2，3，… 项目的项目碳层；对于集约经营的竹林，枯落物碳储量的变化为零，即 $\Delta C_{LI\_PROJ, t} = 0$。

在估算土壤有机碳储量变化时，首先确定项目开始前各项目碳层土壤有机碳含量初始值($SOC_{INITIAL, i}$)。项目业主或其他项目参与方可以通过国家规定的标准操作程序直接测定项目开始前各碳层的 $SOC_{INITIAL, i}$；也可以采用下列方法估算项目开始前各碳层的 $SOC_{INITIAL, i}$：

$$SOC_{INITIAL, i} = SOC_{REF, i} \times f_{LU, i} \times f_{MG, i} \times f_{IN, i} \qquad (5-54)$$

式中：$SOC_{INITIAL, i}$ 为项目开始时，第 i 项目碳层的土壤有机碳储量(tC/hm^2)；$SOC_{REF, i}$ 为与第 i 项目碳层具有相似气候、土壤条件的当地自然植被(如当地未退化的、未利用土地上的自然植被)下土壤有机碳储量的参考值(tC/hm²)；$f_{LU,i}$ 为第 i 项目碳层与基线土地利用方式相关的碳储量变化因子；$f_{MG,i}$ 为第 i 项目碳层与基线管理模式相关的碳储量变化因子；$f_{IN,i}$ 为第 i 项目碳层与基线有机碳输入类型(如农作物秸秆还田、施用肥料)相关的碳储量变化因子；i 为 1,2,3,… 项目的林木分层；

$SOC_{REF,i}$、$f_{LU,i}$、$f_{MG,i}$ 和 $f_{IN,i}$ 的取值，可参考《竹子造林碳汇项目方法学》中的参数表。如果选取其他不同的数值，须提供透明和可核实的信息来证明。

确定第 i 项目碳层的造林时间(即由于整地发生土壤扰动的时间，$t_{PREP,i}$)。对于项目开始以后的第 t 年，如果：① $t \leqslant t_{PREP,i}$，则第 t 年时第 i 项目碳层的土壤有机碳储量的年变化($dSOC_{t,i}$) 为 0。② $t_{PREP,i} < t \leqslant t_{PREP,i} + 20$，则：

$$dSOC_{t,i} = \frac{SOC_{REF,i} - SOC_{INITIAL,i}}{20} \tag{5-55}$$

式中：$dSOC_{t,i}$ 为第 t 年 i 项目碳层的土壤有机碳储量的年变化率[tC/(hm² · a)]；$SOC_{REF,i}$ 为与项目第 i 项目碳层具有相似气候、土壤条件的当地自然植被(如当地未退化的、未利用土地上的自然植被)下土壤有机碳储量的参考值(tC/hm²)；$SOC_{INITIAL,i}$ 为项目开始时，第 i 层的土壤有机碳库碳储量(tC/hm²)；i 为 1,2,3,…项目碳层；20 为假定项目地块的土壤有机碳含量从初始水平提高到相当于当地自然植被下土壤有机碳含量的稳态水平需要 20 年时间；

由于本小节采用了基于碳储量变化因子的估算方法。考虑到其精度的不确定性和内在局限性，实际计算过程中土壤有机碳储量的年变化率不超过 0.8 tC/(hm² · a)，即：

如果 $dSOC_{t,i} > 0.8$ tC/(hm² · a)，则

$$dSOC_{t,i} = 0.8 \text{ tC/(hm}^2 \cdot \text{a)} \tag{5-56}$$

第 t 年时，项目所有碳层的土壤有机碳储量变化采用下式计算：

$$\Delta SOC_{AL,t} = 44/12 \times \sum_{i=1}(S_{t,i} \times dSOC_{t,i}) \tag{5-57}$$

式中：$\Delta SOC_{AL,t}$ 为第 t 年时项目情景下土壤有机碳储量的年变化量(tCO₂e/a)；$dSOC_{t,i}$ 为第 t 年 i 项目碳层的土壤有机碳储量年变化率[tC/(hm² · a)]；$A_{t,i}$ 为第 t 年 i 项目碳层的土地面积(hm²)；i 为 1,2,3,…项目碳层；t 为 1,2,3,…项目开始以后的时间；对于集约经营的竹林，土壤有机碳储量的变化为零，即 $\Delta SOC_{AL,t} = 0$。

对于收获竹产品的碳储量变化，先假定 HWP 碳储量的长期变化，等于在产品生产后 30 年仍在使用和进入垃圾填埋的 HWP 中的碳量，而其他部分则假定在生产竹产品时立即排放，采用下述公式计算[①]：

$$\Delta C_{HWP\_PROJ,t} = \sum_{ty} C_{BAMBOO,Stem,t} \times BU_{ty} \times OF_{ty} \tag{5-58}$$

---

① 根据 2006 IPCC 国家温室气体清单指南中的一阶衰减函数修改而来。

$$OF_{ty} = e^{-3\ln 2/LT_{ty}} \qquad (5-59)$$

式中：$\Delta C_{\text{HWP\_PROJ}, t}$ 为第 t 年项目产生的竹产品碳储量的年变化量（tCO_2e/a）；$C_{\text{BAMBOO, Stem}, t}$ 为第 t 年项目采伐的竹秆生物质碳储量（tCO_2e）；如果采伐的竹子是以竹秆鲜重计，则应将鲜重通过含水率换算成干重，然后转化为 CO_2 的量，如果采伐利用整株竹子（包括枝和叶），则为地上生物量中的碳储量；BU_{ty} 为竹子采伐用于 ty 类竹产品的利用率（%），即竹产品生物量占采伐收获量的百分比（%）；OF_{ty} 为根据 IPCC 一阶指数衰减函数确定的、ty 类竹产品在生产后 30 年仍在使用或进入垃圾填埋的比例；ty 为竹产品种类；LT_{ty} 为 ty 类竹产品的使用寿命（a）。

对于项目边界内温室气体排放的估计的事前估计，由于无法预测项目边界内的火灾发生情况，因此可以不考虑森林火灾造成的项目边界内温室气体排放，即 $GHG_{E, t} = 0$。对于项目事后估计，由于竹子造林项目活动引起的项目边界内的温室气体排放的增加[1]为：

$$GHG_{E, t} = GHG_{E, \text{BAMBOO}, t} + GHG_{E, \text{LI}, t} \qquad (5-60)$$

式中：$GHG_{E, t}$ 为第 t 年由于竹子造林项目活动的实施引起的项目边界内温室气体排放的增加量（tCO_2e/a）；$GHG_{E, \text{BAMBOO}, t}$ 为第 t 年项目边界内火灾导致的竹子地上生物质燃烧引起的非 CO_2 温室气体排放的增加量（tCO_2e/a）；$GHG_{E, \text{LI}, t}$ 为第 t 年项目边界内火灾导致的竹林枯落物燃烧引起的非 CO_2 温室气体排放的增加量（tCO_2e/a）。

火灾引起竹林地上生物质燃烧造成的非 CO_2 温室气体排放，使用最近一次项目核查时各碳层竹林地上生物量数据和燃烧因子进行计算。第一次核查时，无论自然或人为原因引起竹林火灾，其非 CO_2 温室气体排放量都假定为 0。

$$GHG_{E\_\text{BAMBOO}, t} = 0.001 \times \sum_i S_{\text{burn}, i, t} \times b_{\text{BAMBOO}, i, t_{\text{last}}} \times COMF \qquad (5-61)$$
$$\times (EF_{CH_4} \times 25 + EF_{N_2O} \times 298)$$

式中：$GHG_{E, \text{BAMBOO}, t}$ 为第 t 年项目边界内火灾导致的竹子地上生物质燃烧引起的非 CO_2 温室气体排放的增加量（tCO_2e/a）；$S_{\text{burn}, i, t}$ 为第 t 年 i 项目碳层发生火烧的面积（hm^2）；$b_{\text{BAMBOO}, i, t_{\text{last}}}$ 为火灾发生前，项目最近一次核查时第 i 项目碳层的竹子地上生物量（$t.d.m/hm^2$）。如果只是发生地表火，即竹子地上生物量未被燃烧，则 $b_{\text{BAMBOO}, i, t_{\text{last}}}$ 设定为 0；$COMF$ 为竹林燃烧系数；EF_{CH_4} 为 CH_4 排放因子，gCH_4/kg 燃烧的干物质；EF_{N_2O} 为 N_2O 排放因子，gN_2O/kg 燃烧的干物质；25 为 CH_4 的全球增温潜势，用于将 CH_4 转换成 CO_2 当量；298 为 N_2O 的全球增温潜势，用于将 N_2O 转换成 CO_2 当量；i 为 1，2，3，…第 i 项目碳层；t 为 1，2，3，…项目开始以后的年数（a）；0.001 为将 kg 转换成 t 的常数；

森林火灾引起枯落物燃烧造成的非 CO_2 温室气体排放，应使用最近一次核查的枯

---

[1] 参考"CDM 造林再造林项目活动导致的生物质燃烧引起的非 CO_2 温室气体排放的估算工具"。

落碳储量来计算。第一次核查时由于火灾导致枯落物燃烧引起的非 CO_2 温室气体排放量设定为 0，之后核查时的非 CO_2 温室气体排放量采用下式计算：

$$GHG_{E, LI, t} = 0.07 \times 44/12 \times \sum_i S_{burn, i, t} \times C_{LI, i, t_{last}} \tag{5-62}$$

式中：$GHG_{E, LI, t}$ 为第 t 年项目边界内火灾导致的竹林枯落物燃烧引起的非 CO_2 温室气体排放的增加量（tCO_2e/a）；$S_{burn, i, t}$ 为第 t 年 i 项目碳层发生火烧的面积（hm^2）；$C_{LI, i, t_{last}}$ 为火灾发生前，项目最近一次核查时第 i 项目碳层的枯落物单位面积碳储量（tCO_2e/hm^2）；0.07 为非 CO_2 排放量占 CO_2 排放量的比例。

5.4.3　森林经营碳汇项目

对于森林经营碳汇项目的项目碳汇量，本章对于项目边界内碳库的选择只考虑林木生物量、枯落物、枯死木和木产品碳库中碳储量的年变化量，不考虑土壤有机碳的变化。此外，对于项目活动无潜在泄漏，也不考虑。

$$\Delta C_{ACTUAL, t} = \Delta C_{P, t} - GHG_{E, t} \tag{5-63}$$

式中：$\Delta C_{ACTUAL, t}$ 是第 t 年时的项目碳汇量（tCO_2e/a）；$\Delta C_{P, t}$ 是第 t 年时，项目边界内所选碳库的碳储量年变化量（tCO_2e/a）；$GHG_{E, t}$ 是第 t 年时，项目活动引起的温室气体排放的年增加量（tCO_2e/a）；t 是 1，2，3，…项目开始以后的年数（a）。

项目边界内所选碳库的碳储量年变化量计算方法如下：

$$\Delta C_{P, t} = C_{TREE\_PROJ, t} + \Delta C_{DW\_PROJ, t} + \Delta C_{LI\_PROJ, t} + \Delta C_{HWP\_PROJ, t} \tag{5-64}$$

式中：$\Delta C_{P, t}$ 是第 t 年时，项目边界内所选碳库的碳储量年变化量（tCO_2e/a）；$\Delta C_{TREE\_PROJ, t}$ 是第 t 年时，项目情景下林木生物质碳储量的年变化量（tCO_2e/a）；$\Delta C_{DW\_PROJ, t}$ 是第 t 年时，项目情景下枯死木碳储量的年变化量（tCO_2e/a）；$\Delta C_{LI\_PROJ, t}$ 是第 t 年时，项目情景下枯落物碳储量的年变化量（tCO_2e/a）；$\Delta C_{HWP\_PROJ, t}$ 是第 t 年时，项目情景下收获木产品碳储量的年变化量（tCO_2e/a）。

项目情景下林木生物质碳储量的变化，应针对不同的项目碳层分别进行计算：

$$\Delta C_{TREE\_PROJ, t} = \sum_i \left(\frac{C_{TREE\_PROJ, i, t_2} - C_{TREE\_PROJ, i, t_1}}{t_2 - t_1} \right) \tag{5-65}$$

式中：$\Delta C_{TREE\_PROJ, t}$ 是第 t 年时，项目情景下林木生物质碳储量的年变化量（tCO_2e/a）；$C_{TREE\_PROJ, i, t}$ 是第 t 年时，项目第 i 碳层的林木生物质碳储量（tCO_2e）；t_1，t_2 是 2 次监测或核查时间（t_1 和 t_2）；t 是项目开始后的年数（a），$t_1 \leqslant t \leqslant t_2$；$i$ 是 1，2，3，… 项目第 i 碳层。

对于项目事前估计，林木生物质碳储量（$C_{TREE\_PROJ, i, t}$）可采用如下方法进行计算：

$$C_{\text{TREE\_PROJ},\,i,\,t} = \sum_{j=1} \left[f_{AB,\,j}(V_{\text{TREE\_PROJ},\,i,\,j,\,t}) \times (1+R_j) \times CF_j \right] \times S_{i,\,t} \times 44/12$$

$$(5-66)$$

式中：$C_{\text{TREE\_PROJ},\,i,\,t}$ 是第 t 年时，项目第 i 碳层的林木生物质碳储量（tCO_2e）；$V_{\text{TREE\_PROJ},\,i,\,j,\,t}$ 是第 t 年时，项目第 i 碳层 j 树种的单位面积蓄积量（m^3/hm^2）；$f_{AB,\,j}(V)$ 是树种 j 单位面积地上生物量与单位面积蓄积量之间的相关方程（t. d. m/hm²）；R_j 是树种 j 地下生物量 / 地上生物量；CF_j 是树种 j 的生物量含碳率（tC/t. d. m）；$S_{i,\,t}$ 是第 t 年时，项目第 i 碳层的面积（hm²）。

对于项目枯死木碳储量的变化，其计算公式如下：

$$\Delta C_{\text{DW\_PROJ},\,t} = \sum_{i=1} \frac{C_{\text{DW\_PROJ},\,i,\,t_2} - C_{\text{DW\_PROJ},\,i,\,t_1}}{t_2 - t_1} \qquad (5-67)$$

式中：$\Delta C_{\text{DW\_PROJ},\,t}$ 是第 t 年时，项目情景下枯死木碳储量的年变化量（tCO_2e/a）；$C_{\text{DW\_PROJ},\,i,\,t}$ 是第 t 年时，项目第 i 碳层的枯死木碳储量（tCO_2e）；t_1，t_2 是 2 次监测或核查时间（t_1 和 t_2）；t 是项目开始后的年数（a），$t_1 \leqslant t \leqslant t_2$；$i$ 是 1, 2, 3, … 项目第 i 碳层。

对于项目事前估计，项目枯死木碳储量 $C_{\text{DW\_PROJ},\,i,\,t}$ 采用如下方法计算：

$$C_{\text{DW\_PROJ},\,i,\,t} = C_{\text{TREE\_PROJ},\,i,\,t} \times DF_{DW} \qquad (5-68)$$

式中：$C_{\text{DW\_PROJ},\,i,\,t}$ 是第 t 年时，项目第 i 碳层的枯死木碳储量（tCO_2e）；$C_{\text{TREE\_PROJ},\,i,\,t}$ 是第 t 年时，项目第 i 碳层的林木生物质碳储量（tCO_2e）；DF_{DW} 是林分枯死木碳储量占林木生物质碳储量的比例。

如果为改善林分卫生状况，在项目情景下移除林分（如病虫危害林、冰雪灾害林）中的枯死木，则针对移除年份 t^*（$t_1 \leqslant t^*$），$C_{\text{DW\_PROJ},\,i,\,t} = 0$；对于移除枯死木之后的年份 t（$t^* < t \leqslant t_2$），则：

$$\Delta C_{\text{DW\_PROJ},\,i,\,t} = \Delta C_{\text{TREE\_PROJ},\,i,\,t} \times DF_{DW} \qquad (5-69)$$

式中：$\Delta C_{\text{DW\_PROJ},\,t}$ 是第 t 年时，项目情景下第 i 层枯死木碳储量的年变化量（tCO_2e/a）；$\Delta C_{\text{TREE\_PROJ},\,t}$ 是第 t 年时，项目情景下第 i 层林木生物质碳储量的年变化量（tCO_2e/a）；DF_{DW} 是林分枯死木碳储量占林木生物质碳储量的比例；t 是项目开始后的年数（a），$t^* \leqslant t \leqslant t_2$；$i$ 是 1, 2, 3, … 项目第 i 碳层；

对于项目枯落物碳储量的变化，其计算如下：

$$\Delta C_{\text{LI\_PROJ},\,t} = \sum_{i=1} \frac{C_{\text{LI\_PROJ},\,i,\,t_2} - C_{\text{LI\_PROJ},\,i,\,t_1}}{t_2 - t_1} \qquad (5-70)$$

式中：$\Delta C_{\text{LI\_PROJ},\,t}$ 是第 t 年时，项目情景下枯落物碳储量的年变化量（tCO_2e/a）；$C_{\text{LI\_PROJ},\,i,\,t}$ 是第 t 年时，项目第 i 碳层的枯落物碳储量（tCO_2e）；t_1、t_2 是 2 次监测或核查时间；t 是项目开始后的年数（a），$t_1 \leqslant t \leqslant t_2$。

对于项目事前和事后估计,项目枯落物碳储量($C_{\text{LI\_PROJ},i,t}$)都可以采用下列方法进行估算:

$$C_{\text{LI\_PROJ},i,i} = \left[f_{\text{LI},j}(B_{\text{TREE\_AB},j}) \times B_{\text{TREE\_PROJ\_AB},i,j,t} \times CF_{\text{LI},j} \right] \times A_i \times 44/12$$

(5-71)

式中:$C_{\text{LI\_PROJ},i,t}$ 是第 t 年时,项目第 i 碳层的枯落物碳储量(tCO$_2$e);$f_{\text{LI},j}(B_{\text{TREE\_AB},j})$ 是树种 j 的林分单位面积枯落物生物量占林分单位面积地上生物量的百分比(%)与林分单位面积地上生物量(t. d. m/hm^2)的相关方程;$B_{\text{TREE\_PROJ\_AB},i,j,t}$ 是第 t 年时,项目第 i 碳层树种 j 的林分平均单位面积地上生物量,采用公式(5-19)中的 $f_{\text{AB},j}(V)$ 计算获得(t. d. m/hm^2);$CF_{\text{LI},j}$ 是树种 j 的枯落物含碳率(tC/t. d. m);A_i 是项目第 i 碳层的面积(hm^2);i 是 1,2,3,… 项目第 i 碳层;j 是 1,2,3,… 项目第 i 碳层的树种 j;t 是项目开始以后的年数(a)。

如果为改善林分卫生状况,在项目情景下移除林分(如病虫危害林、冰雪灾害林)中的枯落物,则针对移除年份 $t^*(t_1 \leqslant t^*)$,$C_{\text{LI\_PROJ},i,t}=0$;对于移除枯落物之后的年份 $t(t^* < t \leqslant t_2)$,则:

$$\Delta C_{\text{LI\_PROJ\_j},t} = \sum_{j=1} \left[f_{\text{LI},j}(B_{\text{TREE\_AB},j}) \times \Delta B_{\text{TREE\_PROJ\_AB},i,j,i} \times CF_{\text{LI},j} \right] \times A_i \times 44/12$$

(5-72)

$$\Delta B_{\text{TREE\_PROJ\_AB},i,j,i} = f_{\text{AB},j} \left(\frac{V_{\text{TREE\_PROJ},i,j,t_2} - V_{\text{TREE\_PROJ},i,j,t_1}}{t_2 - t_1} \right)$$

(5-73)

式中:$\Delta C_{\text{LI\_PROJ},t}$ 是第 t 年时,项目情景下第 i 层枯落物碳储量的年变化量(tCO$_2$e/a);$f_{\text{LI},j}(B_{\text{TREE\_AB},j})$ 是树种 j 的林分单位面积枯落物生物量占林分单位面积地上生物量的百分比(%)与林分单位面积地上生物量(t. d. m/hm^2)的相关方程;$\Delta B_{\text{TREE\_PROJ\_AB},i,j,t}$ 是第 t 年时,项目第 i 碳层树种 j 的林分平均单位面积地上生物量年变化量[t. d. m/(hm^2·a)];$f_{\text{AB},j}(V)$ 是树种 j 单位面积地上生物量与单位面积蓄积量之间的相关方程(t. d. m/hm^2);$V_{\text{TREE\_PROJ},i,j,t}$ 是第 t 年时,项目第 i 碳层树种 j 的林分单位面积蓄积量(m^3/hm^2);$CF_{\text{LI},j}$ 是树种 j 的枯落物含碳率(tC/t. d. m);A_i 是项目第 i 碳层的面积(hm^2);i 是 1,2,3,… 项目第 i 碳层;j 是 1,2,3,… 项目第 i 碳层的树种 j;t_1、t_2 是 2 次监测或核查时间(t_1 和 t_2);t 是项目开始以后的年数,$t_1 \leqslant t \leqslant t_2$(a)。

对于项目木产品碳储量的变化,其事前和事后估计均采用以下方法进行估算:

$$\Delta C_{\text{HWP\_PROJ},t} = \sum_{ty=1} \sum_{j=1} \left[(C_{\text{STEM\_PROJ},j,t} \times TOR_{ty,j}) \times (1 - WW_{ty}) \times OF_{ty} \right]$$

(5-74)

$$C_{\text{STEM\_PROJ},j,t} = V_{\text{TREE\_PROJ\_H},j,t} \times WD_j \times CF_j \times 44/12$$

(5-75)

式中：$\Delta C_{\text{HWP\_PROJ}, t}$ 是第 t 年时，项目木产品碳储量的变化量（tCO_2e/a）；$C_{\text{STEM\_PROJ}, j, t}$ 是第 t 年时，项目采伐的树种 j 的树干生物质碳储量。如果采伐利用的是整株树木（包括干、枝、叶等），则为地上部生物质碳储量（$C_{\text{AB\_PROJ}, j, t}$）（tCO_2e）；$TOR_{ty, j}$ 是采伐树种 j 用于生产加工 ty 类木产品的出材率；WW_{ty} 是加工 ty 类木产品产生的木材废料比例；OF_{ty} 是根据 IPCC 一阶指数衰减函数确定的、ty 类木产品在项目期末或产品生产后 30 年（以时间较后者为准）仍在使用或进入垃圾填埋的比例；$V_{\text{TREE\_PROJ\_H}, j, t}$ 是第 t 年时，项目采伐的树种 j 的蓄积量（m^3）；WD_j 是树种 j 的木材密度（$t.d.m/m^3$）；CF_j 是树种 j 的生物量含碳率（$tC/t.d.m$）。

对于项目边界内温室气体排放的估计，本小节主要考虑项目边界内森林火灾引起生物质燃烧造成的温室气体排放。对于项目事前估计，由于通常无法预测项目边界内的火灾发生情况，因此可以不考虑森林火灾造成的项目边界内温室气体排放，即 $GHG_{E, t} = 0$。对于项目事后估计，项目边界内温室气体排放的估算方法如下：

$$GHG_{E, t} = GHG_{\text{FF\_TREE}, t} + GHG_{\text{FF\_DOM}, t} \tag{5-76}$$

式中：$GHG_{E, t}$ 是第 t 年时，项目边界内温室气体排放的增加量（tCO_2e/a）；$GHG_{\text{FF\_TREE}, t}$ 是第 t 年时，项目边界内由于森林火灾引起林木地上生物质燃烧造成的非 CO_2 温室气体排放的增加量（tCO_2e/a）；$GHG_{\text{FF\_DOM}, t}$ 是第 t 年时，项目边界内由于森林火灾引起死有机物燃烧造成的非 CO_2 温室气体排放的增加量（tCO_2e/a）；

森林火灾引起林木地上生物质燃烧造成的非 CO_2 温室气体排放，使用最近一次项目核查时（t_L）的分层、各碳层林木地上生物量数据和燃烧因子进行计算。第一次核查时，无论自然或人为原因引起森林火灾造成林木燃烧，其非 CO_2 温室气体排放量都假定为 0。

$$GHG_{\text{FF\_TREE}, t} = 0.001 \times \sum_{i=1} \Big[S_{\text{BURN}, i, t} \times b_{\text{TREE}, i, t_L} \times COMF_i \\ \times (EF_{\text{CH}_4, i} \times GWP_{\text{CH}_4} + EF_{\text{N}_2\text{O}, i} \times GWP_{\text{N}_2\text{O}}) \Big] \tag{5-77}$$

式中：$GHG_{\text{FF\_TREE}, t}$ 是第 t 年时，项目边界内由于森林火灾引起林木地上生物质燃烧造成的非 CO_2 温室气体排放的增加量（tCO_2e/a）；$S_{\text{BURN}, i, t}$ 是第 t 年时，项目第 i 层发生燃烧的土地面积（hm^2）；b_{TREE, i, t_L} 是火灾发生前，项目最近一次核查时（第 t_L 年）第 i 层的林木地上生物量，如果只是发生地表火，即林木地上生物量未被燃烧，则 $B_{\text{TREE}, i, t}$ 设定为 0（$t.d.m/hm^2$）；$COMF_i$ 是项目第 i 层的燃烧指数（针对每个植被类型）；$EF_{\text{CH}_4, i}$ 是项目第 i 层的 CH_4 排放指数（gCH_4/kg 燃烧的干物质 $d.m$）；$EF_{\text{N}_2\text{O}, i}$ 是项目第 i 层的 N_2O 排放指数（gN_2O/kg 燃烧的干物质 $d.m$）；GWP_{CH_4} 是 CH_4 的全球增温潜势，用于将 CH_4 转换成 CO_2 当量，缺省值为 25；$GWP_{\text{N}_2\text{O}}$ 是 N_2O 的全球增温潜势，用于将 N_2O 转换成 CO_2 当量，缺省值为 298；i 是 1，2，3，…项目第 i 碳层，根据第 t_L 年核查时的分层确定；t 是 1，2，3，…项目开始以后的年数（a）；0.001 是将 kg 转换成 t 的常数；

森林火灾引起死有机物质燃烧造成的非 CO_2 温室气体排放,应使用最近一次核查 (t_L) 的死有机质碳储量来计算。第一次核查时由于火灾导致死有机质燃烧引起的非 CO_2 温室气体排放量设定为 0,之后核查时的非 CO_2 温室气体排放量计算如下:

$$HG_{FF\_DOM, t} = 0.07 \times \sum_{i=1} \left[S_{BURN, i, t} \times (C_{DW, i, t_L} + C_{LI, i, t_L}) \right] \qquad (5-78)$$

式中:$HG_{FF\_DOM, t}$ 是第 t 年时,项目边界内由于森林火灾引起死有机物燃烧造成的非 CO_2 温室气体排放的增加量(tCO_2e/a);$S_{BURN, i, t}$ 是第 t 年时,项目第 i 层发生燃烧的土地面积(hm^2);C_{DW, i, t_L} 是火灾发生前,项目最近一次核查时(第 t_L 年)第 i 层的枯死木单位面积碳储量,使用第五节中的方法计算(tCO_2e/hm^2);C_{LI, i, t_L} 是火灾发生前,项目最近一次核查时(第 t_L 年)第 i 层的枯落物单位面积碳储量(tCO_2e/hm^2);i 是 1, 2, 3, … 项目第 i 碳层,根据第 t_L 年核查时的分层确定;t 是 1, 2, 3, … 项目开始以后的年数(a);0.07 是 IPCC 缺省常数,指非 CO_2 排放量占碳储量的比例。

5.4.4　竹林经营碳汇项目

对于竹林经营碳汇项目的项目碳汇量,采用下式计算:

$$\Delta C_{ACTUAL, t} = \Delta C_{PROJ, t} - GHG_{E, t} \qquad (5-79)$$

式中:$C_{ACTUAL, t}$ 为第 t 年项目碳汇量 (tCO_2e/a);$C_{PROJ, t}$ 为第 t 年项目边界内所选碳库中碳储量年变化量(tCO_2e/a);$GHG_{E, t}$ 为第 t 年项目活动引起的温室气体排放的年增加量(tCO_2e/a);t 为 1, 2, 3, … 项目活动开始以后的年数(a);与基线情景一致,在项目情景下,本小节主要考虑竹子生物量(地上和地下)、竹材产品、土壤有机质碳储量的变化,而不考虑枯死木、枯落物和林下灌木生物量(地上和地下)碳储量的变化。采用下述公式计算项目边界内所选碳库中碳储量的年变化量:

$$\Delta C_{PROJ, t} = \Delta C_{BAMBOO\_PROJ, t} + \Delta C_{HBP\_PROJ, t} + \Delta C_{SOC\_PROJ, t} \qquad (5-80)$$

式中:$\Delta C_{PROJ, t}$ 为第 t 年项目边界内所选碳库的碳储量年变化量(tCO_2e/a);$\Delta C_{BAMBOO\_PROJ, t}$、$\Delta C_{HBP\_PROJ, t}$ 和 $C_{SOC\_PROJ, t}$ 分别为项目情景下第 t 年竹子生物质碳储量、收获的竹材生产的竹产品碳储量和土壤有机碳储量的年变化量(tCO_2e/a)。

对于竹子生物质碳储量的变化,其计算公式如下:

$$\Delta C_{BAMBOO\_PROJ, t} = \Delta C_{BAMBOO\_PROJ, AB, t} + \Delta C_{BAMBOO\_PROJ, BB, t} \qquad (5-81)$$

式中:$\Delta C_{BAMBOO\_PROJ, AB, t}$ 为第 t 年时,项目情景下项目边界内竹子地上生物质碳储量的年变化量(tCO_2e/a);$\Delta C_{BAMBOO\_PROJ, BB, t}$ 为第 t 年时,项目情景下项目边界内竹子地下生物质碳储量的年变化量(tCO_2e/a)。

对于项目竹子地上生物质碳储量的变化,其项目事前估计,可采用以下方法进行估算:

$$\Delta C_{\text{BAMBOO\_PROJ, AB, }t}$$

$$= \sum_i \sum_j \begin{cases} \dfrac{C_{\text{BAMBOO\_PROJ, AB, adjust, }i, i} - C_{\text{BAMBOO, AB, initial, }i, j}}{t_{\text{adjust, }i}} \times A_{\text{PROJ, }i, j} & \text{当 } t \leqslant t_{\text{adjust, }i, j} \\ 0 & \text{当 } t > t_{\text{adjust, }i, j} \end{cases}$$

$$(5-82)$$

式中：$\Delta C_{\text{BAMBOO\_PROJ, AB, }t}$ 为项目情景下，第 t 年项目边界内竹子地上生物质碳储量的年变化量（tCO_2e/a）；$C_{\text{BAMBOO, AB, initial, }i, j}$ 为项目开始时，i 碳层 j 竹种（组）初始单位面积竹子地上生物质碳储量（tCO_2e）；$C_{\text{BAMBOO\_PROJ, AB, adjust, }i, j}$ 为项目情景下，i 碳层 j 竹种（组）调整到目标竹林结构进入稳定阶段时，单位面积竹子地上生物质碳储量（tCO_2e/hm^2）；$A_{\text{PROJ, }i, j}$ 为项目情景下，项目边界内第 i 碳层 j 竹种（组）的面积（hm^2）；$t_{\text{adjust, }i, j}$ 为项目情景下，把 i 碳层 j 竹种林分调整到目标竹林结构进入稳定阶段时，所需的时间（a）；t 为 1，2，3，…项目活动开始以后的年数（a）。

竹林单位面积地上生物质碳储量可根据竹林的平均立竹度、平均胸径、平均高度、年龄（度数）结构再结合单株生物量方程计算：

$$C_{\text{BAMBOOPROJ, AB, }i, j} = \sum f_{AB}(DBH_j, H_j, T_j) \times N_{i, j, T} \times CF_j \times 44/12/10^3$$

$$(5-83)$$

式中：$C_{\text{BAMBOO\_PROJ, AB, }i, j}$ 为项目情景下，i 碳层 j 竹种（组）单位面积竹子地上生物质碳储量（tCO_2e/hm^2）；$f_{AB}(DBH_j, H_j, T_j)$ 为竹种（组）j 的平均单株地上生物量方程[单株生物量与胸径、竹高、竹龄（度数）的相关方程，可以采用一元、二元或多元单株生物量方程]（kg. d. m）；DBH_j 为项目开始时或调整到目标结构时，i 碳层 j 竹种（组）竹林平均胸径（cm）；H_j 为项目开始时或调整到目标结构时，i 碳层 j 竹种（组）竹林平均高（m）；$N_{i, j, T}$ 为项目开始时或调整到目标结构时，i 碳层 j 竹种（组）单位面积竹林中不同竹龄（或度数）的立竹数量（株/hm^2）；CF_j 为竹种（组）j 的含碳率（tC/t. d. m）；t 为 1，2，3，…项目活动开始以后的年数（a）；j 为竹种或竹种组。

对于项目竹子地上生物质碳储量的变化，其项目事前估计，与基线情景类似，竹林地下生物质碳储量的变化也可选择动态的竹林地下生物量与地上生物量之比法、择伐竹子平均单株地下生物量与地上生物量之比法、进行估算，需要注意，在具体方法选择上，项目情景与基线情景要保持一致。

项目收获竹材产品的碳储量变化，采用下述公式计算：

$$\Delta C_{\text{HBP\_PROJ, }t} = \sum_i \sum_j HB_{\text{BAMBOO\_PROJ, stem, }j, t-} \times CF_j \times BPP_{ty, j} \times BU_{ty} \times OF_{ty} \times 44/12$$

$$(5-84)$$

$$OF_{ty} = e^{-\ln 2 \times BT/LT_{ty}}$$

$$(5-85)$$

式中：$\Delta C_{\text{HBP\_PROJ, }t}$ 为第 t 年时，项目情景下竹产品碳储量的年变化量（tCO_2e/a）；$HB_{\text{BAMBOO\_PROJ, stem, }j, t-}$ 为第 t 年时，项目情景下，采伐收获的 j 竹种（组）的竹秆干重生物

量(t. d. m)。如果采伐的竹子是以竹秆鲜重计,则应将鲜重通过含水率换算成干重; CF_j 为竹种(组) j 的含碳率(tC/t. d. m); $BPP_{ty, j}$ 为竹种(组) j 的含碳率, BU_{ty} 为生产加工 ty 类竹产品的竹材利用率; BT 为竹产品生产至项目期末的时间,或选择 30 年(以时间较长者为准)(a); OF_{ty} 为品生产后 30 年(以时间较长者为准)仍在使用或进入垃圾填埋的比例; ty 为竹产品种类; LT_{ty} 为 ty 类竹产品的使用寿命(a)。

在项目事前估计时,第 t 年时采伐收获的竹秆干重生物量可根据当年的竹林竹秆干重生物量和项目情景择伐强度来进行估算:

$$HB_{\text{BAMBOO\_PROJ, stem}, j, t} = \sum_i \sum_j B_{\text{BAMBOO\_PROJ, stem}, i, j, t} \times IC_{\text{PROJ}, i, j, t} \times S_{\text{PROJ}, i, j}$$

$$(5-86)$$

式中: $HB_{\text{BAMBOO\_PROJ, stem}, j, t}$ 为第 t 年时,项目情景下,采伐收获的 j 竹种(组)的竹秆干重生物量(t. d. m),如果采伐的竹子是以竹秆鲜重计,则应将鲜重通过含水率换算成干重; $B_{\text{BAMBOO\_PROJ, stem}, i, j, t}$ 为第 t 年时,项目情景下,第 i 碳层 j 竹种(组)单位面积竹秆干重生物量(t. d. m/hm^2),根据单位面积竹子地上干重生物量乘以 j 竹种(组)竹秆生物量占地上生物量(秆、枝、叶)的平均比例计算; $IC_{\text{PROJ}, i, j, t}$ 为第 t 年时, i 碳层 j 竹种(组)项目情景竹择伐强度; $S_{\text{PROJ}, i, j}$ 为项目情景下,项目边界内第 i 碳层 j 竹种(组)的面积(hm^2); t 为 1, 2, 3, … 项目活动开始以后的年数(a)。

在项目事后监测时,第 t 年时采伐收获的竹秆干重生物量计算公式如下:

$$HB_{\text{BAMBOO\_PROJ, sum}, j, i} = \sum_i \sum_j \frac{B_{\text{BAMBOO\_PROJ, stem}, i, j, t_1} + B_{\text{BAMBOO\_PROJ, stem}, i, j, t_2}}{2 \times (t_2 - t_1)}$$
$$\times IC_{\text{PROJ}, i, j} \times NC_{i, j} \times S_{\text{PROJ}, i, j}$$

$$(5-87)$$

式中: $HB_{\text{BAMBOO\_PROJ, stem}, j, t}$ 为第 t 年时,项目情景下,采伐收获的 j 竹种(组)的秆干重生物量(t. d. m)。如果采伐的竹子是以竹秆鲜重计,则应将鲜重通过含水率换算成干重; $B_{\text{BAMBOO\_PROJ, stem}, i, j, t_1}$ 为第 t_1 年时,项目情景下,第 i 碳层 j 竹种(组)单位面积竹秆干重生物量(t. d. m/hm^2); $B_{\text{BAMBOO\_PROJ, stem}, i, j, t_2}$ 为第 t_2 年时,项目情景下,第 i 碳层 j 竹种(组)单位面积竹秆干重生物量(t. d. m/hm^2); $IC_{\text{PROJ}, i, j}$ 为项目情景下, i 碳层 j 竹种(组)的竹子择伐强度; $NC_{i, j}$ 为 2 次监测期间(第 t_1 年至第 t_2 年), i 碳层 j 竹种(组)的择伐次数; $S_{\text{PROJ}, i, j}$ 为项目情景下,项目边界内第 i 碳层 j 竹种(组)的面积(hm^2); t_1, t_2 为 2 次监测或核查的时间,项目开始后的第 t_1 和 t_2 年(a)。

对于项目土壤有机碳储量的变化,其计算公式如下:

$$\Delta C_{\text{SOC\_PROJ}, t} = \sum_i \sum_j \begin{cases} \dfrac{C_{\text{SOC\_PROJ, IM}, i} - C_{\text{SOC\_EM}, i}}{t_{M, i}} \times S_{\text{SOC}, i} \times 44/12 & \text{当 } t \leqslant 2T_{IM, i} \\ 0 & \text{当 } t > 2T_{IM, i} \end{cases}$$

$$(5-88)$$

式中：$\Delta C_{\text{SOC\_PROJ}, t}$ 为第 t 年时，项目情景下土壤有机碳储量的年变化量（tCO_2e/a）；$C_{\text{SOC\_PROJ, IM}, i}$ 为项目开始时，项目所在地或附近地区，与第 i 碳层竹林的项目经营水平相当且目标林分结构相近的集约经营竹林的单位面积土壤有机碳储量（tC/hm^2）；$C_{\text{SOC\_EM}, i}$ 为项目开始时，与第 i 碳层竹林具有相似气候、立地条件但处于粗放管理的竹林单位面积土壤有机碳储量（tC/hm）；$S_{\text{SOC}, i}$ 为项目情景下，第 i 碳层的土壤面积（hm^2）；$T_{IM, i}$ 为项目开始时，与第 i 碳层竹林的项目经营水平相当且目标林分结构相近的竹林已经实施集约经营的历史年数（a）；t 为 1，2，3，…项目活动开始以后的年数（a）；

当则假定项目情景下土壤有机碳储量达到稳定还需要 20 年时间，其计算公式如下：

$$\Delta C_{\text{SOC\_PROJ}, t} = \sum_i \begin{cases} \dfrac{C_{\text{SOC\_PROJ, IM}, i} - C_{\text{SOC\_EM}, i}}{20} \times S_{\text{SOC}, i} \times 44/12 \\ \qquad\qquad\qquad 当 \ t \leqslant 20 \ 且 \ C_{\text{SOC\_PROJ, IM}, i} \leqslant C_{\text{SOC\_EM}, i} \\ 0 \qquad\qquad\qquad 当 \ t \leqslant 20 \ 且 \ C_{\text{SOC\_PROJ, IM}, i} > C_{\text{SOC\_EM}, i} \end{cases}$$

$$(5-89)$$

式中：$\Delta C_{\text{SOC\_PROJ}, t}$ 为第 t 年时，项目情景下土壤有机碳储量的年变化量（tCO_2e/a）；$C_{\text{SOC\_PROJ, IM}, i}$ 为项目开始时，项目所在地或附近地区，与第 i 碳层竹林的项目经营水平相当且目标林分结构相近的集约经营竹林的单位面积土壤有机碳储量（tC/hm^2）；$C_{\text{SOC\_EM}, i}$ 为项目开始时，与第 i 碳层竹林具有相似气候、立地条件但处于粗放管理的竹林单位面积土壤有机碳储量（tC/hm^2）；$S_{\text{SOC}, i}$ 为项目情景下，第 i 碳层的土壤面积（hm^2）。

在项目事后监测阶段，对于项目开始后第 t 年时的土壤有机碳储量变化量，可通过监测前后 2 期（t_1 和 t_2，且 $t_1 \leqslant t \leqslant t_2$）的项目土壤有机碳储量，再根据间隔期（$T = t_2 - t_1$）内的碳储量年均变化量来计算：

$$\Delta C_{\text{SOC\_PROJ}, t} = \sum_i \left(\frac{C_{\text{SOC\_PROJ}, i, t_2} - C_{\text{SOC\_PROJ}, j, t_1}}{t_2 - t_1} \right) \times S_{\text{SOC\_PROJ}, i} \times 44/12$$

$$(5-90)$$

式中：$\Delta C_{\text{SOC\_PROJ}, t}$ 为第 t 年时，项目情景下土壤有机碳储量的年变化量（tCO_2e/a）；$C_{\text{SOC\_PROJ}, i, t}$ 为第 t 年时，项目情景下第 i 碳层单位面积土壤有机碳储量（tC/hm^2）；$S_{\text{SOC\_PROJ}, i}$ 为第 t 年时，项目情景下第 i 碳层的土壤面积（hm^2）。如果前后 2 次监测时第 i 碳层的项目边界面积发生了变化，则按照变化（变小）后的面积进行计算；t_1、t_2 为 2 次监测或核查的时间，项目开始后的第 t_1 和 t_2 年（a）。

第 t 年时，项目情景下第 i 碳层单位面积土壤有机碳储量，根据样地监测结果，采用下式计算：

$$C_{\text{SOC\_PROJ}, i, l} = \sum_i \sum_p \frac{SOC_{i, p, l, t} \times BD_{i, p, l, t} \times (1 - F_{i, p, l, t}) \times Depth_l}{p}$$

$$(5-91)$$

式中：$C_{\text{SOC\_PROJ}, i, t}$ 为第 t 年监测时，第 i 项目碳层单位面积土壤有机碳储量（tC/hm^2）；$SOC_{i, p, l, t}$ 为第 t 年监测时，第 i 项目碳层 p 样地 l 土层土壤有机碳含量（$gC/100 g$ 土壤）；$BD_{i, p, l, t}$ 为第 t 年监测时，第 i 项目碳层 p 样地 l 土层土壤容重（g/cm^3）；$F_{i, p, l, t}$ 为第 t 年监测时，第 i 项目碳层 p 样地 l 土层中直径大于 $2 mm$ 石砾、根系和其他死残体的体积百分比（%）；$Depth_l$ 为各土层的厚度（cm）；p 为土壤样地数；l 为土层。

对于项目边界内温室气体排放的估计的项目事前估计，由于无法预测项目边界内的火灾发生情况，因此可以不考虑森林火灾造成的项目边界内温室气体排放，即 $GHG_{\text{E}, t}$ 为 0。

对于项目事后估计，项目活动引起的项目边界内温室气体排放的增加量只考虑森林火灾导致的竹林地上生物质燃烧引起的非 CO_2 温室气体排放的增加量。

$$GHG_{\text{E}, t} = GHG_{\text{BF}, t} = 0.001 \times \sum_{i=1} S_{\text{BURN}, i, t} \times b_{\text{BAMBOO}, i, t_L} \times COMF_i \times$$

$$EF_{\text{CH}_4, i} \times GWP_{\text{CH}_4} + EF_{\text{N}_2\text{O}, i} \times GWP_{\text{N}_2\text{O}}$$

$$(5-92)$$

式中：$GHG_{\text{E}, t}$ 为第 t 年时，项目活动引起的项目边界内排放的增加量（tCO_2e/a）；$GHG_{\text{BF}, t}$ 为第 t 年时，项目边界内由于森林火灾导致竹林地上生物质燃烧引起的非 CO_2 排放的增加量（tCO_2e/a）；$S_{\text{BURN}, i, t}$ 为第 t 年时，第 i 项目碳层的过火面积（hm^2）；t_L 为离火灾发生前最近的一次项目监测核查时间，即距项目活动开始以后的年数（a）；$COMF_i$ 为项目第 i 层的燃烧指数；EF_{CH_4} 为项目第 i 层的 CH_4 排放指数（gCH_4/kg 燃烧的干物质）；GWP_{CH_4} 为 CH_4 的全球增温潜势，缺省值为 25；$EF_{\text{N}_2\text{O}}$ 为第 i 层的 N_2O 排放指数（gN_2O/kg 燃烧的干物质）；$GWP_{\text{N}_2\text{O}}$ 为 N_2O 的全球增温潜势，缺省值为 298；0.001 为将 kg 转化成 t 的常数。

火灾引起竹林地上生物质燃烧造成的非 CO_2 排放，使用最近一次项目核查时各碳层竹林地上生物量数据和燃烧指数进行计算。第一次核查时，无论是自然或人为原因引起竹林火灾，其非 CO_2 排放量都假定为 0。

参考文献

［1］李金国,施志国. 林业碳汇项目方法学［M］.北京:中国林业出版社,2016.

［2］国家林业和草原局.碳汇造林项目方法学(版本号 V01)［EB/OL］(2013 - 10)［2023 - 12 - 31］.https://www.ndrc.gov.cn/xxgk/jianyitianfuwen/qgrddbjyfwgk/202107/t20210708_1288531.html.

［3］国家林业局.竹林经营碳汇项目方法学(版本号 V01)［EB/OL］(2015 - 12)［2023 - 12 - 31］.https://max.book118.com/html/2019/0113/8025071103002001.shtm.

［4］国家林业和草原局.森林经营碳汇项目方法学(版本号 V01)［EB/OL］(2014 - 1)［2023 - 12 - 31］.
https://www.ndrc.gov.cn/xxgk/jianyitianfuwen/qgrddbjyfwgk/202107/t20210708_1288531.html.

［5］竹子造林碳汇项目方法学(版本号 V01)［EB/OL］(2013 - 10)［2023 - 12 - 31］.https://www.sohu.com/a/
724888391_121640652.

第 **6** 章

乔木林碳汇开发
应用实例

本章内容主要集中在乔木林碳汇开发应用实例的适用条件、定义、技术方法等方面。本章将讨论乔木林经营碳汇的适用条件,包括土地要求、项目活动的合规性、土壤类型等。同时,本章也包括了森林经营与管理的相关定义和具体操作指南,如森林类型、生态公益林与经济林的区分等内容。此外,本章将详细介绍森林碳汇项目的边界确定、碳库和温室气体排放源的选择、基线情景的识别,以及额外性论证等技术方法。最后,本章还涉及监测程序和碳层更新等实施细节。

6.1　适用条件与定义

本节将阐述森林碳汇项目的适用条件、定义及相关内容,详细描述乔木林经营碳汇和乔木林碳汇造林项目的特定条件,如林地类型、土地权属、土地面积要求等。此外,本节还将介绍森林经营与管理的定义、森林类型的分类,以及生态公益林和经济林的特点。本节还包括森林碳汇项目的定义,如项目边界、项目情景、基线情景的概念,以及碳库、泄漏、项目减排量等概念的定义和计算方法等内容。

6.1.1　适用条件

(1) 乔木林经营碳汇的适用条件。

① 实施项目活动的土地为符合国家规定的乔木林地,即郁闭度≥0.20,连续分布面积≥0.066 7 hm², 树高≥2 m 的乔木林。

② 在项目活动开始时,拟实施项目活动的林地属人工幼、中龄林。项目参与方须基于国家森林资源连续清查技术规定、森林资源规划设计调查技术规程中的龄组划分标准,并考虑立地条件和树种,来确定是否符合该条件。

③ 项目活动符合国家和地方政府颁布的有关森林经营的法律、法规和政策措施以及相关的技术标准或规程。

④ 项目地土壤为矿质土壤。

⑤ 项目活动不涉及全面清林和炼山等有控制火烧。

⑥ 除为改善林分卫生状况而开展的森林经营活动外,不移除枯死木和地表枯落物。

⑦ 项目活动对土壤的扰动符合下列所有条件:符合水土保持的实践,如沿等高线进行整地;对土壤的扰动面积不超过地表面积的 10%;对土壤的扰动每 20 年不超过一次。

(2) 乔木林碳汇造林的适用条件。

① 项目土地在项目开始前至少三年为不符合森林定义的规划造林地。

② 项目土地权属清晰，具有不动产权属证书、土地承包或流转合同；或具有经有批准权的人民政府或主管部门批准核发的土地证、林权证。

③ 项目单个地块土地连续面积不小于 400 m²。对于 2019 年（含）之前开始的项目，土地连续面积不小于 667 m²。

④ 项目土地不属于湿地。

⑤ 项目不移除原有散生乔木和竹子，原有灌木和胸径小于 2 cm 的竹子的移除比例总计不超过项目边界内地表面积的 20%。

⑥ 除项目开始时的整地和造林外，在计入期内不对土壤进行重复扰动。

⑦ 除对病（虫）原疫木进行必要的火烧外，项目不允许其他人为火烧活动。

6.1.2 相关定义

（1）森林的相关定义。

森林经营：本方法学中的"森林经营"特指通过调整和控制森林的组成和结构、促进森林生长，以维持和提高森林生长量、碳储量及其他生态服务功能，从而增加林业碳汇。主要的森林经营活动包括：结构调整、树种更替、补植补造、林分抚育、复壮和综合措施等。

森林：包括乔木林、竹林和国家特别规定的灌木林。其中，国家特别规定的灌木林按照国家相关行业主管部门的规定确定。

乔木林：由乔木（含因人工栽培而矮化的）树种组成，郁闭度≥0.20 的片林或林带。其中，乔木林带行数应在 2 行以上且行距≤4 m 或林冠冠幅水平投影宽度在 10 m 以上。

生态公益林：为维护和改善生态环境、保持生态平衡、保护生物多样性，满足人类社会的生态、社会需求和可持续发展为主体功能，主要提供公益性、社会性产品或服务的森林、林木、林地。生态公益林按事权等级划分为国家级公益林和地方级公益林。国家级公益林区划界定执行《国家级公益林区划界定办法》的相关规定。

经济林：以生产果品，食用油料、调料、饮料、工业原料、药材和生物质能源为主要目的的林种，包括以生产各种干、鲜果品为主要目的的果品林（如香榧、枣、苹果、梨、桃等），以生产食用油料、饮料、调料、香料等为主要目的的食用原料林（如咖啡、茶树、椰子等），以生产工业油料、树脂、木栓、单宁等非木质林产化工原料为主要目的的林产工业原料林（如油茶、小桐子、棕榈等），以生产药材、药用原料为主要目的的药用林（如杜仲、厚朴、肉桂等），以及以生产其他林副（特）产品为主要目的的其他经济林。

造林：在不符合森林定义的规划造林地上，通过人工措施营建或恢复森林的过程。

规划造林地：依据全国国土调查及其最新年度国土变更调查成果数据，综合考虑降水、积温、地貌、海拔、坡度、坡向、地表基质、土壤类型等自然条件，在各级国土空间规划中明确的，可用于造林绿化的用地空间。

（2）森林碳汇项目边界与情景的定义。

项目边界：是指由对拟议项目所在区域的林地拥有所有权或使用权的项目参与方（项目业主）实施森林经营碳汇项目活动的地理范围。一个项目活动可在若干个不同的地块上进行,但每个地块应有特定的地理边界,该边界不包括位于 2 个或多个地块之间的林地。项目边界包括事前项目边界和事后项目边界。

项目情景:指拟议的项目活动下的森林经营情景。

基线情景:指在没有拟议的项目活动时,项目边界内的森林经营活动的未来情景。

事前项目边界:是在项目设计和开发阶段确定的项目边界,是计划实施项目活动的边界。

事后项目边界:是在项目监测时确定的、经过核实的、实际实施的项目活动的边界。

(3) 森林碳汇核算中的碳库分类与特征。

碳库:包括地上生物量、地下生物量、枯落物、枯死木和土壤有机质。

地上生物量:土壤层以上以干重表示的活体生物量,包括树干、树桩、树枝、树皮、种子、花、果和树叶等。

地下生物量:所有林木活根的生物量。由于细根(直径≤2 mm)通常很难从土壤有机成分或枯落物中区分出来,因此通常不包括该部分。

枯落物:土壤层以上、直径小于 5 cm、处于不同分解状态的所有死生物量,包括凋落物、腐殖质,以及不能从经验上从地下生物量中区分出来的活细根(直径≤2 mm)。

枯死木:枯落物以外的所有死生物量,包括枯立木、枯倒木,以及直径大于或等于 5 cm 的枯枝、死根和树桩。

土壤有机质:一定深度内(通常为 100 cm)矿质土和有机土(包括泥炭土)中的有机质,包括不能从经验上从地下生物量中区分出来的活细根(直径≤2 mm)。

泄漏:指由拟议的森林经营碳汇项目活动引起的、发生在项目边界之外的、可测量的温室气体源排放的增加量。

计入期:指项目情景相对于基线情景产生额外的温室气体减排量的时间区间。

基线碳汇量:指在基线情景下(即没有拟议的森林经营碳汇项目活动的情况下),项目边界内碳库中碳储量变化之和。

项目碳汇量:指基线碳汇量减去由拟议的森林经营碳汇项目活动引起的温室气体排放的增加量。

项目减排量:即由于项目活动产生的净碳汇量。项目减排量等于项目碳汇量减去基线碳汇量,再减去泄漏量。

额外性:指拟议的森林经营碳汇项目活动产生的项目碳汇量高于基线碳汇量的情形。这种额外的碳汇量在没有拟议的森林经营碳汇项目活动时是不会产生的。

土壤扰动:指导致土壤有机碳降低的活动,如整地、松土、翻耕、挖除树桩(根)等。

6.2　技术方法

本节涵盖了森林碳汇项目的技术方法,包括项目边界的确定、项目计入期、碳库和温室气体排放源的选择、基线情景识别与额外性论证、碳层划分,以及基线碳汇量、项目碳汇量和项目减排量的计算方法。本节详细说明如何使用卫星定位系统确定项目边界,如何选择和计算碳库和温室气体排放源,以及如何进行项目碳汇量和项目减排量的估算。这些内容对于理解和实施森林碳汇项目至关重要。

6.2.1 边界确定与计入期及碳库和温室气体排放源选择

(1)项目边界的确定。

① 利用北斗、GPS等卫星定位系统,直接测定项目地块边界的拐点坐标,单点定位误差不超过5 m。

② 利用空间分辨率不低于5 m的地理空间数据(如卫星遥感影像、航拍影像等)、林草资源"一张图"、造林作业设计等,在地理信息系统(GIS)辅助下直接读取项目地块的边界坐标。

(2)项目计入期。项目计入期为可申请项目减排量登记的时间期限,从项目业主申请登记的项目减排量的产生时间开始。森林经营碳汇项目的计入期最短为20年,最长不超过60年;造林碳汇项目的计入期最短为20年,最长不超过40年。项目计入期须在项目寿命期限范围之内。

(3)碳库和温室气体排放源的选择。项目边界内选择或不选择的碳库如表6-1所示。

表6-1 碳库的选择

情景	碳库	是否选择	理由
基准线情景	地上生物质	否	在计算项目清除量时扣除
	地下生物质		
	枯死木	否	根据适用条件,该碳库的清除量所占比例小,忽略不计
	枯落物		
	土壤有机碳	否	根据适用条件,土地处于稳定或退化状态,忽略不计
	木(竹)产品	否	根据适用条件,该碳库的清除量所占比例小,忽略不计
项目情景	地上生物质	是	主要碳库
	地下生物质		
	枯死木	是或否	相比基准线情景,造林项目通常会增加枯死木碳储量。如果项目存在移除枯死木的情形,基于保守性原则不选择该碳库
	枯落物	是或否	相比基准线情景,造林项目通常会增加枯落物碳储量。如果项目存在移除枯落物的情形,基于保守性原则不选择该碳库
	土壤有机碳	是	造林项目会引起土壤有机碳储量发生变化
	木(竹)产品	否	按照保守性原则,忽略不计

项目边界内选择或不选择的温室气体排放源与种类如表 6-2 所示。

表 6-2　温室气体排放源的选择

情景	温室气体排放源	温室气体种类	是否选择	理　由
基准线情景	火灾或人为火烧	CO_2、CH_4 和 N_2O	否	按照保守性原则,忽略不计
	使用车辆、机械设备等过程中化石燃料燃烧产生的排放			
	使用石灰、污泥施肥过程中产生的排放			
项目情景	火灾或人为火烧	CO_2	否	生物质燃烧导致的 CO_2 排放已在碳储量变化中考虑
	使用车辆、机械设备等过程中化石燃料燃烧产生的排放	CH_4 和 N_2O	是	在项目设计阶段计为 0;如果项目计入期内发生森林火灾或人为的火烧活动,则必须选择该排放源
	使用石灰、污泥施肥过程中产生的排放	CO_2、CH_4 和 N_2O	否	相对于基准线情景,排放量的变化量不显著,忽略不计

6.2.2　基线情景识别与额外性论证

（1）森林经营碳汇项目。项目参与方可通过下述程序,识别和确定项目活动的基线情景,并论证项目活动的额外性:

普遍性做法,指在拟开展项目活动的地区或相似地区(相似的地理位置、环境条件、社会经济条件及投资环境等),由具有可比性的实体或机构(如公司、国家政府项目、地方政府项目等)普遍实施的类似的森林经营项目活动,包括 2005 年 2 月 16 日以前编制的森林经营方案。项目参与方须提供透明性文件,证明拟议森林经营项目的经营技术措施与普遍性做法有本质差异,即拟议项目不是普遍性做法。

如果拟议的项目活动属于普遍性做法,或者无法证明拟议的项目活动不是普遍性做法,项目参与方须通过"障碍分析"来确定拟议的项目活动的基线情景并论证其额外性。项目参与方须提供文件证明,由于障碍因素的存在阻碍了在项目区实施普遍性做法或原有的森林经营方案,则项目情景具有额外性。这种情况下,基线情景为维持历史或现有的森林经营方式。

（2）造林碳汇项目。造林碳汇项目基准线情景为维持造林项目开始前的土地利用与管理方式。

以保护和改善人类生存环境、维持生态平衡等为主要目的的公益性造林项目,在计入期内除减排量收益外难以获得其他经济收入,造林和后期管护等活动成本高,不具备财务吸引力。符合以下条件之一的造林项目,其额外性免予论证:

① 在年均降水量≤400 mm 的地区开展的造林项目。年均降水量≤400 mm 的地区的划分可参考《国家林业局关于颁发〈"国家特别规定的灌木林地"的规定〉(试行)的通知》(林资发〔2004〕14 号)。

② 在国家重点生态功能区开展的造林项目。国家重点生态功能区的划分可参考《国务院关于印发全国主体功能区规划的通知》(国发〔2010〕46 号)、《国务院关于同意新增部分县(市、区、旗)纳入国家重点生态功能区的批复》(国函〔2016〕161 号)。

③ 属于生态公益林的造林项目。其他造林项目按照《温室气体自愿减排项目设计与实施指南》中"温室气体自愿减排项目额外性论证工具"对项目额外性进行一般论证。

6.2.3　碳层划分

(1) 森林经营碳汇项目。"基线碳层划分"的目的是针对不同的基线碳层、确定基线情景和估计基线碳汇量。不同类型和结构的森林,其基线情景下的碳储量变化不同。因此,项目参与方须根据现有林分的类型(如低郁闭度林、过密林、低质低产林等)和优势树种、郁闭度等来划分基线碳层。

"项目碳层划分"包括事前项目碳层划分和事后项目碳层划分。事前项目碳层用于项目碳汇量的事前计量,主要是在基线碳层的基础上,根据拟实施的森林经营措施来划分。事后项目碳层用于项目碳汇量的事后监测,主要基于发生在各基线碳层上的森林经营管理活动的实际情况。如果发生自然或人为干扰(如火灾、间伐或主伐)或其他原因(如土壤类型)导致项目的异质性增加,在每次监测和核查时的事后分层调整时均须考虑这些因素的影响。项目参与方可使用项目开始时和发生干扰时的卫星影像进行对比,确定事前和事后项目分层。

(2) 造林碳汇项目。项目设计阶段划分的碳层用于预估碳储量变化量,综合考虑项目边界内土地在造林前的立地条件(如土壤类型、坡度坡向、海拔等),以及拟实施的项目造林时间、造林树种、造林密度等因素划分项目碳层,将无显著差别的造林地块划分为同一碳层。

项目实施阶段划分的碳层用于计算碳储量变化量,主要基于项目设计阶段碳层的划分,结合造林活动的实际情况进行调整确定。若存在自然因素(如立地条件、火灾、病虫害等)或人为干扰(如火烧、采伐等)导致原有碳层的异质性增加,或土地利用发生变化,须对项目碳层进行调整。

6.2.4　基线碳汇量、项目碳汇量、项目减排量

(1) 基线碳汇量。

① 森林经营碳汇项目。基线碳汇量是在没有拟议项目活动的情况下,项目边界内

所有碳库中碳储量的变化之和。主要考虑基线林木生物质碳储量的变化,不考虑基线土壤有机质碳库、枯死木、枯落物、木质产品碳库和林下灌木等的碳储量变化。基于保守性原则,也不考虑基线情景下火灾引起的生物质燃烧造成的温室气体排放。计算方法如下:

$$\Delta C_{BSL, t} = \Delta C_{TREE\_BSL, t} + \Delta C_{DW\_BSL, t} + \Delta C_{LI\_BSL, t} + \Delta C_{HWP\_BSL, t} \tag{6-1}$$

式中:$\Delta C_{BSL, t}$ 为第 t 年时的基线碳汇量(tCO$_2$e/a);$\Delta C_{TREE\_BSL, t}$ 为第 t 年时,项目边界内基线林木生物质碳储量的年变化量(tCO$_2$e/a);$\Delta C_{DW\_BSL, t}$ 为第 t 年时,项目边界内基线枯死木生物质碳储量的年变化量(tCO$_2$e/a);$\Delta C_{LI\_BSL, t}$ 为第 t 年时,项目边界内基线枯落物生物质碳储量的年变化量(tCO$_2$e/a);$\Delta C_{HWP\_BSL, t}$ 为第 t 年时,项目边界内基线情景下生产的木产品碳储量的年变化量(tCO$_2$e/a)。

项目不考虑枯死木、枯落物和木产品的碳储量的变化,计为 0。基线林木生物质碳储量的变化的计算如下所示。

对于项目开始后第 t 年时的基线林木生物质碳储量变化量,通过估算其前后 2 次监测或核查时间(t_1 和 t_2,且 $t_1 \leqslant t \leqslant t_2$)时的基线林木生物质碳储量,再计算 2 次监测或核查间隔期($T = t_2 - t_1$)内的碳储量年均变化量来获得:

$$\Delta C_{TREE\_BSL, t} = \sum_{i=1} \frac{C_{TREE\_BSL, i, t_2} - C_{TREE\_BSL, i, t_1}}{t_2 - t_1} \tag{6-2}$$

式中:$\Delta C_{TREE\_BSL, t}$ 为第 t 年时,项目边界内基线林木生物质碳储量的年变化量(tCO$_2$e/a);$C_{TREE\_BSL, i, t}$ 为第 t 年时,项目边界内基线第 i 碳层林木生物量的碳储量(tCO$_2$e);t_1,t_2 为 2 次监测或核查时间(t_1 和 t_2);t 为项目开始后的年数,$t_1 \leqslant t \leqslant t_2$(a);$i$ 为 1,2,3,…基线第 i 碳层。

林木生物质碳储量是利用林木生物量含碳率将林木生物量转化为碳含量,再利用 CO_2 与 C 的分子量比(44/12)将碳含量(tC)转换为 CO_2 当量(tCO$_2$e):

$$C_{TREE\_BSL, i, t} = 44/12 \times \sum_{j=1} (B_{TREE\_BSL, i, j, t} \times CF_j) \tag{6-3}$$

式中:$C_{TREE\_BSL, i, t}$ 为第 t 年时,项目边界内基线第 i 碳层林木生物量的碳储量(tCO$_2$e);$B_{TREE\_BSL, i, j, t}$ 为第 t 年时,项目边界内基线第 i 碳层树种 j 的林木生物量(t.d.m);CF_j 为树种 j 的生物量含碳率(tC/t.d.m);i 为 1,2,3,…基线第 i 碳层;j 为 1,2,3,…基线第 i 碳层的树种。

估算基线第 i 碳层树种 j 的生物量($B_{TREE\_BSL, i, j, t}$)一般采用"蓄积—生物量相关方程"方法:

预测基线情景下,计入期内不同年份(t)各碳层的林分平均单位面积蓄积量(V),利用蓄积量-生物量相关方程法计算林木生物量:

$$B_{TREE\_BSL, i, j, t} = f_{AB, j}(V_{TREE\_BSL, i, j, t}) \times (1 + R_j) \times A_{TREE\_BSL, i} \tag{6-4}$$

式中:$B_{TREE\_BSL, i, j, t}$ 为第 t 年时,项目边界内基线第 i 碳层树种 j 的林木生物量

（t. d. m）；$f_{AB, j}(V)$ 为树种 j 的林分平均单位面积地上生物量（$B_{AB, j}$）与林分平均单位面积蓄积量（V_j）之间的相关方程，通常可以采用幂函数 $B_{AB, j} = a \times V^b$，其中 a、b 为参数（t. d. m/hm²）；$V_{TREE\_BSL, i, j, t}$ 为第 t 年时，项目边界内基线第 i 碳层树种 j 的林分平均蓄积量（m³/hm²）；R_j 为树种 j 的林木地下生物量/地上生物量；$A_{TREE\_BSL, i}$ 为项目边界内基线第 i 碳层的面积（hm²）；i 为 1，2，3，…基线第 i 碳层；j 为 1，2，3，…基线第 i 碳层的树种 j；t 为项目开始以后的年数（a）。

② 造林碳汇项目。基准线情景下原有植被的生物质碳储量变化量在项目清除量的计算中给予考虑。项目开始后第 t 年的基准线碳汇量计为 0。

$$\Delta C_{BSL, t} = 0 \qquad (6-5)$$

式中：$\Delta C_{BSL, t}$ 为项目第 t 年的基准线清除量（tCO₂e/a）；t 为自项目开始以来的年数（a），$t = 1，2，3，…$。

（2）项目碳汇量。

① 森林经营碳汇项目。项目碳汇量等于项目边界内所选碳库的碳储量年变化量减去项目边界内温室气体排放的增加量。根据所采用的方法学及项目活动碳库选择结果，只考虑项目林木生物质碳储量的变化，不考虑土壤有机质碳库、枯死木、枯落物和木质林产品碳库的碳储量变化，且项目活动无潜在泄漏情况。

$$\Delta C_{ACTUAL, t} = \Delta C_{P, t} - GHG_{E, t} \qquad (6-6)$$

式中：$\Delta C_{ACTUAL, t}$ 为第 t 年时的项目碳汇量（tCO₂e/a）；$\Delta C_{P, t}$ 为第 t 年时，项目边界内所选碳库的碳储量年变化量（tCO₂e/a）；$GHG_{E, t}$ 为第 t 年时，项目活动引起的温室气体排放的年增加量（tCO₂e/a）；t 为 1，2，3，…项目开始以后的年数（a）。

项目边界内所选碳库的碳储量年变化量计算方法如下：

$$\Delta C_{P, t} = \Delta C_{TREE\_PROJ, t} + \Delta C_{DW\_PROJ, t} + \Delta C_{LI\_PROJ, t} + \Delta C_{HWP\_PROJ, t} \qquad (6-7)$$

式中：$\Delta C_{P, t}$ 为第 t 年时，项目边界内所选碳库的碳储量年变化量（tCO₂e/a）；$\Delta C_{TREE\_PROJ, t}$ 为第 t 年时，项目情景下林木生物质碳储量的年变化量（tCO₂e/a）；$\Delta C_{DW\_PROJ, t}$ 为第 t 年时，项目情景下枯死木碳储量的年变化量（tCO₂e/a）；$\Delta C_{LI\_PROJ, t}$ 为第 t 年时，项目情景下枯落物碳储量的年变化量（tCO₂e/a）；$\Delta C_{HWP\_PROJ, t}$ 为第 t 年时，项目情景下收获木产品碳储量的年变化量（tCO₂e/a）；t 为 1，2，3，…项目开始以后的年数（a）。

项目不考虑枯死木、枯落物和木产品的碳库的变化，计为 0。

项目情景下林木生物质碳储量的变化，应针对不同的项目碳层分别进行计算：

$$\Delta C_{TREE\_PROJ, t} = \sum_i \left(\frac{C_{TREE\_PROJ, i, t_2} - C_{TREE\_PROJ, i, t_1}}{t_2 - t_1} \right) \qquad (6-8)$$

式中：$\Delta C_{TREE\_PROJ, t}$ 为第 t 年时，项目情景下林木生物质碳储量的年变化量（tCO₂e/a）；$C_{TREE\_PROJ, i, t}$ 为第 t 年时，项目第 i 碳层的林木生物质碳储量（tCO₂e）；t_1，t_2 为 2 次监测或核查时间（t_1 和 t_2）；t 为项目开始后的年数（a），$t_1 \leqslant t \leqslant t_2$；$i$ 为 1，2，3，… 项目

第 i 碳层。

对于项目事前估计,林木生物质碳储量($C_{\text{TREE\_PROJ},i,t}$)可采用如下方法进行计算:

$$C_{\text{TREE\_PROJ},i,t} = \sum_{j=1} \left[f_{AB,j}(V_{\text{TREE\_PROJ},i,j,t}) \times (1+R_j) \times CF_j \right] \times A_{i,t} \times 44/12$$

$$(6-9)$$

式中:$C_{\text{TREE\_PROJ},i,t}$ 为第 t 年时,项目第 i 碳层的林木生物质碳储量(tCO_2e);$V_{\text{TREE\_PROJ},i,j,t}$ 为第 t 年时,项目第 i 碳层 j 树种的单位面积蓄积量(m^3/hm^2);$f_{AB,j}(V)$ 为树种 j 单位面积地上生物量与单位面积蓄积量之间的相关方程($\text{t.d.m}/\text{hm}^2$);R_j 为树种 j 地下生物量 / 地上生物量;CF_j 为树种 j 的生物量含碳率($\text{tC}/\text{t.d.m}$);$A_{i,t}$ 为第 t 年时,项目第 i 碳层的面积(hm^2)。

根据本方法学的适用条件,不考虑农业活动的转移、燃油工具的化石燃料燃烧、施用肥料导致的温室气体排放等,采用本方法学的森林经营碳汇项目活动无潜在泄漏,视为 0。

② 造林碳汇项目。第 t 年时,项目边界内所选碳库碳储量变化量的计算方法如下:

$$\Delta C_{\text{PROJ},t} = \Delta C_{\text{BiomassPROJ},t} + \Delta C_{\text{DOMPROJ},t} + \Delta SOC_{\text{PROJ},t} - \Delta GHG_{\text{PROJ},t} - \Delta C_{\text{BiomassPE},t}$$

$$(6-10)$$

式中:$\Delta C_{\text{PROJ},t}$ 为项目第 t 年的项目清除量($\text{tCO}_2\text{e/a}$);$\Delta C_{\text{BiomassPROJ},t}$ 为项目第 t 年的生物质碳储量变化量($\text{tCO}_2\text{e/a}$);$\Delta C_{\text{DOMPROJ},t}$ 为项目第 t 年的死有机质碳储量变化量($\text{tCO}_2\text{e/a}$);$\Delta SOC_{\text{PROJ},t}$ 为项目第 t 年的土壤有机碳储量变化量($\text{tCO}_2\text{e/a}$);$\Delta GHG_{\text{PROJ},t}$ 为项目第 t 年因火烧引起的温室气体排放量($\text{tCO}_2\text{e/a}$);$\Delta C_{\text{BiomassPE},t}$ 为项目第 t 年原有植被(乔木)的生物质碳储量变化量($\text{tCO}_2\text{e/a}$);t 为自项目开始以来的年数,$t=1,2,3,\cdots$。

在项目设计阶段,火烧引起的温室气体排放通常无法预料,因此项目情景下火烧引起的温室气体排放量计为 0。在项目实施阶段,通过监测项目边界内实际火烧发生情况,计算项目温室气体排放量。

生物质碳储量变化量的计算:

$$\Delta C_{\text{Biomass},t} = \frac{C_{\text{Biomass},t_2} - C_{\text{Biomass},t_1}}{t_2 - t_1} \times 44/12 \qquad (6-11)$$

式中:$\Delta C_{\text{Biomass},t}$ 为项目开始第 t 年的森林生物质碳储量的年变化量($\text{tCO}_2\text{e/a}$);C_{Biomass,t_1} 为第 t_1 年时,森林生物质碳储量(tC);C_{Biomass,t_2} 为第 t_2 年时,森林生物质碳储量(tC);t 为自项目开始以来的年数(a),$t=1,2,3,\cdots$;t_1,t_2 为项目开始后的第 t_1 年和第 t_2 年,且 $t_1 \leqslant t \leqslant t_2$。

生物质碳储量的计算如下:首先分别计算各碳层内各树种(含竹子和灌木)的全林生物质碳储量。当无法直接计算全林生物质碳储量时,可选择分别计算各碳层内各树种的地上和地下生物质碳储量,然后加总得到全林生物质碳储量:

$$C_{\text{Biomass}, t} = \sum_i \sum_j (A_{i, j, t} \times B_{\text{Total}, i, j, t} \times CF_{\text{Total}, i, j}) \tag{6-12}$$

$$C_{\text{AGB}, t} = \sum_i \sum_j (A_{i, j, t} \times AGB_{i, j, t} \times CF_{\text{AGB}, i, j}) \tag{6-13}$$

$$C_{\text{BGB}, t} = \sum_i \sum_j (A_{i, j, t} \times BGB_{i, j, t} \times CF_{\text{BGB}, i, j}) \tag{6-14}$$

$$C_{\text{Biomass}, t} = C_{\text{AGB}, t} + C_{\text{BGB}, t} \tag{6-15}$$

式中：$C_{\text{Biomass}, t}$ 为第 t 年时，森林生物质碳储量(tC)；$C_{\text{AGB}, t}$ 为第 t 年时，森林地上生物质碳储量(tC)；$C_{\text{BGB}, t}$ 为第 t 年时，森林地下生物质碳储量(tC)；$A_{i, j, t}$ 为第 t 年时，第 i 项目碳层树种 j 的森林面积(hm^2)；$AGB_{i, j, t}$ 为第 t 年时，第 i 项目碳层树种 j 的单位面积地上生物量(t. d. m/hm^2)；$BGB_{i, j, t}$ 为第 t 年时，第 i 项目碳层树种 j 的单位面积地下生物量(t. d. m/hm^2)；$B_{\text{Total}, i, j, t}$ 为第 t 年时，第 i 项目碳层树种 j 的单位面积全林生物量(t. d. m/hm^2)；$CF_{\text{AGB}, i, j}$ 为第 i 项目碳层树种 j 的地上生物量含碳率(tC/t. d. m)；$CF_{\text{BGB}, i, j}$ 为第 i 项目碳层树种 j 的地下生物量含碳率(tC/t. d. m)；$CF_{\text{Total}, i, j}$ 为第 i 项目碳层树种 j 的全林生物量含碳率(tC/t. d. m)；i 为项目碳层，$i=1, 2, 3, \cdots$；j 为树种，$j=1, 2, 3, \cdots$；t 为自项目开始以来的年数(a)，$t=1, 2, 3, \cdots$。

森林土壤有机碳储量变化的计算如下：造林活动由于整地扰动土壤，可能会使项目地块的土壤有机碳储量在整地后发生减少。后期随着林木生长、死亡根系和枯落物返还与分解等，土壤有机碳又会逐渐增加，最终趋于稳定。

由于土壤有机碳储量及其变化的监测成本较高、监测结果的不确定性大，基于保守性原则和成本有效性原则，项目业主须基于以下假设条件对土壤有机碳储量及其变化量进行计算：整地造林之后 0～5 年，项目地块的土壤有机碳含量逐渐下降，从第 6 年之后逐渐上升，恢复至整地前的土壤有机碳水平大约需要 20 年。整地造林之后第 20～40 年，项目地块的土壤有机碳含量呈线性增加，且在第 40 年后土壤有机碳含量达到稳定状态，即不再增长。造林碳汇项目基准线情景下土壤有机碳储量变化量计为 0。

基于上述假设，项目情景下土壤有机碳储量年变化量可采用如下公式计算：

$$\Delta SOC_t = \sum_i \Delta SOC_{i, t} \tag{6-16}$$

$$\Delta SOC_{i, t} = \delta SOC \times 44/12 \times A_{i, t} \tag{6-17}$$

式中：ΔSOC_t 为整地造林后第 t 年项目边界内土壤有机碳储量的年变化量($\text{tCO}_2\text{e/a}$)；$\Delta SOC_{i, t}$ 为第 i 项目碳层整地造林后第 t 年的土壤有机碳储量的年变化量($\text{tCO}_2\text{e/a}$)；δSOC 为整地造林后土壤有机碳密度平均年变化率(见表 6-3)[tC/($\text{hm}^2 \cdot$ a)]；$A_{i, t}$ 为第 t 年时，第 i 项目碳层的面积(hm^2)；i 为项目碳层，$i=1, 2, 3, \cdots$；t 为自项目整地造林后的年数(a)。

表 6-3　整地造林后土壤有机碳密度年变化率参考值

整地造林后的年限	常绿阔叶/[tC/(hm²·a)]	落叶阔叶/[tC/(hm²·a)]	针叶/[tC/(hm²·a)]	竹子/[tC/(hm²·a)]	灌木/[tC/(hm²·a)]
0~5 年	−0.40	−0.40	−0.40	−0.40	−0.20
6~20 年	+0.20	+0.15	+0.15	+0.15	+0.10
21~40 年	+0.70	+0.15	+0.15	+0.40	+0.10
≥41 年	0	0	0	0	0

（3）项目减排量。森林经营碳汇项目活动的减排量（即人为净温室气体汇清除）等于项目碳汇量减去基线碳汇量，再减去泄漏量，即：

$$\Delta C_{\text{NET},t} = \Delta C_{\text{ACTUAL},t} - \Delta C_{\text{BSL},t} - LK_t \qquad (6-18)$$

式中：$\Delta C_{\text{NET},t}$ 为第 t 年时的项目减排量（tCO_2e/a）；$\Delta C_{\text{ACTURAL},t}$ 为第 t 年时的项目碳汇量（tCO_2e/a）；$\Delta C_{\text{BSL},t}$ 为第 t 年时的基线碳汇量（tCO_2e/a）；LK_t 为第 t 年时的泄漏量，视为 0；t 为 1，2，3，…项目开始以后的年数（a）。

造林碳汇项目开始后第 t 年的项目减排量按照公式（6-19）核算：

$$CDR_t = (\Delta C_{\text{PROJ},t} - \Delta C_{\text{BSL},t} - LK_t) \times (1 - K_{\text{RISK}}) \qquad (6-19)$$

式中：CDR_t 为项目第 t 年的项目减排量（tCO_2e/a）；$\Delta C_{\text{PROJ},t}$ 为项目第 t 年的项目清除量（tCO_2e/a）；$\Delta C_{\text{BSL},t}$ 为项目第 t 年的基准线清除量（tCO_2e/a）；LK_t 为项目第 t 年的泄漏量（tCO_2e/a），根据适用条件，$LK_t = 0$；K_{RISK} 为项目的非持久性风险扣减率，出于保守性原则取值 10%；t 为自项目开始以来的年数（a），$t = 1$，2，3，…。

6.3　监测程序

本节概述了森林碳汇项目的监测程序，包括监测项目实施、更新碳层和设计抽样方法的详细步骤，描述了如何监测森林生物量碳储量的变化和项目边界内温室气体排放的增加，还涵盖了精度控制、校正，以及需要监测的数据和参数。这些程序对于评估和维护森林碳汇项目的完整性和有效性至关重要。

6.3.1　项目实施的监测、碳层更新与抽样设计

（1）项目实施的监测。项目参与方也可以通过建立基线监测样地，对基线碳汇量进行监测。基线碳汇量的监测应基于基线碳层，采取分层抽样的方法进行。项目参与方应提供透明的和可核实的信息，证明基线监测样地能合理地代表项目的基线状况（如在项目开始时，基线样地中各碳库中的碳储量与项目监测样地相同，即在 90% 可靠性

水平下,误差不超过 10%),同时证明基线监测样地的森林经营措施与确定的基线情景相同。基线监测样地数量的确定、样地布设方法、碳储量变化的测定和计算方法、精度要求和校正等,应与项目情景下的监测相同。

① 采用 GPS、北斗或其他卫星导航系统,进行单点定位或差分技术直接测定项目地块边界的拐点坐标。也可利用高分辨率的地理空间数据(如卫星影像、航片),在地理信息系统(GIS)辅助下直接读取项目地块的边界坐标。在监测报告中说明使用的坐标系,使用仪器设备的精度。

② 检查实际边界坐标是否与 PDD 中描述的边界一致。

③ 如果实际边界位于 PDD 描述的边界之外,位于 PDD 确定的边界外的部分将不计入项目边界中。

④ 将测定的拐点坐标或项目边界输入地理信息系统,计算项目地块及各碳层的面积。

⑤ 在计入期内须对项目边界进行定期监测,如果项目边界发生任何变化,例如发生毁林,应测定毁林的地理坐标和面积,并在下次核查中予以说明。毁林部分地块将调出项目边界之外,之后不再监测,也不再纳入项目边界内。但是,如果在调出项目边界之前,对这些地块进行过核查,其前期经核查的碳储量应保持不变,就可以重新纳入碳储量变化的计算中。

森林经营碳汇项目主要监测项目所采取的森林经营活动有:

① 采(间)伐和补植:时间、地点(边界)、面积、树种和强度;

② 如果采取人工更新,检查并确保皆伐后的迹地得以立即更新造林;

③ 如果采取萌芽或天然更新,检查并确保良好的更新条件;

④ 其他森林经营:施肥、除灌、灌溉等的地点(边界)、面积、措施(如果有)。

造林碳汇项目实施阶段,主要监测和记录项目边界内所发生的造林、管护以及与温室气体排放有关项目活动的实施情况,并判断是否与 PDD 及监测方案一致。主要内容包括:

① 造林活动:造林时间、造林地块、造林树种、造林密度、苗木成活率和保存率、整地清林方式等;

② 管护活动:巡护、补植、采伐、有害生物防治和森林火灾预防措施等;

③ 项目边界内自然灾害(如火灾、病虫害、台风、干旱等)和人为干扰(如土地利用变化等)的发生情况(如时间、地点、面积、边界、损害强度等)。

(2) 碳层划分与抽样设计。

① 碳层划分。

在项目执行过程中,可能由于下述原因的存在,需要在每次监测时对项目事前或上一次监测时划分的碳层进行更新:计入期内可能发生无法预计的干扰(如林火、病虫害),从而增加碳层内的变异性。森林经营活动(如间伐、主伐、萌芽或人工更新)影响了项目碳层内的均一性。发生土地利用变化(项目地转化为其他土地利用方式)。过去的监测发现层内碳储量及其变化存在变异性。可将变异性太大的碳层细分为 2 个或多个碳层,将变异性相近的 2 个或多个碳层合并为一个碳层。某些项目事前或上一次监测时划分的碳层可能不复存在。项目实际活动与 PDD 不一致,并影响了项目碳层内的均一性,如造林时间、树种选择、造林面积,以及边界等发生变化。因自然因素(如立地条件、火灾、病虫害等)或人为干扰(如火烧、采伐等)导致碳层内的变异性增加。因土地利用类型变化等造成碳层边界发生变化。

(3) 抽样设计。项目参与方须基于固定样地的连续测定方法,采用碳储量变化法,测定和估计相关碳库中碳储量的变化。在各项目碳层内,样地的空间分配采用随机起点、系统布点的布设方案。首次监测(生物量和枯死木)在项目开始前进行,首次核查与审定同时进行。项目开始后的监测和核查的间隔期为 3～10 年,一般每 5 年至少监测一次。

本方法学仅要求对林分生物量和枯死木生物量的监测精度进行控制,要求达到90%可靠性水平下 90%的精度要求。如果测定的精度低于该值,项目参与方可通过增加样地数量,从而使测定结果达到精度要求,也可以选择打折的方法。

项目监测所需的样地数量,可以采用如下方法进行计算:

① 可以采用简化公式计算:

$$n = \left(\frac{t_{VAL}}{E}\right)^2 \times \left(\sum_i w_i \times s_i\right)^2 \tag{6-20}$$

式中: n 为项目边界内估算生物质碳储量所需的监测样地数量; t_{VAL} 为可靠性指标。在一定的可靠性水平下,自由度为无穷(∞)时查 t 分布双侧 t 分位数表的 t 值; w_i 为项目边界内第 i 碳层的面积权重; s_i 为项目边界内第 i 碳层生物质碳储量估计值的标准差(tC/hm^2); E 为项目生物质碳储量估计值允许的误差范围(即置信区间的一半),在每一碳层内用 s_i 表示(tC/hm^2); i 为 1, 2, 3, …项目碳层 i。

② 分配到各层的监测样地数量,采用最优分配法按公式进行计算:

$$n_i = n \times \frac{w_i \times s_i}{\sum_i w_i \times s_i} \tag{6-21}$$

式中: n_i 为项目边界内第 i 碳层估算生物质碳储量所需的监测样地数量; n 为项目边界内估算生物质碳储量所需的监测样地数量; w_i 为项目边界内第 i 碳层的面积权重; s_i 为项目边界内第 i 碳层生物质碳储量估计值的标准差(tC/hm^2); i 为 1, 2, 3, …项目碳层 i。

6.3.2　林分生物质碳储量变化的测定

第一步:测定样地内所有活立木的胸径(DBH)和树高(H)。

第二步:利用生物量方程 $f_{AB,j}(DBH,H)$ 计算每株林木地上生物量,通过地下生物量／地上生物量之比例关系(R_j)计算整株林木生物量,再累积到样地水平生物量和碳储量。如果没有可用的生物量方程，可通过一元或二元材积公式 $f_{V,j}(DBH,H)$ 计算单株材积，计算样地水平单位面积蓄积，利用地上生物量与每公顷蓄积量之间的相关方程 $f_{B,j}(V)$ 和地下生物量/地上生物量之比例关系，计算样地水平生物量和碳储量。

第三步：计算项目各碳层的平均单位面积碳储量及其方差：

$$C_{\text{TREE},i,t} = \frac{\sum_{p=1}^{n_i} C_{\text{TREE},p,i,t}}{n_i \times A_p} \tag{6-22}$$

$$s^2_{C_{\text{TREE},j,i}} = \frac{n_i \times \sum_{p=1}^{n_i} C^2_{\text{TREE},p,i,t} - (\sum_{p=1}^{n_i} C_{\text{TREE},p,i,t})^2}{n_i \times (n_i - 1)} \tag{6-23}$$

式中：$C_{\text{TREE},i,t}$ 为第 t 年时，项目边界内第 i 碳层林分单位面积生物质碳储量（tCO_2e/hm^2）；$C_{\text{TREE},p,i,t}$ 为第 t 年时，项目边界内第 i 碳层 p 样地林分单位面积生物质碳储量（tCO_2e/hm^2）；n_i 为项目边界内第 i 碳层的监测样地数量；s^2 为第 t 年时，项目边界内第 i 碳层林分单位面积生物质碳储量的方差（tCO_2e/hm^2）；A_p 为样地面积（hm^2）；i 为 1，2，3，…项目碳层 i；p 为 1，2，3，…项目边界内第 i 碳层 p 样地；t 为 1，2，3，…项目开始以来的年数（a）。

第四步：计算项目边界内单位面积林分生物质碳储量及其方差：

$$C_{\text{TREE},t} = \sum_{i=1} w_i \times C_{\text{TREE},i,t} \tag{6-24}$$

$$s^2_{C_{\text{rREFs}}} = \sum_{i=1} w_i^2 \times \frac{s^2_{C_{\text{TREE},i,t}}}{n_i} \tag{6-25}$$

式中：$C_{\text{TREE},t}$ 为第 t 年时，项目林分单位面积生物质碳储量（tCO_2e/hm^2）；w_i 为项目第 i 碳层的面积权重；$C_{\text{TREE},i,t}$ 为第 t 年时，项目边界内第 i 碳层林分单位面积生物质碳储量（tCO_2e/hm^2）；$s^2_{C_{\text{TREE},t}}$ 为第 t 年时，项目林分单位面积生物质碳储量的方差；n_i 为项目边界内第 i 碳层的监测样地数量；$s^2_{C_{\text{TREE},i,t}}$ 为第 t 年时，项目边界内第 i 碳层林分单位面积生物质碳储量的方差；i 为 1，2，3，…项目碳层 i；t 为 1，2，3，…项目开始以来的年数（a）。

第五步：计算项目边界内林分生物质碳储量及其不确定性：

$$C_{\text{TREE\_PROJ},t} = A \times C_{\text{TREE},t} \tag{6-26}$$

$$UNC_{\text{TREE},t} = \frac{t_{\text{VAL}} \times s_{C_{\text{TREE},t}}}{C_{\text{TREE},t}} \tag{6-27}$$

式中：$C_{\text{TREE\_PROJ},t}$ 为第 t 年时，项目边界内林分生物质碳储量（tCO_2e）；A 为项目总面积（hm^2）；$C_{\text{TREE},t}$ 为第 t 年时，项目林分单位面积生物质碳储量（tCO_2e/hm^2）；$UNC_{\text{TREE},t}$ 为第 t 年时，以抽样调查的相对误差限（%）表示的项目单位面积林分生物质碳储量的不确定性；s 为第 t 年时，项目林分单位面积生物质碳储量的方差的平方根（tCO_2e/hm^2）；t_{VAL} 为可靠性指标：通过危险率（1－置信度）和自由度（N－M）查 t 分布的双侧分位数表，其中 N 为项目样地总数，M 为项目碳层数量，例如：置信度 90%，自由度为 45 时的可靠性指标可在 excel 中用"＝TINV（0.10，45）"计算得到 1.679 4；t 为 1，2，3，…项目开始以来的年数（a）。

6.3.3　项目边界内的温室气体排放增加量的监测

监测计划会详细记录项目边界内每一次森林火灾（如果有）发生的时间、面积、地理边界等信息，计算项目边界内由于森林火灾燃烧地上生物量所引起的温室气体排放（$GHG_{E,t}$）。对于项目事前估计，由于通常无法预测项目边界内的火灾发生情况，因此可以不考虑森林火灾造成的项目边界内温室气体排放，即 $GHG_{E,t}=0$。

对于项目事后估计，项目边界内温室气体排放的估算方法如下：

$$GHG_{E,t}=GHG_{FF\_TREE,t}+GHG_{FF\_DOM,t} \tag{6-28}$$

式中：$GHG_{E,t}$ 为第 t 年时，项目边界内温室气体排放的增加量（tCO_2e/a）；$GHG_{FF\_TREE,t}$ 为第 t 年时，项目边界内由于森林火灾引起林木地上生物质燃烧造成的非 CO_2 温室气体排放的增加量（tCO_2e/a）；$GHG_{FF\_DOM,t}$ 为第 t 年时，项目边界内由于森林火灾引起死有机物燃烧造成的非 CO_2 温室气体排放的增加量（tCO_2e/a）；t 为项目开始以后的年数（a），$t=1$，2，3，…。

森林火灾引起林木地上生物质燃烧造成的非 CO_2 温室气体排放，使用最近一次项目核查时（t_L）的分层、各碳层林木地上生物量数据和燃烧因子进行计算。第一次核查时，无论自然或人为原因引起森林火灾造成林木燃烧，其非 CO_2 温室气体排放量都假定为 0。

$$GHG_{FF\_TREE,t}=0.001\times\sum_{i=1}\Big[A_{BURN,i,t}\times b_{TREE,i,t_L}\times COMF_i$$
$$\times (EF_{CH_4,i}\times GWP_{CH_4}+EF_{N_2O,i}\times GWP_{N_2O})\Big] \tag{6-29}$$

式中：$GHG_{FF\_TREE,t}$ 为第 t 年时，项目边界内由于森林火灾引起林木地上生物质燃烧造成的非 CO_2 温室气体排放的增加量（tCO_2e/a）；$A_{BURN,i,t}$ 为第 t 年时，项目第 i 层发生燃烧的土地面积（hm^2）；b_{TREE,i,t_L} 为火灾发生前，项目最近一次核查时（第 t_L 年）第 i 层的林木地上生物量，采用林木地上生物量与蓄积量的相关函数 $f_{AB,j}(V)$ 计算获得，如果只是发生地表火，即林木地上生物量未被燃烧，则 B_{TREE,i,t_L} 设定为 0；$COMF_i$ 为项目第 i 层的燃烧指数（针对每个植被类型）；$EF_{CH_4,i}$ 为项目第 i 层的 CH_4 排放指数（gCH_4/kg 燃烧的干物质 d.m）；$EF_{N_2O,i}$ 为项目第 i 层的 N_2O 排放指数（gN_2O/kg 燃烧的干物质 d.m）；GWP_{CH_4} 为 CH_4 的全球增温潜势，用于将 CH_4 转换成 CO_2 当量，缺省值为 25；GWP_{N_2O} 为 N_2O 的全球增温潜势，用于将 N_2O 转换成 CO_2 当量，缺省值为 298；i 为 1，2，3，…项目第 i 碳层，根据第 t_L 年核查时的分层确定；t 为项目开始以后的年数(a)，$t = 1, 2, 3 \cdots$；0.001 为将 kg 转换成 t 的常数。

森林火灾引起死有机物质燃烧造成的非 CO_2 温室气体排放，应使用最近一次核查 (t_L) 的死有机质碳储量来计算。第一次核查时由于火灾导致死有机质燃烧引起的非 CO_2 温室气体排放量设定为 0，之后核查时的非 CO_2 温室气体排放量计算如下：

$$GHG_{FF\_DOM, t} = 0.07 \times \sum_{i=1} \left[A_{BURN, i, t} \times (C_{DW, i, t_L} + C_{LI, i, t_L}) \right] \quad (6-30)$$

式中：$GHG_{FF\_DOM, t}$ 为第 t 年时，项目边界内由于森林火灾引起死有机物燃烧造成的非 CO_2 温室气体排放的增加量(tCO_2e/a)；$A_{BURN, i, t}$ 为第 t 年时，项目第 i 层发生燃烧的土地面积(hm^2)；C_{DW, i, t_L} 为火灾发生前，项目最近一次核查时(第 t_L 年)第 i 层的枯死木单位面积碳储量(tCO_2e/hm^2)；C_{LI, i, t_L} 为火灾发生前，项目最近一次核查时(第 t_L 年)第 i 层的枯落物单位面积碳储量(tCO_2e/hm^2)；i 为 1, 2, 3, …项目第 i 碳层，根据第 t_L 年核查时的分层确定；t 为项目开始以后的年数(a)，$t = 1, 2, 3, …$；0.07 为 IPCC 缺省常数，指非 CO_2 排放量占碳储量的比例。

项目期内如果有伐除病原疫木并烧除的活动，则须计算人为火烧活动引起的非 CO_2 温室气体排放。可通过调查人为火烧活动发生的碳层内采伐病原疫木的数量比例(如蓄积量比例或株数比例)，使用最近一次项目核查时 (T_V) 划分的相同碳层的平均地上生物量数据来计算燃烧的地上生物量，结合燃烧因子计算人为火烧活动引起的非 CO_2 温室气体排放：

$$GHG_{BURN, t} = \sum_i \left[A_{i, t} \times AGB_{i, T_V} \times R_{BURN, i, t} \times COMF_i \times (EF_{CH_4} \right.$$
$$\left. \times GWP_{CH_4} + EF_{N_2O} \times GWP_{N_2O}) \right] \times 10^{-3}$$

$$(6-31)$$

式中：$GHG_{BURN, t}$ 为第 t 年时，项目边界内由于人为火烧引起的非 CO_2 温室气体排放量(tCO_2e/a)；$A_{i, t}$ 为第 t 年时，第 i 项目碳层的土地面积(hm^2)；AGB_{i, T_V} 为火灾发生前，项目最近一次核查时第 i 项目碳层的地上生物量(t.d.m/hm^2)，使用附录的方法计算；$R_{BURN, i, t}$ 为第 t 年时，第 i 项目碳层内烧除病原疫木的数量占比(如蓄积量比例或株数比例)；$COMF_i$ 为第 i 项目碳层的燃烧指数(针对每个植被类型)；EF_{CH_4} 为 CH_4 排放因子(gCH_4/kg.d.m)；EF_{N_2O} 为 N_2O 排放因子(gN_2O/kg.d.m)；GWP_{CH_4} 为 CH_4 的全球增温潜势，用于将 CH_4 转换成 CO_2e；GWP_{N_2O} 为 N_2O 的全球增温潜势，用于将 N_2O 转换成 CO_2e；i 为项目碳层，$i = 1, 2, 3, …$；根据第 T_V 年核查时的分层确定；t 为自项目开始以来的年数(a)，$t = 1, 2, 3, …$；T_V 为自项目开始至项目最近一次核查的时间；10^{-3} 为将 kg 转换成 t 的常数。

6.3.4　精度控制和校正及需监测的数据和参数

(1) 精度控制和校正。生物量的监测精度需要控制，达到 90% 可靠性水平下，90%

的精度。如果测定的不确定性大于 10%，项目参与方可通过增加样地数量，从而使测定结果达到精度要求。项目参与方也可以选择下述打折的方法。

$$\Delta C_{\text{TREE\_PROJ}, t_1, t_2} = (C_{\text{TREE\_PROJ}, t_2} - C_{\text{TREE\_PROJ}, t_1}) \times (1 - DR) \quad (6-32)$$

$$\Delta C_{\text{DW\_PROJ}, t_1, t_2} = (C_{\text{DW\_PROJ}, t_2} - C_{\text{DW\_PROJ}, t_1}) \times (1 - DR) \quad (6-33)$$

式中：$\Delta C_{\text{TREE\_PROJ}, t_1, t_2}$ 为时间区间 $t_1 \sim t_2$ 内，项目林分生物质碳储量的总变化量（tCO_2e）；$\Delta C_{\text{DW\_PROJ}, t_1, t_2}$ 为时间区间 $t_1 \sim t_2$ 内，项目枯死木碳储量的总变化量（tCO_2e）；$C_{\text{TREE\_PROJ}, t_1}$ 为第 t_1 年时，项目边界内的林分生物质碳储量（tCO_2e），$C_{\text{TREE\_PROJ}, t_2}$ 为第 t_2 年时，项目边界内的林分生物质碳储量（tCO_2e）；$C_{\text{DW\_PROJ}, t_1}$ 为第 t_1 年时，项目边界内的枯死木碳储量（tCO_2e）；$C_{\text{DW\_PROJ}, t_2}$ 为第 t_2 年时，项目边界内的枯死木碳储量（tCO_2e）。

DR 为基于监测结果不确定性的调减因子，见表 6-4。

表 6-4　项目碳汇量监测调减因子表

不确定性/%	DR/%	
	$C_{\text{TREE\_PROJ}, t_2} - C_{\text{TREE\_PROJ}, t_1} > 0$ $C_{\text{DW\_PROJ}, t_2} - C_{\text{DW\_PROJ}, t_1} > 0$	$C_{\text{TREE\_PROJ}, t_2} - C_{\text{TREE\_PROJ}, t_1} < 0$ $C_{\text{DW\_PROJ}, t_2} - C_{\text{DW\_PROJ}, t_1} < 0$
小于或等于 10%	0	0
大于 10% 小于 20%	6	−6
大于 20% 小于 30%	11	−11
大于或等于 30%	增加监测样地数量	

（2）项目参与方须对下表中所列参数进行监测见表 6-5～表 6-14。

表 6-5　需监测的数据（A_i）和参数

数据/参数	A_i
单位	hm^2
描述	项目第 i 碳层的面积
数据源	野外测定
测定步骤	采用国家森林资源清查或林业规划设计调查使用的标准操作程序（SOP）
监测频率	每 3～10 年一次
QA/QC 程序	采用国家森林资源清查或林业规划设计调查使用的质量保证和质量控制（QA/QC）程序。如果没有，可采用 IPCC GPG LULUCF 2003 中说明的 QA/QC 程序
说明	

表 6-6　需监测的数据（A_p）和参数

数据/参数	A_p
单位	hm^2
描述	样地的面积
数据源	野外测定
测定步骤	采用国家森林资源清查或林业规划设计调查使用的标准操作程序（SOP）
监测频率	每 3～10 年一次
QA/QC 程序	采用国家森林资源清查或林业规划设计调查使用的质量保证和质量控制（QA/QC）程序。如果没有，可采用 IPCC GPG LULUCF 2003 中说明的 QA/QC 程序
说明	样地位置应用 GPS 或 Compass 记录且在图上标出

表 6-7　需监测的数据（DBH）和参数

数据/参数	DBH
单位	cm
应用的公式编号	用于生物量方程 $f_{AB,j}(DBH,H)$、$f_{B,j}(DBH,H)$ 和一元或二元材积公式 $f_{V,j}(DBH,H)$
描述	林木或枯立木胸高直径
数据源	野外样地测定
测定步骤	采用国家森林资源清查或林业规划设计调查使用的标准操作程序（SOP）
监测频率	每 3～10 年一次
QA/QC 程序	采用国家森林资源清查或林业规划设计调查使用的质量保证和质量控制（QA/QC）程序。如果没有，可采用 IPCC GPG LULUCF 2003 中说明的 QA/QC 程序
说明	

表 6-8　需监测的数据（H）和参数

数据/参数	H
单位	m
应用的公式编号	用于生物量方程 $f_{AB,j}(DBH,H)$、$f_{B,j}(DBH,H)$ 和一元或二元材积公式 $f_{V,j}(DBH,H)$
描述	林木或枯立木高度
数据源	野外样地测定

续　表

测定步骤	采用国家森林资源清查或林业规划设计调查使用的标准操作程序(SOP)
监测频率	每 3～10 年一次
QA/QC 程序	采用国家森林资源清查或林业规划设计调查使用的质量保证和质量控制(QA/QC)程序。如果没有,可采用 IPCC GPG LULUCF 2003 中说明的 QA/QC 程序
说明	

表 6-9　需监测的数据($DBH_{\text{STUMP},j,k}$)和参数

数据/参数	$DBH_{\text{STUMP},j,k}$
单位	m
描述	i 碳层 p 样地 j 树种第 k 枯立树桩的胸高直径
数据源	野外样地测定
测定步骤	采用国家森林资源清查或林业规划设计调查使用的标准操作程序(SOP)
监测频率	每 3～10 年一次
QA/QC 程序	采用国家森林资源清查或林业规划设计调查使用的质量保证和质量控制(QA/QC)程序。如果没有,可采用 IPCC GPG LULUCF 2003 中说明的 QA/QC 程序
说明	

表 6-10　需监测的数据($H_{\text{STUMP},j,k}$)和参数

数据/参数	$H_{\text{STUMP},j,k}$
单位	m
描述	i 碳层 p 样地 j 树种第 k 枯立树桩的高度
数据源	野外样地测定
测定步骤	采用国家森林资源清查或林业规划设计调查使用的标准操作程序(SOP)
监测频率	每 3～10 年一次
QA/QC 程序	采用国家森林资源清查或林业规划设计调查使用的质量保证和质量控制(QA/QC)程序。如果没有,可采用 IPCC GPG LULUCF 2003 中说明的 QA/QC 程序
说明	

表 6-11　需监测的数据($D_{J,k}$)和参数

数据/参数	$D_{J,k}$
单位	cm
描述	与样线交叉的第 k 棵枯倒木的直径
数据源	野外测定
测定步骤	采用国家森林资源清查或林业规划设计调查使用的标准操作程序(SOP)
监测频率	首次核查开始每 3～10 年一次
QA/QC 程序	采用国家森林资源清查或林业规划设计调查使用的质量保证和质量控制(QA/QC)程序。如果没有,可采用 IPCC GPG LULUCF 2003 中说明的 QA/QC 程序
说明	

表 6-12　需监测的数据(L)和参数

数据/参数	L
单位	m
描述	样线总长度
数据源	野外测定
测定步骤(如果有)	采用国家森林资源清查或林业规划设计调查使用的标准操作程序(SOP)
频率	首次核查开始每 3～10 年一次
QA/QC 程序	采用国家森林资源清查或林业规划设计调查使用的质量保证和质量控制(QA/QC)程序。如果没有,可采用 IPCC GPG LULUCF 2003 中说明的 QA/QC 程序
说明	

表 6-13　需监测的数据($V_{TREE\_PROJ\_H,j,t}$)和参数

数据/参数	$V_{TREE\_PROJ\_H,j,t}$
单位	m^3
描述	第 t 年时,项目采伐的树种 j 的蓄积量
数据源	每次采伐记录
测定步骤	采用国家森林资源清查或林业规划设计调查使用的标准操作程序(SOP)
监测频率	每次采伐
QA/QC 程序	采用国家森林资源清查或林业规划设计调查使用的质量采用国家森林资源清查或森林资源规划设计调查使用的质量保证和质量控制(QA/QC)程序。如果没有,可采用 IPCC GPG LULUCF 2003 中说明的 QA/QC 程序保证和质量控制(QA/QC)程序
说明	

表 6-14　需监测的数据(ty)和参数

数据/参数	ty
单位	—
描述	采伐形成的木制品的种类
数据源	调查测定
测定步骤(如果有)	对于社区采伐,采用 PRA 的方法调查其采伐的林木的用途、销售去向,调查样本不少于所涉社区户数的 10%。同时跟踪调查所销售林木的用途和产品种类及其比例; 对于企业为主的采伐,记录销售去向,并跟踪调查所销售林木的用途和产品种类及其比例
频率	每年一次
QA/QC 程序	
说明	

6.4　应用实例

本节将介绍森林经营碳汇项目的应用实例,包括福建金森林业股份有限公司、福建省洋口国有林场和上杭县汀江国有林场的森林经营碳汇项目。这些项目通过割灌除草、土壤诊断施肥、透光伐等森林抚育措施,提高森林生长量和碳固存能力。本节会详细介绍每个项目的项目概况、采用的技术和措施、碳层划分、项目抽样设计和分层、项目监测频率,以及监测期情况,这些案例展示实际应用森林管理策略以增加碳吸收并改善森林健康和生产力的情况。

6.4.1　福建金森林业股份有限公司森林经营碳汇项目

(1)项目建设概况。为提高森林生长量,增强森林的固碳和生态服务功能,拟在福建金森林业股份有限公司经营区内的森林开展森林经营活动,项目活动分布于三明市将乐县 12 个乡镇林场,包括 210 个林班、693 个小班,总面积为 4 252.07 hm²,主要采取复壮和林分抚育采伐的经营管理方式。本项目开始日期为 2006 年 7 月 20 日,按计入期 20 年,到 2026 年预计产生碳汇量共 354 734 tCO₂e,年均减排量为 17 737 tCO₂e。项目所涉碳库包括地上生物量和地下生物量,不考虑枯死木、枯落物、土壤有机碳和木产品的碳储量变化。

(2)采用的技术和措施。根据不同小班的经营目的,本项目采用的森林抚育方式包括复壮(割灌除草、施肥)和林分抚育采伐(透光伐、疏伐),符合方法学 AR-CM-

003-V01森林经营碳汇项目方法学(V01)的规定。

割灌除草:主要在杂草、灌丛分布广,密度大,林木生长受阻的林分中进行。采取机割、人割等不同方式,清除妨碍树木生长的灌木、藤条和杂草。作业时,注意保护珍稀濒危树木,以及有生长潜力的幼树、幼苗,以有利于调整林分密度和结构。

土壤诊断施肥:对土壤不能提供树木生长发育所需的营养时,根据土壤营养情况和树木生长情况进行有选择性、有针对性的施肥。林分抚育采伐措施针对林分密度过大、存在病死木、灾害木等不健康林分,通过伐除部分林木,以调整林分密度、树种组成,改善森林生长条件。

透光伐:主要在幼龄林进行,在人工林中主要伐除过密和质量低劣,无培育前途的林木。

疏伐:主要在中龄林阶段进行,伐除生长过密和生长不良的林木,进一步调整树种组成与林分密度,促进保留木的生长。另外,福建金森林业股份有限公司采取抚育疏伐定向措施,即以小班为单位,在林分抚育采伐设计时组织有多年林业经验的技术人员对采伐木做标记,定向伐除密度较大的,或弯曲,或被压和枯死的目标木,间伐株数强度控制在30%以下。间伐后,保留木平均胸径必须高于间伐前,林分郁闭度在0.50以上。措施实施结束后将枯死木、枝桠木打散平铺增加土壤肥力。

(3)碳层划分。根据方法学的要求和实地调查情况,依据现有的林分类型(优势树种)、龄组、郁闭度可将项目区划分为12个基线碳层。

根据拟实施的森林经营措施来划分项目碳层,经营措施分为复壮和林分抚育采伐两大类,实施年份分别为2006—2008年,16个项目碳层。

(4)项目抽样设计和分层。本项目的分层设计采取事前分层和事后分层的模式。可在每次监测时对计入期内的实际活动及时进行分析和评估,判断先前的碳层设计和划分是否需要进行有利于后续项目活动顺利实施的调整,即进行事后分层工作,事后分层须按项目边界内各小班实际实施的森林经营类型、实施年份、优势树种、龄组进行划分,并在当期的监测报告中对事后分层的结果予以详细的说明,如果实际实施的森林经营活动相对事前分层发生变化,则需要重新划分碳层,并更新减排量计算结果。在获得FFCER第三方审定和核证机构的认可、主管机构的备案后,后继的监测期内的项目活动需按变化后新的事后分层实施。

CCER森林经营方法学要求监测结果达到90%可靠性水平下,90%的精度要求,并给出了满足上述条件的具体抽样方法。

由于需要定期对样地进行测定,需建立固定样地。采用公式计算得到每一碳层内样地的数量。为保证各碳层在统计上的准确性,每层最少的样地数量设定为3个。经过计算,项目情景样地数为97个。

(5)项目监测频率。本项目活动开始时间定为2006年7月20日,选取20年计入期2006—2026年。第一次监测和核查将在2016年进行,此后分别在2021年和2026年监测和核查一次。

(6)监测期情况。本项目采用20年固定计入期,计入期为2006年7月20日至

2026 年 7 月 19 日。第一监测期(即 2006 年 7 月 20 日到 2016 年 10 月 31 日,含首尾 2 天,共计 3 757 天)内预估将产生的减排量为 302 137 tCO$_2$e(年均减排量 29 353 tCO$_2$e)。根据事后监测,实际产生的减排量为 174 606 tCO$_2$e(年均减排量 16 963 tCO$_2$e)。

6.4.2　福建省洋口国有林场森林经营碳汇项目

(1) 项目建设概况。为积极响应我国林业应对气候变化的号召,以福建省洋口国有林场为主于 2007 年启动实施了森林经营碳汇项目,项目位于福建省南平市顺昌县、延平区及三明市三元区境内,包含小班分布于莘口教学场、洋口国有林场、来舟林业试验场、南平市郊教学林场、西芹教学场,项目经营规模 2 208 hm^2。拟议项目旨在发挥营林增汇效益的同时,改善因经营管理不善而造成的林分质量差、单位面积蓄积量偏低等现象,更好地发挥森林的固碳作用。拟议项目活动于 2007 年 1 月 1 日开始,计入期 2007 年 1 月 1 日至 2026 年 12 月 31 日。在 20 年计入期内,预计可产生减排量总计 208 089 tCO$_2$e,年均减排量为 10 404 tCO$_2$e。

(2) 采用的技术和措施。根据《洋口等省直属国有林场森林经营方案》的目标与任务,项目活动主要采取的森林抚育措施包括割灌除草、土壤诊断施肥、透光伐、生长伐和生态疏伐等。森林抚育方式一般根据森林类别和龄组选择,本项目设计的森林类别和龄组包括生态公益林中幼龄林、商品林中幼龄林。针对密度过大林分、低产纯林、未经营或经营不当林、存在病虫害等不健康林分,伐除部分林木,以调整林分密度、树种组成,改善森林生长条件,计入期内不存在出材间伐和主伐。森林经营措施具体叙述如下。

割灌除草:在林分郁闭前或者郁闭后,当灌草总覆盖度达 80% 以上,灌木杂草高度超过目的树种幼苗幼树并对其生长造成严重影响时,进行割灌除草。割灌除草 231 个小班,面积 1 087 hm^2。其中洋口林场规划抚育 90 个小班,面积 543 hm^2;莘口林场规划抚育 52 个小班,面积 240 hm^2;来舟林场规划抚育 32 个小班,面积 106 hm^2;市郊林场规划抚育 39 个小班,面积 124 hm^2;西芹林场规划抚育 18 个小班,面积 74 hm^2;主要目的树种有杉木、马尾松、阔叶类及其混交林等。抚育小班涉及幼、中龄林,起源为人工。

根据年龄不同一般造林在前三年每年全面锄草松土 2 次,并注意补植,必要时进行带状垦复施肥,第四年全面劈草培土 1 次。对于经营粗放,林下杂草丛生,林木生长不良的 5~10 年生的杉木幼林,进行全面锄草松土或深翻抚育 1 次。本项目设计割灌除草 1 087 hm^2,割灌除草平均强度为 100%。

土壤诊断施肥:对土壤不能提供树木生长发育所需的营养时,根据土壤营养情况和树木生长情况进行合理施肥。一般一年一次,主要针对必要植株进行。土壤诊断施肥 112 个小班,面积 481 hm^2。其中洋口林场规划抚育 48 个小班,面积 255 hm^2;莘口林场规划抚育 10 个小班,面积 499 hm^2;来舟林场规划抚育 28 个小班,面积 106 hm^2;市郊林场规划抚育 13 个小班,面积 29 hm^2;西芹林场规划抚育 13 个小班,面积 42 hm^2;主要目的树种有杉木、马尾松、阔叶类及其混交林等。抚育小班涉及幼、中龄林,起源为人工。

透光伐：在林木的幼龄林阶段、开始郁闭后进行。当目的树种林木上方或侧上方严重遮阴，妨碍目的树种高生长时，根据间密留匀、留优去劣的原则，调节树种组成与林分密度，对整枝不良的林木进行人工修枝。透光伐 101 个小班，面积 299.6 hm²。其中洋口林场规划抚育 6 个小班，面积 37.5 hm²；莘口林场规划抚育 15 个小班，面积 33.1 hm²；来舟林场规划抚育 9 个小班，面积 27.99 hm²；市郊林场规划抚育 25 个小班，面积 46.4 hm²；西芹林场规划抚育 46 个小班，面积 154.7 hm²；主要目的树种有杉木、马尾松、阔叶类及其混交林等。抚育小班涉及幼、中龄林，起源为人工。用材林采伐株数强度设计为 15%～50%。每次透光伐后郁闭度不得低于 0.60；抚育后林分目标树和辅助树的林木株数所占林分总株数的比例不减少，林木目的树种平均胸径不低于采伐前平均胸径，林木株数不低于该类森林类型、立地条件、生长发育阶段的最低保留株数。抚育后林木分布均匀，不造成天窗、林中空地。

疏伐：在林分郁闭后的幼、中龄林阶段进行，同龄林的林分密度过大，伐除生长过密和生长不良的林木，进一步调整树种组成和林分密度，加速保留木的生长和培育良好干型。疏伐的株数强度不宜超过 50%，立地条件较好的地段保留株数可适当小些，反之则大些。疏伐 406 个小班，面积 1 660 hm²。其中洋口林场规划抚育 114 个小班，面积 697 hm²；莘口林场规划抚育 87 个小班，面积 303 hm²；来舟林场规划抚育 69 个小班，面积 224 hm²；市郊林场规划抚育 73 个小班，面积 207 hm²；西芹林场规划抚育 63 个小班，面积 229 hm²；主要目的树种有杉木、马尾松、阔叶类及其混交林等。抚育小班涉及幼、中龄林，起源为人工。

生长伐：在中龄林阶段，需要调整林分密度和树种组成，促进目标树或保留木径向生长时，伐除无培育前途的林木，缩短工艺成熟期。生长伐 174 个小班，面积 730.5 hm²。其中洋口林场规划抚育 63 个小班，面积 331 hm²；莘口林场规划抚育 39 个小班，面积 176.1 hm²；来舟林场规划抚育 41 个小班，面积 115.9 hm²；市郊林场规划抚育 17 个小班，面积 47.9 hm²；西芹林场规划抚育 14 个小班，面积 59.5 hm²；主要目的树种有杉木、马尾松、阔叶类及其混交林等。抚育小班均为中龄林，起源为人工。

（3）碳层划分。根据《方法学》的要求和实地调查情况，基线为延续 1998 年获得批复的森林经营方案模式，森林经营主要措施是幼林抚育与抚育间伐，总体实施粗放性经营模式。依据项目开始之前经营方案、福建省地方规程等文件、现有林分的林分类型（优势树种）、林龄、郁闭度，将项目区划分 16 个基线碳层。

（4）项目抽样设计和分层。采用基于固定样地的分层抽样方法监测项目碳汇量。建立固定监测样地监测每一个碳层各碳库变化。碳层内其余部分应该同等对待，并防止在项目计入期内被毁林。

取项目区样地调查的各层生物质碳储量作为样本计算。根据林业调查的经验可知，经营地块树种或模式越多，变异系数越大。通过经验公式计算，按照公式采用最优分配法各层取整和每层不少于 3 个固定样地的要求，确定总样地数为 52 个。

（5）项目监测频率。在项目计入期 2007—2026 年内，对固定样地监测 3 次。第一

次监测时间：2017 年 4 月；第二次监测时间：2021 年 12 月；第三次监测时间：2026 年
12 月。

（6）监测期情况。本项目在 20 年计入期内，预计将产生 208 089 tCO_2e 的减排量，
年均减排量为 10 404 tCO_2e。第一次监测期覆盖日期为 2007 年 1 月 1 日至 2017 年 4
月 30 日，预计减排量为 102 834 tCO_2e，于 2017 年 4 月 1 日至 2017 年 4 月 30 日对 52
块样地进行了监测，经计算实际减排量为 78 720 tCO_2e。

6.4.3　上杭县汀江国有林场森林经营碳汇项目

（1）项目建设概况。为积极响应我国林业应对气候变化的号召，以福建省上杭县
汀江国有林场为主于 2006 年 10 月启动实施森林经营碳汇项目，其中古田林场、白砂林
场、溪口林场与汀江国有林场签署共同开发协议，实施时间保持一致，项目经营规模
2 406 hm^2，拟议项目旨在发挥营林增汇效益的同时，实现保护森林的生物多样性、改善
当地生存环境和自然景观、增加群众收入等多重效益。拟议项目活动于 2006 年 10 月
1 日开始，计入期 2006 年 10 月 1 日至 2026 年 9 月 30 日，在 20 年计入期内，预计产生
总减排量 210 303.17 tCO_2e，年均减排量为 10 515.16 tCO_2e。

（2）采用的技术和措施。根据《上杭县汀江等国有林场森林经营方案》的目标与任
务，项目活动主要采取森林抚育等措施，包括割灌除草、土壤诊断施肥、透光伐和生态疏
伐。针对林分密度过大、低效纯林、未经营或经营不当林、存在有病死木等不健康林分，
伐除部分林木，以调整林分密度、树种组成，改善森林生长条件。本项目设计的森林类
别和龄组为商品林中幼龄林，幼龄林主要采用割灌除草和透光伐，中龄林主要采用疏
伐，计入期内不存在出材间伐和主伐。

割灌除草：在林分郁闭前或者郁闭后，当灌草总覆盖度达 80% 以上，灌木杂草高度
超过目的树种幼苗幼树并对其生长造成严重影响时，进行割灌除草。主要目的树种有
杉木、马尾松、阔叶树。抚育小班涉及幼、中龄林，起源为人工。

土壤诊断施肥：对土壤不能提供树木生长发育所需的营养时，根据土壤营养情况和
树木生长情况进行合理施肥。一般一年一次，主要针对必要植株进行。主要目的树种
有杉木、马尾松、阔叶树。抚育小班涉及幼、中龄林，起源为人工。

透光伐：在林木的幼龄林阶段、开始郁闭后进行。当目的树种林木上方或侧上方严
重遮阴，妨碍目的树种高生长时，根据间密留匀、留优去劣的原则，调节树种组成与林分
密度，对整枝不良的林木进行人工修枝。主要目的树种有杉木、马尾松、阔叶树。抚育
小班涉及幼、中龄林，起源为人工。用材林采伐株数强度设计为 15%～35%。每次透
光伐后郁闭度不得低于 0.60，抚育后林分目标树和辅助树的林木株数所占林分总株数
的比例不减少，林木目的树种平均胸径不低于采伐前平均胸径，林木株数不低于该类森
林类型、立地条件、生长发育阶段的最低保留株数。抚育后林木分布均匀，不造成天窗、
林中空地。

生态疏伐：在林分郁闭后的幼、中龄林阶段进行，同龄林的林分密度过大，伐除生长

过密和生长不良的林木,进一步调整树种组成和林分密度,加速保留木的生长和培育良好干型。疏伐的株数强度不宜超过 50%,立地条件较好的地段保留株数可适当小些,反之则大些。主要目的树种有杉木、马尾松、阔叶树。抚育小班涉及幼、中龄林,起源为人工。

(3)碳层划分。根据《方法学》的要求和实地调查情况,基线情景为延续 2006 年以前的森林经营方案模式,森林经营主要措施是幼林抚育与抚育间伐,总体实施粗放性经营模式。依据项目开始之前经营方案、福建省地方规程等文件、现有林分的经营类型、林分类型(优势树种)、林龄,将项目区划分 18 个基线碳层。

(4)项目抽样设计和分层。采用基于固定样地的分层抽样方法监测项目碳汇量。建立固定监测样地监测每一个碳层各碳库变化。碳层内其余部分应该同等对待,并防止在项目计入期内被毁林。

取项目区样地调查的各层生物质碳储量作为样本计算。根据林业调查的经验可知,经营地块树种或模式越多,变异系数越大。通过经验公式计算,按照公式采用最优分配法各层取整和每层不少于 3 个固定样地的要求。确定总样地数为 54 个。

(5)项目监测频率。在项目计入期 2006—2026 年内,对固定样地监测两次。第一次监测时间:2017 年 9 月;第二次监测时间:2026 年 9 月。

(6)监测期情况。本项目于 2006 年 10 月 1 日开始森林经营碳汇项目,在 20 年的计入期内,预计产生减排量为 210 303.17 tCO_2e,年均减排量为 10 515.16 tCO_2e。第一次监测期覆盖日期为 2006 年 10 月 1 日至 2017 年 9 月 30 日,根据对 54 块样地的监测结果,经计算实际产生的减排量为 96 025.49 tCO_2e。

参考文献

[1] 国家林业和草原局.森林经营碳汇项目方法学(版本号 V01)[EB/OL](2014-1)[2023-12-31]. https://www.ndrc.gov.cn/xxgk/jianyitianfuwen/qgrddbjyfwgk/202107/t20210708_1288531.html.

[2] 国家林业和草原局.碳汇造林项目方法学(版本号 V01)[EB/OL](2013-10)[2023-12-31].https://www.ndrc.gov.cn/xxgk/jianyitianfuwen/qgrddbjyfwgk/202107/t20210708_1288531.html.

[3] 中国林业科学研究院.温室气体自愿减排项目方法学 造林碳汇(CCER-14-001-V01)[EB/OL](2023-10-24)[2023-12-31].https://www.forestry.gov.cn/c/www/lcdt/529489.jhtml.

第 **7** 章

竹林造林、经营碳汇项目方法学及开发实践案例

　　竹子是禾本科多年生木质化植物,是森林植被最为重要的类型之一,我国在栽培、经营与加工利用竹子拥有悠久的历史,被称作"竹子王国"。竹林具有比一般木本林分更强的吸收 CO_2 的能力,不但可以增加碳汇、减缓气候变暖,而且具有较好的防风固土、涵养水源、净化空气,维持生态平衡等多重效应,这得益于竹林枝叶茂盛,根系发达,竹鞭纵横交结的特征。2012 年 6 月 13 日,国家发展改革委员会颁布了《温室气体自愿减排交易管理暂行办法》并通过竹林碳汇理论探索和研究后,先后备案了《竹子造林碳汇项目方法学》(AR - CM - 002 - V01)、《竹林经营碳汇项目方法学(V01)》。

　　本章将介绍《竹子造林碳汇项目方法学》《竹林经营碳汇项目方法学》,在参考和借鉴 CDM 造林再造林方法学的基础上,充分吸收竹林碳汇最新的研究成果、结合实际,提出具有一定科学性、合理性与可操作性的竹林造林和经营活动碳计量方法。

7.1　相关定义

　　(1) 竹林造林与经营。

　　竹林:指连续面积不小于 0.066 7 hm^2、郁闭度不低于 0.20、成竹竹秆高度不低于 2 m、竹秆胸径不小于 2 cm 的以竹类为主的植物群落。当竹林中出现散生乔木时,乔木郁闭度不得达到国家乔木林地标准,即乔木郁闭度必须小于 0.20。竹林属于中国森林的一种类型。

　　大径散生竹林:指成竹竹秆高度大于 6 m、竹秆胸径大于 5 cm 的单轴散生型竹林。

　　大径丛生竹林:指成竹竹秆高度大于 6 m、竹秆胸径大于 5 cm 的合轴丛生型竹林。

　　小径散生竹林:指成竹竹秆高度大于 6 m、竹秆胸径为 2~5 cm 的单轴散生竹林。

　　小径丛生竹林:指成竹竹秆高度大于 6 m、竹秆胸径为 2~5 cm 的合轴丛生竹林。

　　复轴混生型竹林:指成竹竹秆高度大于 6 m、竹秆胸径大于 5 cm 的单轴和合轴混生的竹林。

　　小竹丛:是指成竹竹秆高度低于 2 m 或竹秆胸径小于 2 cm 的竹类植物群落。小竹丛不属于森林范畴。

　　竹林经营:本方法学中的"竹林经营"是指通过改善竹林生长营养条件,调整竹林结构(如竹种组成、经营密度、胸径、年龄、根鞭状况),从而改善竹林结构,促进竹林生长,提高竹林质量、竹材产量,同时增强竹林碳汇能力和其他生态和社会服务功能的经营活动。主要的竹林经营活动包括:促进竹林发笋、改善竹林结构、维护竹林健康、衰退竹林复壮、竹种更新调整,及其他综合措施等。

　　立竹(密)度:指单位面积内正常生长的竹子(病死竹、枯死竹、倒伏竹除外)的株数。

竹子择伐强度:指单位面积竹林内,采伐的竹子株数与伐前立竹株数之比。它与拟议项目竹子成熟择伐年龄和竹林留养的度数(年龄)结构有关。

竹林择伐更新周期:类似于乔木林的轮伐周期,指竹林通过不断的老竹择伐和新竹发育,其立竹实现全部更新一次所需的年数。在数值上与项目确定的竹子成熟择伐年龄一致。

(2)竹林碳汇项目。

基线情景:指在没有拟议的项目活动时,项目边界内的竹林经营活动的未来情景。

项目情景:指拟议的项目活动下的竹林经营情景。

项目边界:是指由拟议项目所在区域的林地拥有所有权或使用权的项目参与方(项目业主)实施竹林经营碳汇项目活动的地理范围,也包括竹产品生产地点。竹林经营活动可在若干个不同的地块上进行,但每个地块均应有明确的地理边界,该边界不包括位于两个或多个地块之间的林地。项目边界包括事前项目边界和事后项目边界。

事前项目边界:是在项目设计和开发阶段确定的项目边界,是计划实施项目活动的边界。

事后项目边界:是在项目监测时确定的、经过核实的、实际实施的项目活动的边界。

泄漏:指由拟议竹林经营碳汇项目活动引起的发生在项目边界之外的、可测量的温室气体排放的增加量。

计入期:指项目情景相对于基线情景产生额外的温室气体减排量的时间区间。

基线碳汇量:指在基线情景下项目边界内所选碳库中碳储量变化之和。

项目碳汇量:指在项目情景下项目边界内所选碳库中碳储量变化量,减去由拟议的竹林经营碳汇项目活动引起的项目边界内温室气体源排放的增加量。

项目减排量:指竹林经营碳汇项目活动引起的净碳汇量。项目减排量等于项目碳汇量减去基线碳汇量,再减去泄漏量。

额外性:指拟议的竹林经营碳汇项目活动产生的项目碳汇量高于基线碳汇量的情形。这种额外的碳汇量在没有拟议的竹林经营碳汇项目活动时是不会产生的。

(3)竹林碳。

碳库:包括地上生物量、地下生物量、枯落物、枯死木、土壤有机质和竹材产品碳库。

地上生物量:竹类地上部分的生物量,包括竹秆、竹枝、竹叶生物量。

地下生物量:竹类地下部分的生物量,包括竹篼、竹鞭、竹根生物量。

枯落物:土壤层以上,直径小于≤5.0 cm、处于不同分解状态的所有死生物量。包括凋落物、腐殖质,以及难以从地下生物量中区分出来的细根。

枯死木:枯落物以外的所有死生物量,对于本方法学,包括各种原因引起的枯立竹、枯倒竹,以及死亡腐烂的竹篼、竹根、竹鞭。

土壤有机质:指一定深度内(本方法学中为100 cm)矿质土中的有机质,包括不能从经验上从地下生物量中区分出来的活细根。

竹材产品碳库:指利用项目边界内收获的成熟竹材(主要指竹秆部分)而生产的竹产品,在项目期末或产品生产后30年(以时间长者为准)仍在使用或进入垃圾填埋的竹产品中的碳量。

土壤扰动：是指导致土壤有机碳降低的活动，如松土除草、深翻垦复、挖除竹箆竹鞭等活动。

7.2　竹林项目技术方法

7.2.1　边界确定和项目期及碳库和温室气体排放源选择

（1）项目边界确定。项目边界包括事前项目边界和事后项目边界。

事前项目边界是在项目设计和开发阶段确定的项目边界，是计划实施竹林经营项目活动的地理边界。可采用几种方式确定：①使用大比例尺地形图（比例尺不小于 1：10000）现场勾绘。②采用北斗或其他卫星导航系统测定边界。③利用高分辨率的地理空间数据，辅助信息系统读取地块边界坐标。

事后项目边界是在项目监测时确定的，用于项目核查、实施的活动的边界，面积测定允许误差小于 5%。

在项目审定时，项目参与方须提供所有项目地块的林地所有权或使用权的证据，如县（含县）级以上人民政府核发的林地权属证书或其他有效的证明材料。

（2）项目期和计入期选择。

项目期：是指实施项目活动的时间区间，活动开始日期原则上不应早于 2005 年 2 月 16 日。

计入期：是指项目活动相对于基线情景产生额外温室气体减排量的时间区间，计入期最短为 20 年，最长不超过 40 年。

（3）碳库和温室气体排放源选择。本方法学在项目边界内考虑或选择的碳库：地上生物量、地下生物量；不考虑的碳库：枯死木、枯落物；根据实际情况可能需考虑的碳库：土壤有机碳、竹材产品碳库。

本方法学对项目边界内的温室气体（CO_2、CH_4、N_2O）排放源的选择，其中 CO_2 排放已在碳储量变化中考虑，排放源选择不考虑；而 CH_4、N_2O 排放在竹林经营过程中，由于木本植被（包括竹类）生物质燃烧可引起显著排放，则需考虑。

7.2.2　基线情景和额外性论证

项目参与方须采用以下程序，论证项目活动是否具备额外性。

（1）普遍性做法分析。普遍性做法即项目参与方未开展此项目与拟议开展此项目比较中，在实施的所在区域、社会经济、生态条件、制度框架等相似活动的地区开展竹林造林与经营活动具有较大或者本质差异，项目活动即不是普遍性做法。项目活动不是普遍性做法，即被认定为在其计入期内具有额外性。

如果拟议的项目活动属于普遍性做法,项目参与方需要通过下述"障碍分析"来确定拟议的项目活动的基线情景并论证其额外性。

(2)障碍分析。项目参与方须提供文件证明,由于各种障碍因素的存在阻碍了在项目区实施普遍性做法或原有的森林经营方案,则项目情景具有额外性。这种情况下,基线情景为维持历史或现有的森林经营方式。

"障碍"是指实施障碍,项目参与方因财务障碍、技术障碍、机制障碍等因素缺乏足够资金、必要的经营技术、实施制度与实施组织限制影响项目活动开展,项目参与方实施存在一种或多种障碍,在分析中证明一种障碍存在即证明项目具有额外性。

7.3 竹林碳汇计量

7.3.1 基线碳划分与变化计量

(1)碳层划分。碳层划分包括"基线碳层划分"和"项目碳层划分"。

"基线碳层划分"根据项目边界内的竹林类型或竹种类型、竹林林分结构状况和基线经营技术措施来划分基线碳层。

"项目碳层划分"包括事前项目碳层划分和事后项目碳层划分。事前项目碳层根据拟实施的竹林经营措施类型和预期达到的目标竹林结构来划分。事后项目碳层根据各项目碳层上竹林经营管理活动实际发生的情况来划分。

(2)基线碳汇量。基线碳汇量是指在基线情景下(即没有拟议的竹林经营碳汇项目活动的情况下),项目边界内所选碳库中各碳层碳储量变化之和。本方法学主要仅考虑基线竹子生物量(地上和地下)、基线竹材产品、基线土壤有机质碳储量的变化。基线碳汇量计算方法如下:

$$\Delta C_{BSL,t} = \Delta C_{BAMBOO\_BSL,t} + \Delta C_{HBP\_BSL,t} + \Delta C_{SOC\_BSL,t} \tag{7-1}$$

式中:$\Delta C_{BSL,t}$ 为第 t 年基线碳汇量(tCO$_2$e/a);$\Delta C_{BAMBOO\_BSL,t}$ 为第 t 年时,项目边界内基线竹子生物质碳储量的年变化量(tCO$_2$e/a);$\Delta C_{SOC\_BSL,t}$ 为第 t 年时,项目边界内基线土壤有机碳储量的年变化量(tCO$_2$e/a);$\Delta C_{HBP\_BSL,t}$ 为第 t 年时,项目边界内基线情景下收获的竹材生产的竹产品碳储量的年变化量(tCO$_2$e/a);t 为项目活动开始以后的年数(a),$t=1,2,3,\cdots$。

(3)基线竹子生物质碳储量的变化。

$$\Delta C_{BAMBOO\_BSL,t} = \Delta C_{BAMBOO\_BSL,AB,t} + \Delta C_{BAMBOO\_BSL,BB,t} \tag{7-2}$$

式中:$\Delta C_{BAMBOO\_BSL,AB,t}$ 为第 t 年时,项目边界内基线竹子地上生物质碳储量的年变化量(tCO$_2$e/a);$\Delta C_{BAMBOO\_BSL,BB,t}$ 为第 t 年时,项目边界内基线竹子地下生物质碳储量的年变化量(tCO$_2$e/a)。

① 基线竹子地上生物质碳储量的变化。竹林生长发育分为竹林发育成林阶段、竹林成林稳定阶段。其中,发育成林阶段一般大径散生竹林 1～9 年,小径散生竹林 1～5 年,丛生竹 1～5 年,混生竹 1～6 年;成林稳定阶段,大径散生竹林从第 10 年开始,小径散生竹林从第 6 年开始,丛生竹第 6 年开始;混生竹从第 7 年开始。在竹林发育成林阶段,竹株数、平均胸径、平均竹高等都会发生显著的变化;而处于成林稳定阶段的竹林,因择伐、自然枯损、新竹生长等变化等,竹子地上生物量达到动态平衡状态。

② 基线竹子地下生物质碳储量的变化。在竹林生长发育和经营过程中,地下生物质碳储量需计算达到竹林成林结果稳定以及在这之后一个竹林择伐更新周期内的碳储量。竹林择伐后,通过竹林地上与地下生物量比,地下部分生物量通常还会持续增加,通过比例常数确定地下碳储量变化。而地下部分并未无限增加,达到一定年限后,地下碳储量停止或抑制生长,本方法学设定 2T(T:指基线情景下的竹林择伐更新周期或竹子成熟择伐年龄)作为时间年限,即自项目活动开始 2T 后,竹林地下生物量碳储量的增长为 0。

(4) 基线收获竹材产品的碳储量变化。竹林经营通常进行频繁择伐,而择伐的竹材中的碳以不同类型竹产品存储一定时间,并未立即排放到大气中。本方法学中竹材产品碳储量变化,是指利用项目边界内的竹材(竹秆部分),在项目期末仍在使用或进入垃圾填埋竹材产品的碳储量,而其他部分假定在生产竹产品时过程中立即排放。

(5) 基线土壤有机碳储量的变化。如果基线情景下是长期粗放管理并将延续粗放管理的竹林,则无需考虑其土壤有机碳储量变化,设为 0。

如果基线情景下是集约经营的竹林,则首先需要确定其采取集约经营措施的时间。如果长于 20 年,则其土壤有机碳储量视为进入了稳定状态,不考虑其变化,视为 0。如果短于 20 年,则需要确定已采取集约经营的时间,并估算至第 20 年时的土壤有机碳储量年变化,第 20 年后同样视作为 0。

7.3.2 项目碳汇量与减排量

项目碳汇量是指在项目情景下(拟议的竹林经营碳汇项目活动的情况下),项目边界内所选碳库中碳储量变化量,减去由拟议的竹林经营碳汇项目活动引起的温室气体排放的增加量。采用下式计算:

$$\Delta C_{\text{ACTUAL}, t} = \Delta C_{\text{PROJ}, t} - GHG_{\text{E}, t} \tag{7-3}$$

式中:$\Delta C_{\text{ACTUAL}, t}$ 为第 t 年项目碳汇量($tCO_2 e/a$);$\Delta C_{\text{PROJ}, t}$ 为第 t 年项目边界内所选碳库中碳储量年变化量($tCO_2 e/a$);$GHG_{\text{E}, t}$ 为第 t 年项目活动引起的温室气体排放的年增加量($tCO_2 e/a$);t 为项目活动开始以后的年数(a),$t = 1, 2, 3, \cdots$。

与基线情景一致,在项目情景下,本方法学主要考虑竹子生物量(地上和地下)、竹材产品、土壤有机质碳储量的变化,而不考虑枯死木、枯落物和林下灌木生物量(地上和地下)碳储量的变化。采用下述公式计算项目边界内所选碳库中碳储量的年变化量:

$$\Delta C_{\text{PROJ},\,t} = \Delta C_{\text{BAMBOO\_PROJ},\,t} + \Delta C_{\text{HBP\_PROJ},\,t} + \Delta C_{\text{SOC\_PROJ},\,t} \qquad (7-4)$$

式中：$\Delta C_{\text{PROJ},\,t}$ 为第 t 年项目边界内所选碳库的碳储量年变化量（tCO_2e/a）；$\Delta C_{\text{BAMBOO\_PROJ},\,t}$ 为项目情景下，第 t 年竹子生物质碳储量的年变化量（tCO_2e/a）；$\Delta C_{\text{HBP\_PROJ},\,t}$ 为项目情景下，第 t 年收获的竹材生产的竹产品碳储量的年变化量（tCO_2e/a）；$\Delta C_{\text{SOC\_PROJ},\,t}$ 为项目情景下，第 t 年土壤有机碳储量的年变化量（tCO_2e/a）；t 为竹林经营项目活动开始以来的年数（a），$t=1,2,3,\cdots$。

（1）项目竹子生物质碳储量的变化。

$$\Delta C_{\text{BAMBOO\_PROJ},\,t} = \Delta C_{\text{BAMBOO\_PROJ, AB},\,t} + \Delta C_{\text{BAMBOO\_PROJ, BB},\,t} \qquad (7-5)$$

式中：$\Delta C_{\text{BAMBOO\_PROJ, AB},\,t}$ 为第 t 年时，项目情景下项目边界内竹子地上生物质碳储量的年变化量（tCO_2e/a）；$\Delta C_{\text{BAMBOO\_PROJ, BB},\,t}$ 为第 t 年时，项目情景下项目边界内竹子地下生物质碳储量的年变化量（tCO_2e/a）。

（2）项目收获竹材产品的碳储量变化。在较长的项目期中，收获竹材生产竹产品中的碳将是竹林经营项目的主要碳汇来源。项目竹产品碳，是指在项目情景下，利用项目边界内收获的成熟竹材（主要指竹秆）而生产的竹产品，在项目期末或产品生产后 30 年（以时间长者为准）仍在使用或进入垃圾填埋的竹产品中的碳量，而其他部分则假定在生产竹产品时立即排放。

（3）项目土壤有机碳储量的变化。项目情景下土壤有机碳储量的变化可以参考第碳层划分（三）基线土壤有机碳储量的变化的有关假设条件，采用"土壤有机碳储量平均变化法"进行项目事前估算。

具体方法是在项目开始前，可以在当地或附近气候、立地条件相似地区选择一块与项目目标竹林结构相近的集约经营竹林和另一块处于粗放管理的竹林，采用国家规定的标准操作程序，分别测定出两块竹林土壤有机碳密度，比较二者之间的差异，再根据集约经营竹林的经营历史，利用"土壤有机碳储量平均变化法"进行项目土壤有机碳储量变化的事前估算。

如果可以确定项目开始时，与目标林分结构相近且实施集约经营的竹林经营历史（时间）。则根据已采取集约经营的时间，估算至第 20 年时的土壤有机碳储量年变化，第 20 年后土壤有机碳储量年变化视作为零。

（4）项目边界内温室气体排放的估计。对于项目事前估计，由于无法预测项目边界内的火灾发生情况，因此可以不考虑森林火灾造成的项目边界内温室气体排放，即 $GHG_{\text{E},\,t}$ 为 0。

对于项目事后估计，项目活动引起的项目边界内温室气体排放的增加量只考虑森林火灾导致的竹林地上生物质燃烧引起的非 CO_2 温室气体排放的增加量。

（5）泄漏。根据本方法学的适用条件，项目活动不存在潜在泄漏。即 $LK_t = 0$。

（6）项目减排量。竹林经营碳汇项目活动产生的项目减排量等于项目碳汇量，减去基线碳汇量，再减去泄漏量，即：

$$\Delta C_{\text{NET},\,t} = \Delta C_{\text{ACTUAL},\,t} - \Delta C_{\text{BSL},\,t} - LK_t \qquad\qquad (7-6)$$

式中：$\Delta C_{\text{NET},\,t}$ 为第 t 年项目减排量（tCO_2e/a）；$\Delta C_{\text{ACTUAL},\,t}$ 为第 t 年项目碳汇量（tCO_2e/a）；$\Delta C_{\text{BSL},\,t}$ 为第 t 年基线碳汇量（tCO_2e/a）；LK_t 为第 t 年竹林经营项目活动引起的泄漏量（tCO_2e/a）；t 为项目活动开始以后的年数（a），$t=1,\ 2,\ 3,\ \cdots$。

7.4　项目实施监测程序

除非在监测数据/参数表中另有要求，本方法学涉及的所有数据，包括所使用的工具中所要求的监测项，均须按相关标准进行全面的监测和测定。监测过程中收集的所有数据都须以电子版和纸质方式存档，直到计入期结束后至少两年。

首次监测期至少 3 年，其后每次监测和核查的间隔时间应在 3～10 年内选择。

每期监测时，如遇上择伐年，要统一选在竹笋长成新竹后和竹材采伐收获前进行。

7.4.1　项目实施监测

（1）基线碳汇量的监测。基线碳汇量在项目事前进行确定。一旦项目被审定和注册，在项目计入期内就是有效的。项目参与方可选择在计入期内不再对其进行监测。在既定的经营水平下，竹林林分结构稳定，竹林生物质（地上，地下）碳储量、竹林土壤有机质碳储量等主要碳库的变化均比较确定和稳定，波动不大，基线碳汇量可以不进行监测。

（2）项目边界的监测。①采用 GPS、北斗或其他卫星导航系统，进行单点定位或差分技术直接测定项目地块的边界坐标。也可利用大比例尺地形图（不小于 1∶10 000）或高分辨率的地理空间数据（如卫星影像、航片），在地理信息系统（GIS）辅助下直接读取项目地块的边界坐标。在监测报告中说明所使用的地理空间数据的坐标系统和仪器设备的定位精度。②检查实际项目边界坐标是否与竹林经营 PDD 中描述的边界一致。③如果实际边界位于 PDD 描述的边界之外，则位于 PDD 确定的边界外的部分将不计入项目边界中。④将测定的项目边界及各碳层地块边界拐点坐标落实到地理信息系统底图中，计算项目地块及各碳层的面积。⑤在计入期内须对项目边界进行定期监测，如果项目边界发生任何变化，例如发生毁林和土地利用方式变更，应测定毁林和变更地块的地理坐标和面积，在下次核查中予以说明。毁林或变更部分地块将调出项目边界之外，之后不再监测，也不能重新纳入项目边界内。但是，如果调出项目边界的地块以前进行过核查，其前期经核查的碳储量应保持不变并纳入碳储量变化的计算中。

（3）项目活动的监测。在项目期内，主要监测项目所采取的竹林经营活动以及各种原因引起的项目边界内的毁林及土地利用方式变更情况：①竹林经营管理监测：松土、除草、施肥等活动的时间和地点。②竹林采笋择伐监测：采笋、择伐等项目活动的时间和地点。③采伐竹材去向监测:竹材主要去向及用于加工各类竹产品的比例。④项目边界内森林灾害(毁林、林火、病虫害)等发生的时间、地点、强度等情况。⑤项目边界内的地块土地利用方式发生变更的时间、地点和原因。⑥确保竹子经营各项活动符合本方法学的适用条件(如控制土壤的扰动水平)。

项目参与方须在项目文件中描述,项目所采取的竹林经营活动及其监测,符合中国竹林经营的相关技术标准要求和森林资源清查的技术规范。项目参与方在其监测活动中须制定标准操作程序(SOP)及质量保证和质量控制程序(QA/QC),包括野外数据的采集、数据记录、管理和存档。最好是采用国家森林资源清查或 IPCC 指南中的标准操作程序。

7.4.2 项目碳层更新和抽样设计

(1) 项目碳层更新。由于下述原因,每次监测时须对项目事前或上一次监测划分的碳层进行更新:①实际的竹子经营活动措施可能与项目设计地发生偏离。②计入期内可能发生无法预计的干扰(如林火),从而增加碳层内的变异性。③竹林经营管理活动(如择伐、施肥、翻耕)活动影响了项目碳层内的均一性。④发生土地利用变化(项目地转化为其他土地利用方式)。⑤过去的监测发现层内碳储量及其变化存在变异性。可将变异性太大的碳层细分为两个或多个碳层,或者将碳储量和碳储量变化及其变异性相近的两个或多个碳层合并为一个碳层。⑥某些事前或前一次监测划分的碳层可能不复存在。

(2) 项目抽样设计。项目参与方须基于固定样地的连续测定方法,采用碳储量变化法,测定和估计竹林生物质碳库中碳储量的变化。本方法学要求在 90% 可靠性水平下,达到 90% 的监测精度。竹林生物质碳库中碳储量的变化监测所需的样地数量,可以采用如下方法进行计算:

$$n = \left(\frac{t_{\text{VAL}}}{E}\right)^2 \times \left(\sum_i W_i \times S_i\right)^2 \qquad (7-7)$$

式中:n 为项目边界内估算生物质碳储量所需的监测样地数量;t_{VAL} 可靠性指标;在一定的可靠性水平下,自由度为无穷(∞)时查 t 分布;w_i 为项目边界内第 i 碳层的面积权重;s_i 为项目边界内第 i 碳层生物质碳储量估计值的标准差(tC/hm^2);E 为项目生物质碳储量估计值允许的绝对误差限(tC/hm^2);i 为 1, 2, 3, …项目碳层 i。

分配到各层的监测样地数量,采用最优分配法按以下公式进行计算:

$$n_i = n \times \frac{w_i \times s_i}{\sum_i w_i \times s_i} \qquad (7-8)$$

式中:n_i 为项目边界内第 i 碳层估算生物质碳储量所需的监测样地数量;n 为项目边界内估算生物质碳储量所需的监测样地数量;w_i 为项目边界内第 i 碳层的面积权重;s_i 为

项目边界内第 i 碳层生物质碳储量估计值的标准差(tC/hm^2）；i 为 1，2，3，…项目碳层 i。

（3）样地设置与监测。①在各项目碳层内，样地的空间分配采用随机或等距布点。样地大小为 $0.04 \sim 0.06 \, hm^2$，样地形状为方形（正方形、长方形）或圆形。②样地采用全站仪或罗盘仪测设，做好引线记录，并在样地四个角设立明显的固定标志；在圆形样地中心设立明显的固定标志。③样地设置后，需详细记录样地的行政位置、小地名和样地中心点的 GPS 坐标，以及竹种（组）名称，样地林分结构等信息。④项目参与方须确定首次监测和核查的时间以及间隔期。监测和核查的间隔期为 $3 \sim 10$ 年。⑤样地内的经营方式与项目边界内样地以外林分的经营方式保持一致。除在监测期开展样地林分调查测定外，监测期间样地内的每次择伐情况要进行详细记录。

7.4.3　竹林生物质碳储量变化的测定

根据竹林的经营采伐利用特点，竹林生物质碳储量的测定和计算步骤如下：

第一步：对于散生竹，测定样地内每株竹秆的胸径（DBH）、竹高（H）和竹龄（T）。对于丛生竹，测定样地内竹子丛数及每丛的立竹株数、平均胸径、平均高度。项目边界内原有的散生木不包括在测定范围之内。

第二步：对于散生竹，利用单株生物量方程（生物量与胸径、竹龄）或（生物量与胸径、竹高）逐株计算地上生物量；对于丛生竹，利用单丛生物量方程（生物量与株数、平均胸径、平均高度）计算每丛竹子的生物量。再根据该竹种含碳率计算单株或单丛的碳储量。

第三步：计算各样地内竹林生物质碳储量，可选择以下两种方法之一进行。

方法 I：不考虑监测期间择伐竹子留存于林地中的竹兜、竹根生物质碳储量。

$$C_{BAMBOO, p, i, t} = C_{BAMBOO\_AB, p, i, t} \times (1 + R_j) \tag{7-9}$$

式中：$C_{BAMBOO, p, i, t}$ 为第 t 年时，i 项目碳层 p 样地内竹林生物质碳储量（tCO_2e）；$C_{BAMBOO\_AB, p, i, t}$ 为第 t 年时，i 项目碳层 p 样地内竹子地上生物质碳储量（tCO_2e）；R_j 为 j 竹种（组）平均地下生物量与平均地上生物量之比；t 为项目活动开始以后的年数（a），$t = 1$，2，3，…。

方法 II：考虑监测期间择伐竹子留存于林地中的竹兜、竹根生物质碳储量。

$$C_{BAMBOO, p, i, t} = \begin{cases} C_{BAMBOO\_AB, p, i, t} \times (1 + R_j) + \dfrac{(C_{BAMBOO\_AB, p, i, t_1} + C_{BAMBOO\_AB, p, i, t_2}) \times IC_{i, j} \times NC_{i, j} \times R_{P, j}}{2} & \text{当 } t \leqslant 2T_j \\ C_{BAMBOO\_AB, p, i, t} \times (1 + R_j) & \text{当 } t > 2T_j \end{cases}$$

$$\tag{7-10}$$

式中：$C_{\text{BAMBOO},p,i,t}$ 为第 t 年时，i 项目碳层 p 样地内竹林生物质碳储量（tCO_2e）；$C_{\text{BAMBOO\_AB},p,i,t}$ 为第 t 年时，i 项目碳层 p 样地内竹子地上生物质碳储量（tCO_2e）；$C_{\text{BAMBOO\_AB},p,i,t_2}$ 为本期监测时（第 t_2 年）i 项目碳层 p 样地内竹子地上生物质碳储量（tCO_2e）；$C_{\text{BAMBOO\_AB},p,i,t_1}$ 为前一期监测时（第 t_1 年）i 项目碳层 p 样地内竹子地上生物质碳储量（tCO_2e）；$iC_{i,j}$ 为项目情景下，i 碳层 j 竹种（组）的竹子择伐强度；$NC_{i,j}$ 为 2 次监测期间（第 t_1 年至第 t_2 年）i 碳层 j 竹种（组）的择伐次数；R_j 为 j 竹种（组）平均地下生物量与平均地上生物量之比；$R_{P,j}$ 为 j 竹种（组）平均单株地下部分生物量（竹兜、竹根）与地上生物量（竹秆、竹枝、竹叶）之比；T_j 为项目情景下，j 竹种（组）的竹林择伐更新周期（a）；t 为 1，2，3，…项目活动开始以后的年数（a）。

第四步：计算项目各碳层单位面积平均碳储量：

$$C_{\text{BAMBOO},i,t} = \frac{\sum_{p=1}^{n_i} C_{\text{BAMBOO},p,i,t}}{n_i \times A_p} \tag{7-11}$$

$$s_{i,t}^2 = \frac{n_i \times \sum_{p=1}^{n_j} C_{\text{BAMBOO},p,i,t}^2 - \left(\sum_{p=1}^{n_j} C_{\text{BAMBOO},p,i,t}\right)^2}{n_i \times (n_i - 1)} \tag{7-12}$$

式中：$C_{\text{BAMBOO},i,t}$ 为第 t 年时，i 项目碳层单位面积竹林生物质碳储量（tCO_2e/hm^2）；$C_{\text{BAMBOO},p,i,t}$ 为第 t 年时，i 项目碳层 p 样地内竹林生物质碳储量（tCO_2e）；n_i 为 i 项目碳层的样地数量；$s_{i,t}^2$ 为第 t 年时，i 项目碳层单位面积竹林生物质碳储量的方差（tCO_2e/hm^2）^{2}；A_p 为样地面积（hm^2）。

第五步：计算项目边界内单位面积竹林生物质碳储量及其方差：

$$C_{\text{BAMBOO},t} = \sum_{i=1}^{M} W_i \times C_{\text{BAMBOO},i,t} \tag{7-13}$$

$$s_{C_{\text{BAMBOO},t}}^2 = \sum_{i=1}^{M} w_i^2 \times s_{i,t}^2 \tag{7-14}$$

式中：$C_{\text{BAMBOO},t}$ 为第 t 年时，项目边界内单位面积竹林生物质碳储量（tCO_2e/hm^2）；w_i 为碳层 i 在项目总面积中的面积权重；$C_{\text{BAMBOO},i,t}$ 为第 t 年时，i 项目碳层单位面积竹林生物质碳储量（tCO_2e/hm^2）；$s_{C_{\text{BAMBOO},t}}^2$ 为第 t 年时，项目单位面积竹林生物质碳储量的方差[（tCO_2e/hm^2）^{2}]；$s_{i,t}^2$ 为第 t 年时，i 项目碳层单位面积竹林生物质碳储量的方差[（tCO_2e/hm^2）^{2}]；M 为项目碳层数量。

第六步：计算项目边界内竹林生物质碳储量：

$$C_{\text{BAMBOO},\text{PROJ},t} = A \times C_{\text{BAMBOO},t} \tag{7-15}$$

式中：$C_{\text{BAMBOO},\text{PROJ},t}$ 为第 t 年时，项目边界内竹林生物质碳储量（tCO_2e）；A 为项目总面积（hm^2）；$C_{\text{BAMBOO},t}$ 为第 t 年时，项目边界内单位面积竹林生物质碳储量（$tCO_2e/$

hm^2)。

第七步:计算项目单位面积竹林生物质碳储量的不确定性(相对误差限):

$$UNC_{BAMBOO,\,t} = \frac{t_{VAL} \times s_{C_{BAMBOO,\,t}}}{C_{BAMBOO,\,t}} \qquad (7-16)$$

式中:$UNC_{BAMBOO,\,t}$ 为以抽样调查的相对误差限(%)表示的项目单位面积竹林生物质碳储量的不确定性(%);t_{VAL} 为可靠性指标:通过危险率(1-置信度)和自由度($n-M$)查 t 分布的双侧分位数表,其中 n 为项目样地总数,M 为项目碳层数量。例如:置信度 90%,自由度为 30 时的可靠性指标可在 excel 中用"=TINV(0.10,30)"计算得到 1.6973;$s_{C_{BAMBOO,\,t}}$ 为项目单位面积竹林生物质碳储量的方差的平方根,即平均值的标准误差(tCO_2e/hm^2)。

7.4.4 项目收获竹材竹产品碳储量变化的测定

可以采用以下方法之一进行估算测定监测期间采伐收获的竹秆干重生物量:

(1)根据样地监测获得的前后 2 期(t_1 和 t_2,且 $t_1 \leqslant t \leqslant t_2$)地上生物质碳储量或竹秆干重生物量,估算监测期间采伐收获的竹秆干重生物量。

(2)详细记录监测期内样地内采伐收获的单位面积竹秆干重生物量(鲜重生物量通过含水率换算成干重生物量),再根据样地面积及项目总面积获得监测期内采伐收获的总竹秆干重生物量。

获得监测期间采伐收获的竹秆干重生物量后,再根据项目收获竹材产品的碳储量变化部分公式计算测定监测期内项目竹产品的碳储量变化。

7.4.5 项目土壤有机碳储量变化的测定

在每个监测样地的中心和四个角点分别设立采样点分层采取土壤,按土层充分混合后,用四分法分别取 200～300 g 土壤样品,去除全部直径大于 2 mm 石砾、根系和其他死有机残体,带回实验室风干、粉碎,过 2 mm 筛,采用碳氮分析仪测定土壤有机碳含量(也可用其他方法测定土壤有机碳含量,但每次监测使用的土壤有机碳分析方法应相同)。

同时,在每个采样点,用环刀分层各取原状土样一个,称土壤湿重,估计直径大于 2 mm 石砾、根系和其他死有机残体的体积百分比(%)。每个采样点每层取 1 个混合土样,带回室内 105 ℃烘干至恒重,测定土壤含水率,或用野外土壤含水率测定仪(如 TDR)现场测定每个采样点各土层的土壤含水率。计算环刀内土壤的干重和各土层平均容重。

由于土壤有机碳监测成本高、不确定性大。在项目监测阶段,土壤有机碳储量变化量也可以采用经审定的 PDD 中确定的土壤碳储量变化量。

7.4.6 项目边界内温室气体排放增加量的监测

根据监测计划,详细记录项目边界内每一次森林火灾(如果有)发生的时间、面积、地理边界等信息,计算项目边界内森林火灾导致的竹林地上生物质燃烧引起的非 CO_2 温室气体排放的增加量($GHG_{E,t}$)。

7.5 项目监测精度与参数

7.5.1 监测精度控制和校正

本方法学仅要求对竹林生物质碳储量的监测精度进行控制,要求在 90% 可靠性水平下,达到 90% 的精度。如果不确定性 $UNC_{BAMBOO,t} > 10\%$,项目参与方可通过增加样地数量,从而使测定结果达到精度要求,也可以选择下述打折的方法:

$$\Delta C_{BAMBOO,PROJ,t_1,t_2} = (C_{BAMBOO,PROJ,t_2} - C_{BAMBOO,PROJ,t_1}) \times (1 - DR) \quad (7-17)$$

式中:$\Delta C_{BAMBOO,PROJ,t_1,t_2}$ 为时间区间 $t_1 - t_2$ 内,竹林生物质碳储量的变化量(tCO_2e);$C_{BAMBOO,PROJ,t_1}$ 为第 t_1 年时,竹林生物质碳储量(tCO_2e);$C_{BAMBOO,PROJ,t_2}$ 为第 t_2 年时,竹林生物质碳储量(tCO_2e);DR 根据项目的不确定性确定的调减因子($\%$),数值见表 $7-1$。

表 7-1 调减因子表

不确定性 UNC_{BAMBOO}	DR	
小于或等于 10%	0	0
大于 10%小于 20%	6%	-6%
大于 20%小于 30%	11%	-11%
大于或等于 30%	增加监测样地数量	

7.5.2 不需监测的数据和参数

不需要监测的数据和参数,包括那些可以使用缺省值或只需要一次性测定即可确定的参数和数据。本书描述涉及不监测的数据和参数详见《竹林碳汇项目方法学》(版本号 V01)7.3。

7.5.3　需要监测的数据和参数

项目参与方须对计算中所列参数进行监测。本书描述涉及需监测的数据和参数详见《竹林碳汇项目方法学》(版本号 V01)7.3。

主要竹林经营活动	具体经营措施
促进竹林发笋	适时松土垦复,清除土中障碍物,改善竹林生长环境,促进竹鞭生长,有利于多发笋多长竹;控制竹林内其他植被的营养竞争;适时适量施用竹林专用肥,促进竹林发笋和培笋
改善竹林结构	控制挖笋对象,伐除浅层笋和衰退笋,伐密留疏,伐弱留强,选择粗壮笋留养新竹;降低挖笋强度,在调整优化阶段,挖笋数应低于发笋数量的30%,在结构稳定阶段,挖笋数应低于发笋数量的50% 在调整优化阶段,清理采伐风倒竹、雪压竹、病虫竹,优化竹林的径阶结构、年龄结构,以及空间结构,使之分布均匀,提高大径竹的比例 通过留养小年笋和小年竹,把大小年明显的竹林逐步改为年均衡发笋长竹的花年竹林(即竹林中部分竹子处于大年而另一部分处于小年;第二年则反之,竹林中每年出笋成竹量接近),以充分利用太阳光能和每年有稳定的竹材与竹笋产量
维护竹林健康	做好竹林病虫害防治;加强护林防火,预防竹林火灾的发生;采伐时间选择在冬季竹子生理活动减弱时进行,减轻对竹林竹秆、竹鞭、竹根系统的损伤
竹种更新调整	把固碳能力弱、综合效益差的竹种更新改造为固碳能力强、综合效益好的竹种;以生产竹笋为主的笋用林和笋材两用林逐渐向以竹材利用为主的材用竹林过渡,提高竹林的立竹度和平均胸径
稳定土壤碳库	竹林碳汇经营需要采取土壤稳碳措施:严格控制土壤扰动频次,土壤扰动每 2 年不超过 1 次;减轻对土壤的扰动强度,每次扰动面积不超过 50%或当地普遍性做法,同时下一次扰动时,松土带与保留带轮流作业松土;及时揭去竹林内的覆盖物,减少土壤呼吸 CO_2、N_2O 等温室气体排放;增施竹林生物质焦炭等外源物质,起到竹林土壤稳碳增汇效果

7.6　竹林碳汇开发应用实例

7.6.1　顺昌县国有林场竹林经营碳汇项目

(1) 项目活动概述。2010 年 1 月 15 日开始竹林经营碳汇项目,项目竹林面积 2278.5 hm²,分布在顺昌县国有林场下属官墩、大历、岚下、高阳、武坊、七台山、九龙山、曲村8个基层采育场。在30年计入期内,预计产生减排量为259180 tCO_2e,年均减排量为8639 tCO_2e。本项目第一次监测期覆盖日期为2010年1月15日至2017年1月14日,根据对27块样地的监测结果,经计算实际产生的减排量为119415 tCO_2e。

(2)项目活动计入期。计入期类别:固定计入期。计入期:30年。自2010年1月15日起,至2040年1月14日止。

(3)备案项目活动实施情况描述。顺昌国有林场于2010年1月15日开始竹林经营碳汇项目,项目竹林面积2278.5 hm^2,在本监测期,没有发生影响方法学适用性的情况,未发生森林火灾、毁林等破坏项目区的情况,也未发生病虫害等危害森林的灾害,项目总体实施情况良好,实际竹林经营面积与PDD中描述面积相同。项目活动经营措施:采取生态化适度集约经营模式,采用的具体竹林经营措施主要包括劈杂、松土除草、施肥、留笋、采伐、林地垦复和维持竹林健康等。

(4)温室气体减排量(或人为净碳汇量)的计算。①基准线碳汇量(或基准线人为净碳汇量)的计算。本项目在编制PDD时,通过合理证据认定了事前预估基线碳汇量为76032 tCO_2e,项目在通过审定和备案(注册)后,在项目计入期内是有效的,因此不需要对基线碳汇量进行监测。项目实际人为净碳汇量的计算,根据监测数据得到第一监测期内项目碳汇量,见表7-2。

表7-2 项目碳汇量

时间	竹林碳储量年变化量/(tCO_2e/a)	温室气体排放量的增加量/(tCO_2e/a)	项目碳汇量/(tCO_2e/a)
2010年1月15日—2011年1月14日	27921	0	27921
2011年1月15日—2012年1月14日	27921	0	27921
2012年1月15日—2013年1月14日	27921	0	27921
2013年1月15日—2014年1月14日	27921	0	27921
2014年1月15日—2015年1月14日	27921	0	27921
2015年1月15日—2016年1月14日	27921	0	27921
2016年1月15日—2017年1月14日	27921	0	27921
合计	195447	0	195447

计算项目总体平均数(平均单位面积竹子生物质碳储量估计值)及其方差、标准误差、调减因子表。抽样调查结果满足《方法学》抽样精度的要求(抽样精度>90%),不需要进行精度校正。项目碳储量估计表详见表7-3。

表 7-3　项目碳储量估算表

项　　　目	数量	单位
固定样地数	27	个
项目碳层数	5	层
可靠性指标(tval)	1.697 3	—
项目经营竹子单位面积碳储量估计值	191.85	tCO_2e/hm^2
项目经营竹子单位面积碳储量估计值的方差	4.16	CO_2e/hm^2
标准差	2.04	CO_2e/hm^2
不确定性	1.81	%
抽样调查精度	98.19	%
项目开始至 2017 年 1 月 14 日竹子生物质碳储量估计值	437 131	tCO_2e

本项目第一监测期生物质碳储量为 437 131 tCO_2e,第一监测期初(2010 年 1 月)基线生物质碳储量为 241 683 tCO_2e,所以第一监测期内项目边界生物质碳储量变化量为 195 447 tCO_2e。计算得到本监测期内(共 7 年)年均的项目边界内竹子生物质碳储量的年变化量为 27 921 tCO_2e/a。②项目减排量(或人为净碳汇量)的计算。项目活动所产生的减排量,等于项目碳汇量减去基线碳汇量,再减去泄漏量。计算结果见表 7-4。

表 7-4　项目减排量

计入期	基线碳汇量 /(tCO_2e/a)	项目碳汇量 /(tCO_2e/a)	泄漏 /(tCO_2e/a)	项目减排量 /(tCO_2e/a)	项目减排量累计/(tCO_2e/a)
2010 年 1 月 15 日— 2011 年 1 月 14 日	19 008	27 921	0	8 913	8 913
2011 年 1 月 15 日— 2012 年 1 月 14 日	0	27 921	0	27 921	36 834
2012 年 1 月 15 日— 2013 年 1 月 14 日	19 008	27 921	0	8 913	45 747
2013 年 1 月 15 日— 2014 年 1 月 14 日	0	27 921	0	27 921	73 668
2014 年 1 月 15 日— 2015 年 1 月 14 日	19 008	27 921	0	8 913	82 581
2015 年 1 月 15 日— 2016 年 1 月 14 日	0	27 921	0	27 921	110 502

计入期	基线碳汇量 /(tCO$_2$e/a)	项目碳汇量 /(tCO$_2$e/a)	泄漏 /(tCO$_2$e/a)	项目减排量 /(tCO$_2$e/a)	项目减排量累 计/(tCO$_2$e/a)
2016 年 1 月 15 日— 2017 年 1 月 14 日	19 008	27 921	0	8 913	119 415
合计	76 032	195 447	0	119 415	—

（5）精度控制与校正。根据《方法学》要求,竹子平均生物质最大允许相对误差需小于或等于 10%,本项目抽样调查精度已达到 98.19%,抽样误差（1.81%）小于允许抽样误差（10%）,完全达到《方法学》规定的抽样精度要求。因此,本监测报告不需要进行精度校正。

（6）对实际减排量（或净碳汇量）与备案 PDD 中预计值的差别的说明见表 7-5。

表 7-5　PDD 预计值与实际减排量对比

项目	PDD 预计值/tCO$_2$e	本监测期内项目实际减排量或净碳汇量/tCO$_2$e
减排量或净碳汇量	178 942	119 415

本次监测期内实际减排量小于备案 PDD 中的预估值,主要原因是 PDD 中项目情景下的目标竹林结构根据《福建省顺昌县国有林场竹林经营方案》设定,立竹密度和平均胸径目标设定值较高,而在第一监测期立竹密度和平均胸径大部分未达到目标设定值。由于立竹密度和平均胸径与竹林碳储量变化量成正比,因此第一监测期未达到设定目标的情况下,实际减排量小于备案 PDD 中的预估值。

7.6.2　德化县三八林场竹林经营碳汇项目

（1）项目活动概述。项目于 2007 年 1 月 1 日开始竹林经营碳汇项目,项目竹林面积 5 221 hm^2,分布在春美乡、桂阳乡、雷锋镇、南埕镇、上涌乡、水口镇、汤头乡、杨梅乡等 8 个乡镇。在 20 年计入期内,预计产生减排量为 480 208 tCO$_2$e,年均减排量为 24 010.4 tCO$_2$e。本项目第一次监测期覆盖日期为 2007 年 1 月 1 日至 2017 年 4 月 30日,根据对 81 块样地的监测结果,经计算实际产生的减排量为 436 603 tCO$_2$e。

项目减排量于生态环境厅公布备案（关于拟对德化县三八林场等 5 个 FFCER 林业碳汇项目及减排量备案的公示）。

（2）项目活动计入期。计入期类别:固定计入期。计入期:20 年（自 2007 年 1 月 1日起,至 2026 年 12 月 31 日止）。

（3）项目活动的实施。项目竹林面积 5 221 hm^2,竹林为高度 2 m 以上散生大径竹,林分郁闭度在 0.20 以上,单片面积大于 0.066 7 hm^2,分布在春美乡、桂阳乡、雷锋镇、南埔镇、上涌乡、水口镇、汤头乡、杨梅乡等 8 个乡镇。在本监测期,没有发生影响方法学适用性的情况,未发生森林火灾、毁林等破坏项目区的情况,也未发生病虫害等危害森林的灾害。

项目活动经营措施:采取生态化适度集约经营模式,采用的具体竹林经营措施主要包括:施肥、割灌除草、留笋养竹、采伐、林地垦复和适度钩梢、黑光灯诱杀害等措施。

(4) 温室气体减排量(或人为净碳汇量)的计算。①基准线碳汇量(或基准线人为净碳汇量)的计算。本项目在编制 PDD 时,通过合理证据认定了事前预估基线碳汇量 154 010 tCO_2e,项目在通过审定和备案(注册)后,在项目计入期内是有效的,因此不需要对基线碳汇量进行监测。②项目排放量(或实际人为净碳汇量)的计算。计算项目总体平均数(平均单位面积林木生物质碳储量估计值)及其方差、标准误差、调减因子表。抽样调查结果满足《方法学》抽样精度的要求(抽样精度>90%),不需要进行精度校正。项目碳储量估计表详见表 7-6。

表 7-6　项目碳储量估算表

项　　　目	数量	单位
固定样地数	81	个
项目碳层数	27	层
可靠性指标(tval)	1.674	—
项目经营林木单位面积碳储量估计值	165.3	tCO_2e/hm^2
项目经营林木单位面积碳储量估计值的方差	26.5	CO_2e/hm^2
标准误差(标准误)	5.14	CO_2e/hm^2
相对误差限(不确定性)	5.21	%
抽样调查精度	94.79	%
项目至 2017 年 4 月 30 日林木生物质碳储量估计值	863 118.78	tCO_2e

本项目第一监测期生物质碳储量为 863 118.78 tCO_2e,第一监测期初(2007 年 1 月)基线生物质碳储量为 272 505.45 tCO_2e,所以第一监测期内项目边界生物质碳储量变化量为 590 613.33 tCO_2e。根据本报告计算得到本监测期内(共十年零四个月)年均的项目边界内竹子生物质碳储量的年变化量 57 156.13 tCO_2e/a。③减排量(或人为净碳汇量)的计算。项目活动所产生的减排量,等于项目碳汇量减去基线碳汇量,再减去

泄漏量。计算结果见表 7-7。

表 7-7　项目减排量一览表

计入期	基线碳汇量 /(tCO₂e/a)	项目碳汇量 /(tCO₂e/a)	泄漏 /(tCO₂e/a)	项目减排量 /(tCO₂e/a)	项目减排量累 计/(tCO₂e/a)
2007 年 1 月 1 日—2007 年 12 月 31 日	6 092.79	57 156.13	0	51 063.34	51 063.34
2008 年 1 月 1 日—2008 年 12 月 31 日	24 303.03	57 156.13	0	32 853.10	83 916.44
2009 年 1 月 1 日—2009 年 12 月 31 日	6 092.79	57 156.13	0	51 063.34	134 979.78
2010 年 1 月 1 日—2010 年 12 月 31 日	24 303.03	57 156.13	0	32 853.10	167 832.88
2011 年 1 月 1 日—2011 年 12 月 31 日	6 092.79	57 156.13	0	51 063.34	218 896.22
2012 年 1 月 1 日—2012 年 12 月 31 日	24 303.03	57 156.13	0	32 853.10	251 749.33
2013 年 1 月 1 日—2013 年 12 月 31 日	6 092.79	57 156.13	0	51 063.34	302 812.67
2014 年 1 月 1 日—2014 年 12 月 31 日	24 303.03	57 156.13	0	32 853.10	335 665.77
2015 年 1 月 1 日—2015 年 12 月 31 日	6 092.79	57 156.13	0	51 063.34	386 729.11
2016 年 1 月 1 日—2016 年 12 月 31 日	24 303.03	57 156.13	0	32 853.10	419 582.21
2017 年 1 月 1 日—2017 年 4 月 30 日	2 030.93	19 052.04	0	17 021.11	436 603.32
合计	154 010.01	590 613.33	0	436 603.32	436 603.32

（5）精度控制与校正。根据《方法学》要求，竹子平均生物质最大允许相对误差需小于或等于 10%，本项抽样调查精度已达到 94.7%，抽样误差（5.2%）小于允许抽样误差（10%），完全达到《方法学》规定的抽样精度要求。因此，本监测报告不需要进行精度校正。

（6）对实际减排量（或净碳汇量）与备案 PDD 中预计值的差别的说明，见表 7-8。

表 7-8　PDD 预计值与实际减排量对比

项目	PDD 预计值/tCO_2e	本监测期内项目实际减排量或净碳汇量/tCO_2e
减排量或净碳汇量	388 651	436 603

对实际减排量(或净碳汇量)与备案 PDD 中预计值的差别的说明对实际减排量(或净碳汇量)与备案 PDD 中预计值的差别的说明本次监测期内实际减排量大于备案 PDD 中的预估值。原因主要如下:①因为 PDD 中,项目情境下的目标立竹度根据《德化县竹林经营发展规划(2007—2026 年)》进行预估,实际生长速度与模拟生长速度有所差异属于正常情况。②由于林场对项目边界内竹林地进行抚育措施,导致项目实际减排量大于设计文件中的预估值,间接证明项目达到了预期的经营目标。

7.6.3　长汀楼子坝国有林场竹林经营碳汇项目

(1) 项目活动概述。项目于 2005 年 10 月 1 日开始竹林经营碳汇项目,项目竹林面积 2 625.83 hm^2,分布在长汀县的古城镇、四都镇、童坊镇和涂坊乡等 4 个乡镇。在 20 年的计入期内,预计产生减排量为 236 456.96 tCO_2e,年均减排量为 11 822.85 tCO_2e。本项目第一次监测期覆盖日期为 2005 年 10 月 1 日至 2017 年 9 月 30 日,根据对 24 块样地的监测结果,经计算实际产生的减排量为 148 993.65 tCO_2e。

长汀楼子坝国有林场竹林经营碳汇项目减排量备案数据来源于"生态环境厅关于拟对长汀楼子坝国有林场竹林经营碳汇项目等 3 个项目及减排量备案的公示"。

(2) 项目活动计入期。计入期类别:固定计入期。计入期:20 年(2005 年 10 月 1 日起,至 2025 年 9 月 30 日止)。

(3) 项目活动的实施。楼子坝国有林场是全省毛竹林面积最大的国有林场,竹林资源非常丰富。于 2005 年 10 月 1 日开始竹林经营碳汇项目,项目竹林面积 2 625.83 hm^2,竹林为高度 2 m 以上散生大径竹,林分郁闭度在 0.20 以上,单片面积大于 0.066 7 hm^2,该项目分布在古城镇、四都镇、童坊镇和涂坊乡等 4 个乡镇,在本监测期,没有发生影响方法学适用性的情况,未发生森林火灾、毁林等破坏项目区的情况,也未发生病虫害等危害森林的灾害。

项目活动经营措施:采取生态化适度集约经营模式,采用的具体竹林经营措施主要包括劈杂、松土除草,施肥、留笋、采伐、林地垦复和维持竹林健康等。

(4) 温室气体减排量(或人为净碳汇量)的计算。①基准线碳汇量(或基准线人为净碳汇量)的计算。项目在编制 PDD 时,通过计算得到了事前预估基线碳汇量为 43 854.35 tCO_2e,在项目计入期内是有效的,因此不需要对基线碳汇量进行监测。②项目实际人为净碳汇量的计算。根据监测数据得到第一监测期内项目碳汇量,如表 7-9 所示。

表 7-9 项目碳汇量

计入期	竹林碳储量年变化量/(tCO$_2$e/a)	温室气体排放量的增加量/(tCO$_2$e/a)	项目碳汇量/(tCO$_2$e/a)
2005 年 10 月 1 日—2006 年 9 月 30 日	16 070.67	0	16 070.67
2006 年 10 月 1 日—2007 年 9 月 30 日	16 070.67	0	16 070.67
2007 年 10 月 1 日—2008 年 9 月 30 日	16 070.67	0	16 070.67
2008 年 10 月 1 日—2009 年 9 月 30 日	16 070.67	0	16 070.67
2009 年 10 月 1 日—2010 年 9 月 30 日	16 070.67	0	16 070.67
2010 年 10 月 1 日—2011 年 9 月 30 日	16 070.67	0	16 070.67
2011 年 10 月 1 日—2012 年 9 月 30 日	16 070.67	0	16 070.67
2012 年 10 月 1 日—2013 年 9 月 30 日	16 070.67	0	16 070.67
2013 年 10 月 1 日—2014 年 9 月 30 日	16 070.67	0	16 070.67
2014 年 10 月 1 日—2015 年 9 月 30 日	16 070.67	0	16 070.67
2015 年 10 月 1 日—2016 年 9 月 30 日	16 070.67	0	16 070.67
2016 年 10 月 1 日—2017 年 9 月 30 日	16 070.67	0	16 070.67
合计	192 848.00	0	192 848.00

计算项目总体平均数(平均单位面积竹子生物质碳储量估计值)及其方差、标准误差、调减因子表。抽样调查结果满足《方法学》抽样精度的要求(抽样精度>90%),不需要进行精度校正。项目碳储量估算表详见表 7-10。

表 7-10 项目碳储量估算表

项　　目	数量	单位
固定样地数	24	个
项目碳层数	8	层
可靠性指标 tval	1.745 9	—
项目经营竹子单位面积碳储量估计值	129.81	tCO$_2$e/hm^2
项目经营竹子单位面积碳储量估计值的方差	0.086	(CO$_2$e/hm^2)^2
标准差	0.293	CO$_2$e/hm^2
不确定性	0.39	%
抽样调查精度	99.61	%
项目至监测时的竹子生物质碳储量估计值	340 851.65	tCO$_2$e

本项目第一监测期生物质碳储量为 340 851. 65 tCO_2e,第一监测期初(2017 年 9 月)基线生物质碳储量为 148 003. 65 tCO_2e,所以第一监测期内项目边界生物质碳储量变化量为 192 848. 00 tCO_2e。计算得到本监测期内(共 12 年)年均的项目边界内竹子生物质碳储量的年变化量为 16 070. 67 tCO_2e/a。③项目减排量(或人为净碳汇量)的计算。项目活动所产生的减排量,等于项目碳汇量减去基线碳汇量,再减去泄漏量。计算结果见表 7-11。④精度控制与校正。根据《方法学》要求,竹子平均生物质最大允许相对误差需小于或等于 10%,本项目抽样调查精度已达到 99. 61%,抽样误差(0. 39%)小于允许抽样误差(10%),完全达到《方法学》规定的抽样精度要求。监测报告不需要进行精度校正。

表 7-11　项目减排量

计入期	基线碳汇量 /(tCO_2e/a)	项目碳汇量 /(tCO_2e/a)	泄漏 /(tCO_2e/a)	项目减排量 /(tCO_2e/a)	项目减排量累积/(tCO_2e/a)
2005 年 10 月 1 日— 2006 年 9 月 30 日	10 495. 57	16 070. 67	0	5 575. 10	5 575. 10
2006 年 10 月 1 日— 2007 年 9 月 30 日	0. 00	16 070. 67	0	16 070. 67	21 645. 76
2007 年 10 月 1 日— 2008 年 9 月 30 日	10 495. 57	16 070. 67	0	5 575. 10	27 220. 86
2008 年 10 月 1 日— 2009 年 9 月 30 日	0. 00	16 070. 67	0	16 070. 67	43 291. 53
2009 年 10 月 1 日— 2010 年 9 月 30 日	10 495. 57	16 070. 67	0	5 575. 10	48 866. 62
2010 年 10 月 1 日— 2011 年 9 月 30 日	0. 00	16 070. 67	0	16 070. 67	64 937. 29
2011 年 10 月 1 日— 2012 年 9 月 30 日	10 495. 57	16 070. 67	0	5 575. 10	70 512. 39
2012 年 10 月 1 日— 2013 年 9 月 30 日	0. 00	16 070. 67	0	16 070. 67	86 583. 06
2013 年 10 月 1 日— 2014 年 9 月 30 日	10 495. 57	16 070. 67	0	5 575. 10	92 158. 15
2014 年 10 月 1 日— 2015 年 9 月 30 日	−19 119. 07	16 070. 67	0	35 189. 74	127 347. 89
2015 年 10 月 1 日— 2016 年 9 月 30 日	10 495. 57	16 070. 67	0	5 575. 10	132 922. 99
2016 年 10 月 1 日— 2017 年 9 月 30 日	0	16 070. 67	0	16 070. 67	148 993. 65
合计	43 854. 35	192 848. 00	0	148 993. 65	—

（5）对实际减排量（或净碳汇量）与备案 PDD 中预计值的差别的说明，见表 7 - 12。

表 7 - 12　PDD 预计值与实际减排量对比

项目	PDD 预计值/tCO_2e	本监测期内项目实际减排量或净碳汇量/tCO_2e
减排量或净碳汇量	192 848.00	148 993.65

　　本次监测期内实际减排量小于备案 PDD 中的预估值，主要原因是 PDD 中项目情景下的目标竹林的立竹密度和平均胸径目标设定值较高，而在第一监测期立竹密度和平均胸径大部分未达到目标设定值。且立竹密度和平均胸径与竹林碳储量变化量成正比，因此第一监测期未达到设定目标的情况下，实际减排量小于备案 PDD 中的预估值。

参考文献

［1］何亚平，费世民，蒋俊明，等.长宁毛竹和苦竹有机碳空间分布格局［J］.四川林业科技,2007,28(5):10 - 14.

［2］周国模.毛竹林生态系统中碳储量、固定及其分配与分布的研究［D］.杭州:浙江大学,2006.

［3］黎曦.赣南毛竹、硬头黄竹、坭竹等竹林生物量的研究［D］.南京:南京林业大学,2007.

［4］徐道旺,陈少红,杨金满.毛环竹笋用林生物量结构调查分析［J］.福建林业科技,2004(1):67 - 70.

［5］郑郁善,陈希英,方承,等.台湾桂竹生物产量模型研究［J］.福建林学院学报,1997(1):52 - 55.

［6］梁鸿燊,陈学魁.麻竹单株生物量模型研究［J］.福建林学院学报,1998(3):68 - 70.

［7］周本智,吴良如,邹跃国.闽南麻竹人工林地上部分现存生物量的研究［J］.林业科学研究,1999(1):50 - 55.

［8］郑郁善,陈辉,张炜银.绿竹生物量优化模型建立研究［J］.经济林研究,1998(3):4 - 7,70.

［9］苏文会,顾小平,官凤英,等.大木竹种群生物量结构及其回归模型［J］.南京林业大学学报(自然科学版),2006(5):51 - 54.

［10］刘鹏,黄云峰,朱玉兰,等."双碳"目标下浙江安吉毛竹林碳汇经营模式［J］.世界竹藤通讯,2023,21(2):59 - 62, 87.

［11］周宇峰,顾蕾,刘红征,等.基于竹展开技术的毛竹竹板材碳转移分析［J］.林业科学,2013,49(8):96 - 102.

［12］李翠琴,周宇峰,顾蕾,等.毛竹拉丝材加工利用碳转移分析［J］.浙江农林大学学报,2013,30(1):63 - 68.

［13］顾蕾,沈振明,周宇峰,等.浙江省毛竹竹板材碳转移分析［J］.林业科学,2012,48(1):186 - 190.

［14］徐小军,周国模,杜华强,等.基于 LandsatTM 数据估算雷竹林地上生物量［J］.林业科学,2011,47(9):1 - 6.

［15］顾大形,陈双林,郭子武,等.四季竹立竹地上现存生物量分配及其与构件因子关系［J］.林业科学研究,2011,24(4):495 - 499.

［16］杨前宇,谢锦忠,张玮,等.橡竹各器官生物量模型［J］.浙江农林大学学报,2011,28(3):519 - 526.

［17］格日乐图,吴志民,杨校生,等.广宁茶秆竹地上生物量分布特征研究［J］.林业科学研究,2011,24(1):127 - 131.

［18］孙金泉.笋竹两用毛竹林经营管理技术探讨［J］.福建林业科技,2010,37(4):153 - 155, 182.

［19］白彦锋.中国木质林产品碳储量［D］.北京:中国林业科学研究院,2010.

［20］林华.苦竹笋材兼用林地上部分生物量分配规律研究［J］.竹子研究汇刊,2009,28(4):27－30.

［21］郭子武,李迎春,杨清平,等.花吊丝竹立竹构件与生物量关系的研究［J］.热带亚热带植物学报,2009,17(6):543－548.

［22］张鹏,黄玲玲,张旭东,等.滩地硬头黄竹生物量结构及回归模型的研究［J］.竹子研究汇刊,2009,28(3):25－28.

［23］杨清,苏光荣,段柱标,等.版纳甜龙竹种群生物量结构及其回归模型［J］.西北农林科技大学学报(自然科学版),2008(7):127－134.

［24］付建生,董文渊,韩梅,等.撑绿竹不同径阶的生物量结构分析［J］.林业科技开发,2007(5):47－49.

［25］林新春,方伟,俞建新,等.苦竹各器官生物量模型［J］.浙江林学院学报,2004(2):52－55.

［26］王小青,赵行志,高黎,等.竹木复合是高效利用竹材的重要途径［J］.木材加工机械,2002(4):25－27.

［27］董文渊,黄宝龙,谢泽轩,等.筇竹无性系种群生物量结构与动态研究［J］.林业科学研究,2002(4):416－420.

［28］陈建寅,兰林富.毛竹林现代经营技术初探［J］.竹子研究汇刊,2001(3):8－14.

［29］黄宗安,郑明生,张居文,等.石竹各器官生物量回归模型研究［J］.福建林业科技,2000(3):35－37.

［30］金爱武,周国模,马跃,等.雷竹各器官生物量模型研究［J］.浙江林业科技,1999(2):7－9,66.

［31］郑郁善,陈明阳,林金国,等.肿节少穗竹各器官生物量模型研究［J］.福建林学院学报,1998,(2):65－68.

［32］邓玉林,江心,杨冬生.四川盆地慈竹生物量模型及其在丰产培育中的应用［J］.四川农业大学学报,1993(1):145－150.

［33］孙天任,唐礼俊,魏泽长,等.水竹(Phyllostachysheteroclada)人工林生物量结构的研究［J］.植物生态学与地植物学丛刊,1986(3):190－198.

第 **8** 章

碳汇计量模型

本章将深入研究碳汇计量模型的重要性和实用性,特别是在森林碳储量的精确预测和评估中的应用。本章将探讨单木生长量模型、林分生长量模型,以及森林生物量模型,分析它们的构建方法和在碳汇计量中的具体应用。此外,本章还将涉及数据处理技术、拟合优化算法和模型精度评价,提供一个全面了解和应用这些模型的视角。

8.1 计量模型

本节详细介绍几种用于估算森林和竹林生物量及碳储量的计量模型。这些模型分别为单木生长量模型、林分生长量模型、森林生物量模型、竹林生物量模型和碳计量模型。单木生长量模型用于林分中单株树木的生长过程和相互竞争关系描述,反映单株木的生长发育。林分生长量模型则是建立在理论生长方程基础上,展现林分年龄、立地、密度与主要测树因子之间的关系。森林生物量模型和竹林生物量模型则用于估算森林和竹林的总体生物量,可以考虑不同层次如乔木层、灌木层等的情况。碳计量模型分为单木水平和林分水平,用于估算森林和竹林的碳储量或碳汇量。这些模型通过综合各种生物学特性和环境因素,提供了对森林和竹林生长和碳循环过程的深入理解。

8.1.1 单木生长量模型

以林分中各单株树木为基本单位,模拟林分内单株树木生长过程并体现邻近树木相互竞争关系的模型,被称为单木生长模型(individual tree growth model)。单木生长模型是一类反映单株木的生长发育过程的模型。单木模型研究工作从 Newham 首次开展以来,经历了几十年的发展。电子技术水平的提高极大地促进了单木生长模型研究,现在以单木作为预测单位的林分生长预测系统已经可以应用于各项研究与实践。对于指导森林分类经营而言,单木生长模型能够快速判定各单株木的生长情况,这对于林业科学经营具有重要意义。

工作人员需清查森林资源固定样地或固定标准地,将多次测定的林木枯损和生长情况数据资料作为基础建立单木生长模型。模拟林木生长发育过程的关键是如何体现林木间的竞争。竞争指数是用以描述单株木位于林分竞争中的位置数量指标,同时也是生长模型的核心。单木竞争模型的建立,以竞争指数为自变量,林木的生长(断面积、胸径的生长)为因变量。竞争指标也是制约单木生长模型效果的关键因素。在 R. Staebler 与 F. Hegyi 提出单木竞争之后,几十种不同的指标被相继提出。考虑到是否将树木之间的距离作为竞争指标,可将竞争指数分为与距离有关和无关的两种单木竞争指标。

与距离有关的单木模型是将与距离有关竞争指标拟合林内个体的生长模型。它不仅考虑到林木自身生物学特性和立地质量情况，也考虑到林内邻近个体之间竞争所产生的空间压力。竞争指标的关键因子是林木间的空间距离，以及竞争木大小的差异对对象木造成压力程度。与距离无关的单木模型是将林木生长量作为林分因子（林龄、立地及林分密度、林木大小）的函数，对不同林木逐一进行生长模拟用以预估未来结构和收获量的生长模型。模型中假设林分中林木呈均匀分布，不考虑树木间分布对生长的影响。其竞争指标一般由反映林木在林分中所承受平均竞争压力（密度指标）和反映不同林木在林分中所处的局部环境或竞争地位的单木水平竞争因子组成。林分密度指标通常包括每公顷断面积（G/hm^2）、树冠竞争因子（CCF）、林分密度（SDI）、树木—面积比（TAR）和相对植距（RS）等指标来表示。单木竞争指标通常用林木与优势木大小之比来表示其能力。其中林木大小主要选用胸径或断面积或树冠变量等因子来表示。与距离无关单木模型包括 3 个基本组成部分：直径（或断面积）生长部分；树高生长部分；枯损率预估部分。

从模型形式来看，有线性、对数、倒数、二次、三次、复合曲线、幂函数、S 形曲线、指数、Logistic 曲线等，需要间接借助树高生长模型、二元材积方程，以及单木枯损函数动态预估单木及全林分的生长量，如下式：

$$y_z = \frac{a_0}{1 + a_1 e^{a_2 x}} \tag{8-1}$$

式中：y_z 为单木生长量；a_0、a_1、a_2 为模型参数；x 为竞争指标。

8.1.2　林分生长模型

林分生长模型是以理论生长方程为基础，建立林分年龄、立地、密度和林分主要测树因子（如平均胸径、每公顷断面积、每公顷株数、每公顷蓄积量等）之间关系的相容模型系统。由此模型系统可进一步导出各种生长及经营模型。近期的研究已把相容性的概念推广到全部模型系之间的相容，包括经营模型和生长模型相容、林分生长模型中各因子之间关系的相容。按照相容性思想构造的全林分生长模型不仅具有较高的精度，且能反映林分各测树因子动态变化及因子之间关系的基本规律。林分生长模型可分为两种：可变密度的生长模型和正常或平均密度林分生长模型。

欧洲最早开始全林分模型的研究。德国林学家采用描绘图形的方法模拟森林的生长量和林分产量，这是一种有效的描述和表达林分生长的一种方法，该方法在林业史上使用了较长的时间。较早的林分生长和收获模型其实就是在某一密度条件下模拟林分预估模型或林分生长收获表。在 20 世纪 30 年代的后期，Schumacher 于 1939 年首次提出了含有林分密度因子的林分收获模型，表达式如下：

$$\ln(M) = \beta_0 + \beta_1 t^{-1} + \beta_2 f(SI) + \beta_3 g(SD) \tag{8-2}$$

式中：M 为单位面积的林分收获量；t 为林分年龄；$f(SI)$ 为地位指数（SI）的函数；$g(SD)$ 为林分密度（SD）的函数；$\beta_0 \sim \beta_3$ 为方程参数。

模型中函数 $g(SD)$ 的估计假设前提是理论下的正常林分，因此该模型的现实意义不大。直到 20 世纪 60 年代初，该领域研究出具有实际应用价值的可变密度生长收获表。为了解在不同林分密度条件下林分生长动态和林分生长量情况，可将现实的林分密度因子引入全林分模型。1962 年，Bucmkn RE 建立一个基于美国森林资源的可变密度收获模型理论系统。早期的可变密度全林分模型实际上是经验回归方程按照 Davis 的分类将林分模型分为与密度有关的模型和与密度无关的模型，它们之间的区别在于是否将林分的密度（SD）作为模型的自变量。自 20 世纪 70 年代末开始，密度因子被引入适用性较大的理论生长方程，作为可变密度生长和收获模型的变量。而密度通常可用单位面积株数、断面积、林分密度和相对植距等来表示。

直接预估现实收获量的可变密度模型是以 Schumacher 的材积收获曲线为理论基础，构造了不同林分的可变密度收获方程，从而建立收获预估模型。参考林分中单株立木的材积方程是通过将林分的收获量作为林分断面积和优势木树高的函数构造而来，而非基于年龄和地位指数直接建立的函数。还有一些研究通过应用参数化法，将密度、立地条件等相关因子加入林分生长方程中，研制出可变收获模型。

间接预估现实林分收获量的可变密度模型分为参数预估模型和参数回归模型。其中，参数回收模型是在确定林分状况的条件下，直接显示预测林分收获量的平均标准值。根据估计值与参数之间的相互关系，再用矩解法来"回收"其中用来描述直径分布状况的参数。李凤日与孟宪宇等人曾对此类模型进行过相关研究。参数预估模型作为林分收获量因子的一种函数，通过确定林分变量来预测林分直径分布的概率密度参数。

预估未来生长的可变密度模型。有关研究人员和学者根据生长与收获的相关性，提出一致性生长模型与收获模型。后人采用改进一致性生长模型相关指标，把林分断面积作为密度指标进一步提出了在数量上一致的生长与收获预估方程体系，建立断面积生长的一致性模型，应用林分可变密度模型预估林分的存活木。

8.1.3　森林生物量模型

森林生物量指各种森林在一定年龄时、一定面积上所生长的全部干物质的重量，它是森林生态系统在长期生产与代谢过程中积累的结果。以往对森林产量的测定局限于林木的树干部分，用树干体积来评价森林的产量。随着社会生产的不断发展，森林资源的不断消耗，而人们对木材需求的不断扩大，形成供求不平衡的现象，这就使得人们也要注重除木材外的林木其他部分的利用，这就引发了人们对森林生物量的研究。

（1）单木生物量模型。单木生物量模型是用一组用数学公式表示各影响因素与生物量之间规律性变化的方程。在生物量模型研究中，以 CAR 和 VAR 这 2 种模型结构形式最为普遍。但是，由于这两种结构形式对自变量个数有很大的限制，从而丢失了建模中许多信息，导致模型预估精度降低。尤其在生物量模型中，仅靠一两个自变量很难控制模型预估精度。因此,要充分考虑与生物量有关的变量或组合变量。另外,由于树木地上部分生物量树干占了绝大部分,而树干生物量与树干材积实际上只相差一个密度换算系数。因此,如何与材积兼容,使得生物量模型与材积模型相容也是设计生物量模型应考虑的一个问题。

综合考虑以上因素以及考虑本次研究所采集的建模样本数据等,并参照不同形式的实验对比结果以及其他研究者的相关研究,此次研究选定下式作为生物量模型的一般结构形式:

$$W = f(D, H)V \tag{8-3}$$

式中:W 为生物量,D 为胸径,H 为树高,V 为材积或蓄积量。

那么 $f(D, H)V$ 具体形式应该如何表达?我们知道这些变量与各分量基本上都满足 CAR 模型关系即相对生长关系。另外,当残差为异方差时,变量间采取相乘形式比相加形式好。为此,可将 $f(D, H)V$ 表示为各变量或组合变量幂函数相乘形式。

由于此次研究采用胸径与树高或者二者的组合作为生物量模型的自变量。因此采用结构模型(8-3)式。由式(8-3)出发考虑变量组合形式,构造出以下四种主要形式:

$$W = aD^b H \tag{8-4}$$

$$W = a(D^2 H)^b \tag{8-5}$$

$$W = aH^b \tag{8-6}$$

$$W = aD^b \tag{8-7}$$

$$W = aD^b H^c \tag{8-8}$$

式中:a、b、c 为模型参数。

(2)林分生物量模型。林分水平的生物量模型应用于估算林分生物量,可通过分层建模的方式,建立总量、乔木层、灌木层、草本层、枯落物层、腐殖质层生物量模型,用于估计除土壤以外的林分生物量。模型如下:

$$W = a + bX_1 + cX_2 \tag{8-9}$$

$$W = aX_1^b X_2^c \tag{8-10}$$

$$W = aX_1^b \exp(cX_2) \tag{8-11}$$

$$W = a\exp(b_1 X_1)X_2^c \tag{8-12}$$

$$W = a\exp(b/X_1 + c/X_2) \tag{8-13}$$

$$W = a\exp(bX_1 + cX_2) \tag{8-14}$$

$$W = a + b\text{Log} X_1 + c\text{Log} X_2 \tag{8-15}$$

$$W = a + b\text{Log} X_1 + cX_2 \tag{8-16}$$

$$W = a + bX_1 + c \operatorname{Log} X_2 \tag{8-17}$$

$$W = aX_1^b \tag{8-18}$$

式中，a、b、c 为模型参数；W 为因变量，分别为各类型生物量；X_1 和 X_2 为自变量，按因变量即生物量层确定，具体如下：当因变量为乔木层生物量时，X_1 为林分蓄积量，X_2 为林分密度；当因变量为灌木层生物量时，X_1 为灌木盖度，X_2 为灌木平均高；当因变量为草本层生物量时，X_1 为草本盖度，X_2 为林分蓄积量；当因变量为枯落物层生物量时，X_1 为灌木盖度，X_2 为草本盖度；当因变量为腐殖质层生物量时，X_1 为腐殖质厚度，X_2 为林分蓄积量。

8.1.4　竹林生物量模型

竹林生物量模型应用于估算林分水平的竹林生物量（含毛竹和散生杂竹类），可通过分层建模的方式，建立总量、乔木层、灌木层、草本层、枯落物层、腐殖质层生物量模型，用于估计除土壤以外的竹林生物量。选择如下 10 个方程作为竹林生物量模型：

$$W = a + bX_1 + cX_2 \tag{8-19}$$

$$W = aX_1^{bX_2^c} \tag{8-20}$$

$$W = aX_1^{b\exp(cX_2)} \tag{8-21}$$

$$W = a \exp(b_1 X_1) X_2^c \tag{8-22}$$

$$W = a \exp(b/X_1 + c/X_2) \tag{8-23}$$

$$W = a \exp(bX_1 + cX_2) \tag{8-24}$$

$$W = a + b \operatorname{Log} X_1 + c \operatorname{Log} X_2 \tag{8-25}$$

$$W = a + b \operatorname{Log} X_1 + cX_2 \tag{8-26}$$

$$W = a + bX_1 + c \operatorname{Log} X_2 \tag{8-27}$$

$$W = aX_1^b \tag{8-28}$$

当因变量为毛竹和散生杂竹类时，$X_1 = D^2 N$，D 为林分平均胸径，N 为林分密度（公顷株数），$X_2 = 1 + V$，V 为生长于竹林中的其他乔木树种蓄积量或材积。当因变量为灌木层生物量时，X_1 为灌木盖度，X_2 为灌木平均高；当因变量为草本层生物量时，X_1 为草本盖度，X_2 为林分蓄积量；当因变量为枯落物层生物量时，X_1 为灌木盖度，X_2 为草本盖度；当因变量为腐殖质层生物量时，X_1 为腐殖质厚度，X_2 为林分蓄积量。

8.1.5　碳计量模型

碳计量模型按研究尺度可分为单木水平模型和林分水平水平模型两类，单木水平的碳计量模型是用于估算每株树木各器官(树干、树枝、树叶、树根)的单木碳储量或碳汇量,单木水平的碳计量模型是用于估算一定面积的林分碳储量或碳汇量。按估算对象可分为碳储量模型和碳汇计量模型。

(1) 碳储量模型。碳储量模型与生物量类似,一般以胸径、树高或者其中一个因子为自变量,碳储量 CW 为因变量,建立基于线性、幂函数、指数、山本式等模型,模型如下:

$$CW = a + bD + cH \tag{8-29}$$

$$CW = aD^b H^c \tag{8-30}$$

$$CW = aD^b \exp(cH) \tag{8-31}$$

$$CW = a \exp(b_1 D) H^c \tag{8-32}$$

$$CW = aH^b \tag{8-33}$$

$$CW = a + bDH \tag{8-34}$$

$$CW = a(DH)^b \tag{8-35}$$

$$CW = a + bD \tag{8-36}$$

$$CW = a + bH \tag{8-37}$$

$$CW = aD^b \tag{8-38}$$

式中:a、b、c 为模型参数;D、H 分别为林分水平或单木水平胸径、树高。

CW 可以为林分水平的碳储量,也可以为单木水平碳储量。但为精准估计碳储量,在建立碳储量模型时,一般分树干、树枝、树叶、树根等建立各器官碳储量模型。但按各器官分别建模存在总量与分量不兼容的问题,难以保证各器官间碳储量估算结果与总碳储量的衔接,即总碳储量≠树干+树枝+树叶+树根。因此,在建模前,可通过二级非线性模型联合估计或整体建模的方式解决总量与分量之间结果不兼容的问题。

$$CW_1 = \frac{CW \times g_1}{1 + g_1 + g_3 + g_4} \tag{8-39}$$

$$CW_3 = \frac{CW \times g_3}{1 + g_1 + g_3 + g_4} \tag{8-40}$$

$$CW_4 = \frac{CW \times g_4}{1 + g_1 + g_3 + g_4} \tag{8-41}$$

式中:CW_1、CW_2、CW_3、CW_4 分别为树根、树干、树枝、树叶的碳储量;g_1、g_2、g_3、g_4 分别为树根、树干、树枝、树叶相对于树干碳储量为1的比例函数,具体公式需通过多模型优选后,以最佳模型作为 g_i 方程。

(2) 碳汇计量模型。碳汇计量模型是用于估计每年森林固定的碳含量,可由建立生长量模型结合碳储量,构建碳汇计量模型,即以国家森林资源清查面积和蓄积的数据为基础,计算各树种各龄组单位面积蓄积量。基于模型得出的单株材积,推算各龄组单位面积平均株数,再由模型得出的单株生物量,结合清查面积求出各树种的生物量,由含碳率计算碳储量,最后利用两次清查间的碳储量变化计算森林碳汇。具体模型如下:

$$CWS = \left(\sum_{j=1}^{n} \frac{M_{(i+1)j} \times S_{(i+1)j} \times w_{(i+1)j} \times \beta_j}{v_j} - \sum_{j=1}^{n} \frac{M_{ij} \times S_{ij} \times w_{ij} \times \beta_j}{v_j} \right) \times 44/12$$

$$(8-42)$$

式中:CWS 是碳汇;$M_{(i+1)j}$ 是第 $i+1$ 森林资源清查 j 树种树单位面积蓄积量;$S_{(i+1)j}$ 是第 $i+1$ 森林资源清查 j 树种树面积;$w_{(i+1)j}$ 是第 $i+1$ 森林资源清查 j 树种树单株生物量;β_j 是 j 树种的含碳率;M_{ij} 是第 i 森林资源清查 j 树种单位面积蓄积量;S_{ij} 是第 i 森林资源清查 j 树种面积;w_{ij} 是第 i 森林资源清查 j 树种树单株生物量;v_j 是 j 树种的单株材积;n 是乔木林树种种类。

8.2　数据处理与拟合

数据预处理包括数据清理(处理缺失值和异常值)和数据变换(对不满足建模条件的数据进行转换)。预处理的目的是提高数据分析的质量。数据拟合优化算法涉及传统算法和智能算法两类,常用的方法包括最小二乘法、免疫进化算法和改进单纯形法等。这些方法用于模型求解参数,以确保模型的准确性和可靠性。

模型精度评价是验证模型拟合效果的关键环节。常用的评价指标包括相关指数、剩余标准差、总相对误差、平均系统误差、平均相对误差绝对值等。交叉建模和交叉检验是处理样本数量不足问题的有效方法,通过将样本分成几组,每组轮流作为检验样本和建模样本,从而提高模型的可靠性。

模型选优方法利用 TOPSIS 等决策方法处理多指标评价时出现的矛盾问题,通过计算模型与最优方案的接近程度,确定最优模型。此方法的优点是简便、无特殊样本要求,适用于多目标决策分析。数据处理和拟合在提高模型精度和适用性方面十分重要,为森林和竹林生物量及碳储量的准确估算提供了科学依据。

8.2.1　数据预处理

实验中所获得的数据经常是不完整的,如果直接建立模型分析结果可能不尽如人意。为了提高数据分析结果的质量,可以采用数据预处理技术。数据预处理包括数据清理、数据变换等。其中,数据清理主要包括缺失值处理、异常值的剔除,数据变换则是当数据不满足建模条件时对数据进行的处理。

(1) 数据清理。在实际数据收集过程中,常常会由于数据公布的滞后性或数据获取难度太大,导致无法收集到某些数据,即存在缺失值的情况。这时如果直接对数据进行分析,结果可能会偏离实际。因此,需要对缺失值进行处理。如果缺失值较多,处理的方法有更新数据时间、重新调查或者更换指标等;如果缺失值较少,常用的处理方法有均值代替法,即用该指标其他数据的平均值代替缺失值。

在数据分析之前,还需要对数据的有效性进行识别,即需要判断是否存在异常值。识别异常数据的方法有很多,常用做法是以均值的 1.5 倍标准差范围剔除离群点,3 倍标准差范围剔除极值。如一组数据均值为 8,标准差为 2,则数据落在 $(8-1.5\times2, 8+1.5\times2)$ 范围之外的为离群点,$(8-3\times2, 8+3\times2)$ 范围之外为极值,可以考虑将其剔除。

(2) 数据变换。建立数学模型已经成为统计分析过程中非常重要的研究课题,例如气象研究工作者通过收集雨量、气压、风速数据并据之建立的数学模型来预报天气情况;从事城市规划工作的工作人员则通过建立关于交通、人口、污染、能源大系统的数学模型来为领导者做出城市发展规划决策提供了科学依据。人们往往习惯采用回归分析的手段来处理这类问题。在考察可观测随机因变量 Y 和解释变量 X 之间的关系时,经常采用正态线性回归模型:

$$\begin{cases} Y = X\beta + \varepsilon \\ \varepsilon \sim N_n(0, \sigma^2 l_n) \end{cases} \tag{8-43}$$

式中,$\beta \in R^p$ 为回归系数;ε 为不可观测随机误差向量。模型的因变量 Y 需满足 Gauss-Markov 条件,即 $Y \sim N_n(X\beta, \sigma^2 l_n)$。当收集到一组数据时,通常会对该组数据进行回归诊断,若结果显示该数据不满足 Gauss-Markov 条件,则将对该数据进行某种"治疗",以使之满足 Gauss-Markov 条件,数据变换就是一种常用的处理有问题数据的办法。

① Box-Cox 变换。Box 和 Cox 于 1964 年提出了修正的如下由观测值 Y 到 $Y(\lambda)$ 的 Box-Cox 变换(依赖于参数 $\lambda \in (-\infty, +\infty)$)。

$$f(Y, \lambda) = \begin{cases} \dfrac{Y^\lambda - 1}{\lambda}, & \lambda \neq 0 \\ \log Y, & \lambda = 0 \end{cases} \quad Y > 0 \tag{8-44}$$

是研究得最为透彻的变换,这里 λ 为一未知的变换参数。Box-Cox 变换是一族变换,包括了许多常见的变换,这些变换随着参数 λ 取值不同而呈现出不同的变换形式,例如对数变换 $(\lambda = 0)$,倒数变换 $(\lambda = -1)$ 和平方根变换 $(\lambda = 1/2)$ 等。这种变换方法是通过参数 λ 的选择,达到对原来数据的"综合治理"。而在具体变换过程中,寻找合适的 λ 值很重要,也成为一个值得探讨的问题。通过变换 (8 - 44) 可以使 $Y_1(\lambda)$,$Y_2(\lambda)$,$\cdots$,$Y_n(\lambda)$ 来自一正态线性回归模型。

② 双幂变换。变换 (8-43) 可得

$$Y(\lambda) \in \begin{cases} \left(-\infty, -\dfrac{1}{\lambda}\right), & \lambda < 0 \\ \left(-\dfrac{1}{\lambda}, +\infty\right), & \lambda > 0 \\ (-\infty, +\infty), & \lambda = 0 \end{cases} \tag{8-45}$$

这表明变换(8-45)存在截断问题,即当 $\lambda < 0$ 时,$Y(\lambda)$ 在 $-1/\lambda$ 处右截断;$\lambda > 0$ 时,$Y(\lambda)$ 在 $-1/\lambda$ 处左截断;$\lambda = 0$ 时,$Y(\lambda)$ 取值范围是 $(-\infty, +\infty)$。从而表明 Y 经过变换(8-45)得到的 $Y(\lambda)$ 是一组正态样本是不正确的(除了 $\lambda = 0$ 这种情况)。

为了克服 Box-Cox 变换中的截断问题,诸多学者进行了研究。目前,变换(8-46)是在 Box-Cox 变换的基础上进行修正而得到的一种新变换,被称为双幂变换。双幂变换(8-46)克服了 Box-Cox 变换的截断问题的缺点,但又保留了原变换的性质。它产生了一个明确的分布族,称为跨正态分布。双幂变换在经济持续时间和医疗/工程事件时间的建模与分析上非常地有用而且运用灵活。

$$Y(\lambda) = g(Y, \lambda) = \begin{cases} \dfrac{Y^{\lambda} - Y^{-\lambda}}{2\lambda}, & \lambda \neq 0 \\ \log Y, & \lambda = 0 \end{cases} \quad Y > 0 \tag{8-46}$$

8.2.2　拟合优化算法

随着计算机技术发展,以及人工智能日益成熟,模型拟合方法也越来越多。主要分为传统算法和智能算法两类,其中传统算法有常规最小二乘法、改进单纯形法、黄金分割法,智能算法有免疫进化算法、遗传算法、机器学习等。在建模过程中,可以采用多种算法进行组合。本书以加权最小二乘法、免疫进化算法和改进单纯形法相结合的方法为例子说明模型求解参数技术。

模型参数的求解采用加权最小二乘法,权函数为生长量、生物量、碳储量等(估计量)理论值平方的倒数,即目标函数为:

$$Q = \sum \left[(v_i - \hat{v}_i)/\hat{v}_i \right]^2 \tag{8-47}$$

加权最小二乘法确定参数需进行迭代计算,为提高估计量模型参数的估计精度,本次采用二次优化建模技术,第一次采用免疫进化算法估计参数。在此基础上,第二次再用改进单纯形法求解参数。

免疫进化算法是在深入理解现有进化算法的基础上,受生物免疫机制的启发而形成的一种新的优化算法。在免疫进化算法中,最优个体即为每代适应度最高的可行解。从概率上来说,一方面,最优个体和全局最优解之间的空间距离可能要小于群体中其他个体和全局最优解之间的空间距离;另一方面,和最优个体之间空间距离较小的个体也可能有较高的适应度。因此,最优个体是求解问题特征信息的直接体现。借鉴生物免疫机制,免疫进化算法中子代个体的生成方式为:

$$X^{t+1} = X^t_{\text{best}} + S^t \times N(0, 1) \tag{8-48}$$

$$S^{t+1} = S^t \exp(-A \times t/T) \tag{8-49}$$

式中：X^{t+1} 为子代个体的可行解；X^t_{best} 为父代最优个体；S^{t+1} 为子代群体的标准差；S^t 为父代群体的标准差；A 为标准差动态调整系数；T 为总的进化代数；$N(0，1)$ 为产生服从标准正态分布的随机数；t 是进化的代数；S^0 为对应于初始群体的标准差；A 和 S^0 具体取值根据被研究的问题来确定，通常 $A \in [1，10]$，$S^0 \in [1，3]$。

免疫进化算法的本质在于充分利用最优个体的信息，以最优个体的进化来代替群体的进化。该算法通过标准差的调整把局部搜索和全局搜索有机地结合起来，是有别于现有进化算法的一种新的进化算法，能较好地克服现有进化算法的不成熟收敛，提高算法在中后期的搜索效率。

免疫进化算法采用传统的十进制实数表达问题，其操作步骤如下：①确定优化问题的表达方式。②在解空间内随机生成初始群体，计算其适应度 $f(x)$，确定最优个体 X^0_{best}，给出 S^0 的取值。③根据①、②进行进化操作后，在解空间内生成子代群体，群体规模保持不变。④计算子代群体的适应度，确定最优个体 X^{t+1}_{best}。若 $f(X^{t+1}_{best})$ 优于 $f(X^t_{best})$，则选定最优个体为 X^{t+1}_{best}，否则最优个体取为 X^t_{best}。⑤反复执行步骤③，直至达到终止条件；选择最后一代的最优个体作为寻优的结果。

改进单纯形法，基本原理是：如果有 n 个需要优化试验的因素，则单纯形由 $n+1$ 维空间多面体构成，空间多面体的各顶点就是试验点，求出各试验点的目标函数值并加以比较，去掉其中的最坏点，取其对称点作为新的试验点，该点称为"反射点"。新试验点与剩下的几个试验点又构成新的单纯形，新单纯形向最佳目标靠近，如此不断地向最优方向调整，直至找出最佳目标点。改进单纯形法是在基本单纯形法的基础上，根据试验结果，调整反射点的距离，用"反射""扩大""收缩""整体收缩"的方法，加速优化过程。具体做法是：首先在 n 维空间中选择初始点，确定步长，构造初始单纯形；然后求出单纯形各顶点的目标函数值，加以比较，确定最好点 P_b、次差点 P_n、最坏点 P_w；最后去掉最坏点 P_w，求出反射点 P_r。

对于一个任意维的单纯形，各顶点用坐标矢量 P_1，P_2，…，P_w，…，P_m，P_{m+1} 来表示，放弃 P_w，剩余点 P_1，P_2，…，P_{w-1}，P_{w+1}，…，P_m，P_{m+1} 的形心点 P_c 可用下式计算：

$$P_c = \frac{1}{m}(P_1 + P_2 + \cdots + P_{w-1} + P_{w+1} + P_m + P_{m+1}) \tag{8-50}$$

那么，P_w 关于 P_c 的反射点 P_r 可用下式计算：

$$P_r = 2P_c - P_w \tag{8-51}$$

根据反射点的目标函数值 f_x 计算新试验点，构造新单纯形。设单纯形中最好点、次差点、最坏点响应值分别为 f_b、f_n、f_w，反射点的响应值 f_r 可能出现下面几种情况：

（1）若 f_x 优于 f_b，求扩张点 P_e。

$$P_e = P_r + (P_c - P_w) \tag{8-52}$$

此处 r 是扩张系数 $(r>1)$，若 P_e 的目标函数值 f_e 比 f_x 还好，则取 P_e 构成新的单纯形，否则取反射点 P_r。

（2）若 f_x 比 f_b 差，但又比 f_n 好，取反射点 P_r 构成新单纯形。

（3）若 f_x 比 f_w 差，求内收缩点 P_t 构成新的单纯形。

$$P_t = P_c - \beta(P_c - P_w) \tag{8-53}$$

此处 β 为收缩系数 $(0<\beta<1)$，

（4）若 f_r 比 f_w 好，但以不如 f_n，则求收缩点 P_u 构成新单纯形。

$$P_u = P_c + \beta(P_c - P_w) \tag{8-54}$$

（5）假如 P_t 和 P_u 的目标函数值 f_t 和 f_u 比 f_w 还差，则将现在的单纯形向最好点 P_b 收缩一半，构成新的单纯形。

每得到新的单纯形后，都应作收敛性检验。如果满足收敛性指标，则单纯形停止推进，此时单纯形中的最好点 P_b 就是所要寻找的最佳目标点，通常所用的收敛性指标是：

$$|(f_b - f_w)/f_b| < E \tag{8-55}$$

E 值按要求的精度人为给定，可取 $E=0.0001$。当满足收敛性指标时，即可得到碳储量模型参数。

8.2.3 精度评价方法

模型精度评价用于检查或验证模型拟合情况，当指标用于评价建模结果检验时，即为模型拟合精度评价；当指标用于验证模型是否适用时，即为适用性精度评价。这种精度评价方式做法为先收集建模数据，选择方程，然后将样本数据分为两部分，其中大部分（70%）用于求解方程参数，另外小部分（30%）用于检验，即检验先建模后检验。当然，当建模数量不足（或较少）时，也可用采用交叉建模和交叉检验同步进行的方式进行模型精度评价。

（1）模型精度评价。模型精度评价有相关指数 (R^2)、剩余标准差（简称标准差，S）、总相对误差（简称总误差，RS）、平均系统误差（简称系统误差，E）、平均相对误差绝对值（简称平均误差，RMA）、预估精度 (P)，公式如下：

$$R^2 = 1 - \sum(y_i - \hat{y}_i)^2 / \sum(y_i - \bar{y})^2 \tag{8-56}$$

$$S = \sqrt{\sum(y - \hat{y})^2 / (n - m - 1)} \tag{8-57}$$

$$RS = (\sum y_i - \sum \hat{y}_i) / \sum \hat{y}_i \times 100\% \tag{8-58}$$

$$E = \frac{1}{n} \sum [(y_i - \hat{y}_i)/\hat{y}_i] \times 100\% \tag{8-59}$$

$$RMA = \frac{1}{n}RMA = \frac{1}{n}\sum |(y_i - \hat{y}_i)/\hat{y}_i| \times 100\% \tag{8-60}$$

$$P = \left[1 - t_a \times \sqrt{\sum (y_i - \hat{y}_i)^2 /(\hat{\bar{y}} \times \sqrt{n \times (n-m)})}\right] \times 100\% \tag{8-61}$$

式中：t_a 为置信水平 α 时的 t 分布值；y、$\hat{y}$ 分别为实际值和模型理论值；$\hat{\bar{y}}$ 为平均理论值；n 为样本数；m 为方程中的变量个数。

(2) 交叉建模和交叉检验。为解决建模数量不足（或较少）的问题，提高模型研制结果的可信度和说服力，可采用交叉建模和交叉检验同步进行的方式。其技术思路是将所采集的样木数据分为 3 组，每次选择其中的一组作为检验样本，不参加建模，其他两组作为建模样本，用于确定方程参数。整个建模过程中，建模和检验同步进行，每个样本都进行了一次检验和两次建模，即分别进行了 3 次操作。根据二元材积表等编制技术规程，检验数据不得少于总样本数据的 1/3，因此应将样本分成 3 组。

交叉建模和交叉检验的具体做法是：将全部样本按胸径（树高、年龄等）从小到大的顺序排列，按 1、2、3 循环编号将全部样木分成 3 组，编号相同的为同一组，从而避免人为造成的影响。第一次将第 1 组作为检验样本，其余 2 组作为建模样本；第二次将第 2 组作为检验样本，其余 2 组作为建模样本。以此类推，直到每个样本都参加了 1 次检验和 2 次建模为止。如果交叉建模和交叉检验整体符合精度要求，最后再用全部样本拟合各类模型。

8.2.4　模型选优方法

采用多指标评价各备选模型的精度时，会出现高优指标值与低优指标值出现矛盾的问题，如模型 1 的 R^2 为 0.9121、RMA 为 5.7426，模型 2 的 R^2 为 0.9723、RMA 为 2.6231，无法遴选出哪种模型为最优指标，这种现象可采用 TOPSIS 等决策方法进行再分析，最终得到最优模型。

TOPSIS 法是 C. L. Hwang 和 K. Yoon 在 1981 年首次提出的，具有运用简便、对样本材料无特殊要求等优点，是系统工程中多目标决策分析的一种常用方法。

利用 TOPSIS 法对模型进行评价时，要求所有指标同趋势化（即变化方向一致），将预估精度、相关指数等高优指标转为低优指标，或者将低优指标（剩余标准差、平均系统误差、平均相对误差绝对值）转为高优指标，即将剩余标准差、平均系统误差、平均相对误差绝对值 3 个低优指标转化成高优指标，两种指标的转化方法使用倒数法。然后对变化方向一致的数据矩阵归一化处理，并建立相应的矩阵，归一化公式见下式：

$$a_{ij} = X_{ij} \bigg/ \sqrt{\sum_{i=1}^{n} X_{ij}} \tag{8-62}$$

式中：X_{ij} 为在第 j 个指标上第 i 个评价对象的取值；a_{ij} 为在第 j 个指标上第 i 个评价对象归一化后的值。

将从建立的矩阵中得到最优方案和最劣方案，并分别计算评价对象所有各指标值与最优方案和最劣方案的距离,并分别记为 A^+ 和 A^-,其计算公式见式(8 - 63)、式(8 - 64)。

$$A^+ = \sqrt{\sum_{j=1}^{m} (a^+ - a_{ij})^2} \tag{8-63}$$

$$A^- = \sqrt{\sum_{j=1}^{m} (a^- - a_{ij})^2} \tag{8-64}$$

最后将计算出的评价对象与最优方案的接近程度 C,其计算公式如下:

$$C_i = \frac{A^-}{A^+ + A^-} \tag{8-65}$$

其中 C_i 是第 i 个评价对象与最优方案接近程度,其取值范围为(0,1),如果 C_i 越接近 1,说明该评价对象越接近于最优水平。将模型评价指标作为指标,各模型作为评价对象,通过计算与最优水平的接近程度 C,评价各方法的优劣排序,选出最优方程。

8.3 模型研建

建立和优化各种森林生长和生物量模型包括单木生长量模型、林分生长量模型、森林生物量模型、竹林生物量模型和碳计量模型。这些模型的建立和优化旨在更准确地预测和评估森林和竹林在不同环境和条件下的生长动态、生物量分布和碳储量。通过考虑各种影响因素如立地条件、林分密度、树种组成等,这些模型有助于提高森林资源的管理效率和碳汇项目的评估准确性,对环境保护和可持续林业管理具有重要意义。

8.3.1 单木生长量模型研建

单木生长模型的建模方法常用的有 3 种,生长量修正法、生长分析法和经验方程法。生长量修正法构造的单木模型具有结构清晰的优点,只要正确选择自由树和竞争指标,应用时就可取得良好的预测结果。应用生长量修正法建立单木模型的基本思想是:建立自由树(或林分中无竞争压力的优势木)的生长方程,确定林木的潜在生长量;选择合适的单木竞争指标计算每株林木所受的竞争压力或所具的竞争能力;利用单木竞争指标所表示的修正函数对潜在生长量进行修正或调整,得到林木的世纪生长量预估值,用数式可表示为

$$Z = Z_{\max} \times f(CI), \ 0 \leqslant f(CI) \leqslant 1 \tag{8-66}$$

式中:Z 为某一测树因子生长量预估值;$Z_{\max}$ 为某一测树因子生长量最大值(即潜在生长量);CI 为单木竞争指标;$f(CI)$ 表示以 CI 为自变量的修正函数。

最后,结合树高生长模型、二元材积方程以及单木枯损函数,即可对单木及全林分

的生长动态进行模拟。本书以福建省黄山松为例,利用皮尺建立以西南点为0点的直角坐标系进行每木定位,分肥沃(Ⅰ)、较肥沃(Ⅱ)、中等肥沃(Ⅲ)、瘠薄(Ⅳ)4种立地质量等级采集了253块样地,开展单木生长量模型研建实例。

(1)确定对象木。黄家荣等提出的确定对象木的方法较实际,且能抽选出较多的对象木,从而确保充足的样本。根据实际情况,样地已进行每木定位,为消除边缘效应,同时降低系统误差,并保证有较多的样本单元。

利用已定位的样地每木数据,选用黄家荣等提出的方法作为对象木选择的标准,即以样地的中心为圆心,将样地的矩形短边的0.5倍,得到的结果再减去样地中最大冠幅胸径,其值作为圆的半径,并在该半径的圆内寻找对象木。通过该方法得到样地中的对象木株数总计378棵,具体见表8-1。

表8-1 不分立地质量等级各径阶对象木情况

径阶/cm	株数	百分比/%	径阶/cm	株数	百分比/%	径阶/cm	株数	百分比/%
4~8	21	5.56	28~32	74	19.58	52~56	7	1.85
10~14	37	9.79	34~38	57	15.08	≥58	4	1.06
16~20	56	14.81	40~44	43	11.38	合计	378	100.00
22~26	60	15.87	46~50	19	5.03			

根据立地质量肥沃、较肥沃、中等肥沃、瘠薄4个等级,得到各对象木的情况见表8-2。

表8-2 分立地质量等级各径阶对象木情况

径阶/cm	立地质量							
	Ⅰ		Ⅱ		Ⅲ		Ⅳ	
	株数	百分比/%	株数	百分比/%	株数	百分比/%	株数	百分比/%
4~8	5	5.21	5	5.10	4	4.40	7	7.53
10~14	9	9.38	8	8.16	7	7.69	13	13.98
16~20	10	10.42	11	11.22	15	16.48	20	21.51
22~26	16	16.67	15	15.31	14	15.38	15	16.13
28~32	21	21.88	20	20.41	19	20.88	14	15.05
34~38	13	13.54	15	15.31	17	18.68	12	12.9
40~44	11	11.46	13	13.27	10	10.99	9	9.68
46~50	6	6.25	7	7.14	3	3.30	3	3.23
52~56	3	3.13	2	2.04	2	2.20	0	0
≥58	2	2.08	2	2.04	0	0		

（2）确定竞争木。根据样地已知每棵乔木层树种的坐标位置、树高、胸径等因子，为计算简易，选用固定半径法确定竞争木。固定半径法确定竞争木的方法是以对象木为原点，半径为 r 画一个圆，那么在这圆内的林木均为该对象木的竞争木。利用固定半径法要解决的问题是半径 r 的确定，毛磊等提出选出一定数量的对象木，以 2.5 m 为样圆半径，在 2.5～20 m 之间有多个样圆半径，通过计算不同样圆半径得到对象木的竞争强度，并分析随着半径的增加竞争强度的变化情况。若竞争强度增加不明显，那么说明增加竞争木的株数对对象木的影响不大，从而确定半径 r。

选用固定半径法确定竞争木，以黄山松对象木为原点，在 2.5～20 m 之间做 8 个样圆半径（2.5 m 的增量），通过计算不同样圆半径得到黄山松对象木的竞争强度，并分析随着半径增加，竞争强度增加的不明显时，那么说明增加竞争木的株数对对象木影响不大，从而确定半径 r。

分别取立地质量肥沃、较肥沃、中等肥沃、瘠薄 4 个等级的样地距中间位置最近的一棵对象木，分析随着样圆半径和竞争强度的变化情况，并确定其半径 r。立地质量等级分别为肥沃、较肥沃、中等肥沃、瘠薄的一块样地中距中间位置最近的对象木，随着半径的变大，其竞争强度也在增大。胸径为 7.6 cm、树高 6.4 m 的对象木，不同半径范围，其竞争强度变化情况见图 8-1。半径 r 为 2.5～7.5 m 时，其竞争强度增加量较大；半径 r 大于 7.5 m 后，竞争强度的增幅较稳定，7.5 m 处有个明显的拐点。立地质量等级为较肥沃的样地中距中间位置最近的对象木的胸径为 16.4 cm，树高 11.3 m，当半径 r 大于 7.5 m 后，竞争强度的增幅较稳定，而在 7.5 m 前的增幅较大，同样在 7.5 m 出现拐点。立地质量等级为中等肥沃、瘠薄的一块样地中距中间位置最近的对象木的胸径和树高分别为 14.2 cm、10.7 m 和 20.9 cm、13.9 m，半径 r 为 7.5 m 可作为黄山松单木竞争半径。为提高说服力和可信度，将所有对象木在半径上的竞争强度取平均值，同样，以样圆半径为横坐标、平均竞争强度为纵坐标，绘制散点图像（图 8-2）。

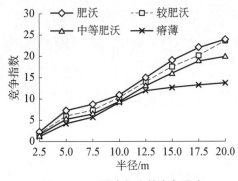

图 8-1 不同半径上的竞争强度

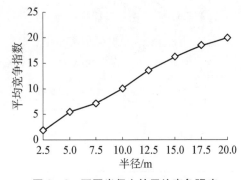

图 8-2 不同半径上的平均竞争强度

由图 8-2 可知，半径 r 从 2.5 m 到 7.5 m，其平均竞争强度增加量较大；半径 r 大于 7.5 m 后，竞争强度的增幅较稳定，7.5 m 处有个明显的拐点。所以 7.5 m 作为黄山松单木竞争半径具有实际依据，当然不同胸径的对象木其干形等因子也不同，其竞争范围可能会有变化。

(3) 确定竞争强度。与距离有关的竞争指标能更好地表示林木之间的竞争情况，同时参考关玉秀等提出的竞争指标优劣的衡量标准：具有一定的生理和生态学依据；具有适时可测性或可估性，同时对竞争状态的变化反应灵敏；具有准确地说明生长的变差；模型中因子测量容易；计算简便。根据关玉秀等提出的衡量标准，选用 Hegi 提出的简单竞争指标作为黄山松竞争指标，同时将竞争木和对象木胸径作为模型中的胸径因子，具体见公式(8-67)。

$$CI_i = \frac{\sum_{i=1}^{n} \dfrac{D_j}{D_i}}{L_{ij}} \tag{8-67}$$

式中：D_i 是对象木胸径；D_j 是竞争木胸径；L_{ij} 是对象木 i 与竞争木 j 之间的距离；n 是竞争木的株数。

根据确定的单木竞争半径(7.5 m)，利用 Hegi 竞争指标累加并平均，得到不同立地质量等级下各径阶对象木的平均竞争强度，结果见表8-3。由于黄山松为优势树种，阔叶树种、马尾松、杉木等为劣势树种，且样地的劣势树种较少，所以不区分种内、种间竞争强度。

表8-3　不同立地质量等级下对象木平均竞争强度

径阶/cm	平均竞争强度			
	肥沃	较肥沃	中等肥沃	瘠薄
4~8	0.916 46	0.847 83	0.683 43	0.545 27
10~14	0.546 93	0.419 66	0.736 82	0.513 35
16~20	0.353 89	0.341 58	0.213 74	0.226 93
22~26	0.254 47	0.216 58	0.148 93	0.100 62
28~32	0.239 83	0.185 63	0.104 74	0.062 33
34~38	0.158 96	0.112 47	0.091 24	0.041 03
40~44	0.138 94	0.101 27	0.066 58	0.023 23
46~50	0.101 99	0.100 37	0.553 67	0.018 14
52~56	0.137 92	0.717 43	0.039 82	0.007 87
≥58	0.079 85	0.066 87	0.343 91	0.004 23

由表8-3可知，立地条件越好，黄山松对象木的竞争强度越大，随着立地质量的变差，竞争强度也变小；而从纵向来看，在同一立地质量等级下，随着胸径的增大，竞争强度减少，即对象木生长所受的临近木的竞争压迫变小。因此，可以看出竞争强度与胸径成减函数关系。

（4）单木模型。利用线性、对数、倒数、二次、三次、复合曲线、幂函数、S 形曲线、指数、Logistic 曲线等方程作为备选模型，不区分立地质量等级，将所有黄山松对象木胸径及其竞争木平均竞争强度作为模型拟合数据，通过相关指数 R^2 和残差平方和 2 个指标评价方程的拟合情况，以残差平方和最小、相关指数 R^2 最大的方程作为黄山松竞争强度模型。通过计算得到各方程的拟合情况（表 8 - 4）。

表 8 - 4 备选方程拟合效果

方程	相关指数 R^2	残差平方和	方程	相关指数 R^2	残差平方和
线性函数	0.582	0.635	复合函数	0.865	1.793
对数函数	0.809	0.290	幂函数	0.881	0.519
倒数函数	0.903	0.193	S 型曲线	0.878	1.225
二次函数	0.801	0.259	指数函数	0.835	1.783
三次函数	0.814	0.247	Logistic 曲线	0.835	1.783

经求解，得到倒数方程的拟合效果较其他方程好，其相关指数为 0.903（最高），残差平方和为 0.193（最小），所以采用倒数方程作为黄山松对象木胸径与竞争木强度模型。利用未参加建模的 46 个竞争强度数据进行精度检验，经检验，平均相对误差绝对值 8.3%，平均系统误差 1.3%，满足精度要求。

由于不同立地质量条件下，黄山松生长情况不同，在生长过程中受到临近木的竞争压迫情况也不同，因此有必要将立地质量作为其中一个因素分析单木竞争强度。依据小班一览表所记载的 4 个立地质量类型（肥沃：记 i_1；较肥沃：记 i_2；中等肥沃：记 i_3；瘠薄：记 i_4），将这 4 个类型作为哑变量建立黄山松单木竞争强度模型。

以倒数方程作为其竞争强度的基础模型，见公式（8 - 68）。

$$\overline{CI} = a + \frac{b}{D} \tag{8-68}$$

式中：a、b 为与立地质量等级有关的参数；D 为单木胸径；$\overline{CI}$ 为单木竞争强度。

那么，参数 a、b 与立地质量等级肥沃（i_1）、较肥沃（i_2）、中等肥沃（i_3）、瘠薄（i_4）关系见公式（8 - 69）～（8 - 70）。

$$a = f_a(I_1, I_2, I_3, I_4) = a_1 I_1 + a_2 I_2 + a_3 I_3 + a_4 I_4 \tag{8-69}$$

$$b = f_b(I_1, I_2, I_3, I_4) = b_1 I_1 + b_2 I_2 + b_3 I_3 + b_4 I_4 \tag{8-70}$$

式中：a_1、a_2、a_3、a_4、b_1、b_2、b_3、b_4 为待求参数；i_1、i_2、i_3、i_4 为立地质量等级。

构建以立地质量等级 i_1、i_2、i_3、i_4 为哑变量，对象木胸径（D）为自变量，平均竞争强度（$\overline{CI}$）为因变量的黄山松单木竞争强度模型。

$$\overline{CI} = f_a(I_1, I_2, I_3, I_4) + \frac{f_b(I_1, I_2, I_3, I_4)}{D} \qquad (8-71)$$

公式(8-71)哑变量的计算是将定性数据转化为定量数据,只取 1 或 0。取值规则:若立地质量等级为 i_2 时,i_2 取 1,i_1、i_3、i_4 均为 0;若立地质量等级为 i_3 时,i_3 取 1,i_1、i_2、i_4 均为 0,以此类推。

根据哑变量的特点,在建模过程中,为提高说服力及可信度,采用建模和检验同步进行的方式,参数估计方法为混合蛙跳算法。4 种地类共 12 套数据均通过 F 检验,肥沃地 F 值分别为 3.47、3.21、2.97,较肥沃地 F 值分别为 3.52、2.97、3.79,中等肥沃地 F 值分别为 2.75、2.66、3.21,瘠薄地 F 值分别为 2.94、3.13、2.86。将所有样木参与建模,并利用混合蛙跳算法求解方程参数(表 8-5),得到相关指数为 0.932。

表 8-5　各参数拟合结果

参数	数值	参数	数值
a_1	−0.045 58	b_1	6.972 18
a_2	−0.052 44	b_2	6.127 31
a_3	−0.061 12	b_3	4.911 94
a_4	−0.064 41	b_4	3.466 97

采用 67 个数据进行精度验证,经检验,平均相对误差绝对值 7.4%,平均系统误差 1.1%,说明拟合的黄山松对象木胸径与竞争强度关系模型满足精度要求,可在生产上推广应用。

8.3.2　林分生长量模型研建

在建立林分生长量模型过程中,一般以理论或经验生长模型为基础,通过引入影响林分生长的因素(如立地条件、气候因子、密度等),使模型再参数化,构建形成模拟精度更高、效果更佳、应用更广泛的模型。这类林分水平的生长模型能直接预测林分水平的生长收获预估量,从而减少单木的误差积累。

对于混交林,由于其树种组成多样、年龄不一,以及立地环境复杂,在构建生长收获预估模型时,必须解决针阔混交林年龄、立地质量、树种组成等的表达问题。但在以往研究中,这 3 个问题并不是均能在模型中同时得以体现或者解决。因此,在构建混交林生长收获预估模型时,需要在同一个模型内既能体现混交林的复杂林分结构,又要包含年龄、立地质量、树种组成 3 个变量。

为了同时解决针阔混交林年龄、立地质量、树种组成等的表达问题,以分布广泛的针阔混交林为例,选择 Korf、Richards 等 2 个理论生长方程,采用林分预估间隔期(简称间隔期,$\Delta t = t_2 - t_1$)代替林分年龄作为生长收获预估模型的自变量,构建基于间隔期的生长收获预估模型,引入林地质量、树种组成系数,使模型再参数化,建立与树种组成系数有关、间隔期为自变量的针阔叶混交异龄林生长收获预估模型,解决了树种组成多样、异龄林年龄不易确定以及立地环境复杂的问题,揭示针阔叶混交异龄林生长和动态变化规律,旨在提高森林资源的现代化经营管理水平。

(1) 模型构建。树种组成系数是[0,10]范围内的数值,在林业生产实践上,针阔叶混交林是以 1~10 的数字＋树种表示,如:6 阔叶树 2 杉木 2 马尾松等形式描述树种组成结构。为提高混交林生长收获预估精度,将树种组成系数引入到 D、H、M 较优生长收获预估模型中,使模型再参数化,H 生长收获预估模型再参数化形式为:

$$H_2 = f_1(S_i, L_i)\left\{1 - \left[1 - \frac{H_1}{f_1(S_i, L_i)}\right] \times e^{-f_{21}(S_i, L_i, c_i, ka_{ij}) \times \Delta t}\right\} + \delta \quad (8-72)$$

其中,$f_{11}(S_i, L_i, a_i, ka_{ij}) = a_1 S_1(ka_{11}L_1 + ka_{12}L_2 + ka_{13}L_3) + a_2 S_2(ka_{21}L_1 + ka_{22}L_2 + ka_{23}L_3) + a_3 S_3(ka_{31}L_1 + ka_{32}L_2 + ka_{33}L_3) + a_4 S_4(ka_{41}L_1 + ka_{42}L_2 + ka_{43}L_3)$

$f_{21}(S_i, L_i, c_i, kc_{ij}) = c_1 S_1 + c_2 S_2 + c_3 S_3 + c_4 S_4 = c_1 S_1(kc_{11}L_1 + kc_{12}L_2 + kc_{13}L_3) + c_2 S_2(kc_{21}L_1 + kc_{22}L_2 + kc_{23}L_3) + c_3 S_3(kc_{31}L_1 + kc_{32}L_2 + kc_{33}L_3) + c_4 S_4(kc_{41}L_1 + kc_{42}L_2 + kc_{43}L_3)$

式中:ka_{ij} 为模型预估参数;L_i 为树种组成系数,L_1 为杉木、L_2 为马尾松、L_3 为阔叶树。本次将树种组成系数除以 10,使 L_i 取值范围为[0,1],从而更贴近林业生产上的树种组成系数含义,即目标树种的蓄积量(横断面积)/林分总蓄积量或横断面积。

D、M 较优生长收获预估模型再参数化形式为:

$$y_2 = f_{12}(L_i, a_i)\left\{1 - \left[1 - \left(\frac{y_1}{f_{12}(L_i, a_i)}\right)^{\frac{1}{b}}\right] \times e^{-c \times \Delta t}\right\}^b + \delta \quad (8-73)$$

$$y_2 = f_{12}(L_i, a_i)\left\{1 - \left[1 - \left(\frac{y_1}{f_{12}(L_i, a_i)}\right)^{\frac{1}{f_3(L_i, b_i)}}\right] \times e^{-c \times \Delta t}\right\}^{f_3(L_i, b_i)} + \delta$$
$$(8-74)$$

$$y_2 = f_{12}(L_i, a_i)\left\{1 - \left[1 - \left(\frac{y_1}{f_{12}(L_i, a_i)}\right)^{\frac{1}{f_3(L_i, b_i)}}\right] \times e^{-f_{22}(L_i, c_i) \times \Delta t}\right\}^{f_3(L_i, b_i)} + \delta$$
$$(8-75)$$

$$y_2 = a\left\{1 - \left[1 - \left(\frac{y_1}{a}\right)^{\frac{1}{f_3(L_i, b_i)}}\right] \times e^{-c \times \Delta t}\right\}^{f_3(L_i, b_i)} + \delta \quad (8-76)$$

$$y_2 = a\left\{1 - \left[1 - \left(\frac{y_1}{a}\right)^{\frac{1}{f_3(L_i, b_i)}}\right] \times e^{-f_{22}(L_i, c_i) \times \Delta t}\right\}^{f_3(L_i, b_i)} + \delta \quad (8-77)$$

$$y_2 = a\left\{1 - \left[1 - \left(\frac{y_1}{a}\right)^{\frac{1}{b}}\right] \times e^{-f_{22}(L_i, c_i) \times \Delta t}\right\}^b + \delta \quad (8-78)$$

其中，$f_{12}(L_i, a_i) = a_1 L_1 + a_2 L_2 + a_3 L_3$，$f_{22}(L_i, c_i) = c_1 L_1 + c_2 L_2 + c_3 L_3$，$f_3(L_i, b_i) = b_1 L_1 + b_2 L_2 + b_3 L_3$。

（2）平均高生长模型。a_i、c_i 是模型原始参数，具有一定的生物学意义。a_i、c_i 均大于 a_{i+1}、c_{i+1}，即立地质量好的针阔叶混交林林分平均高较高且生长速率较快。其中 a_1 与 a_2 值较接近，a_3 与 a_4 值较接近，c_1 值最高，c_3 与 c_4 值较接近，说明立地质量等级 S_1 和 S_2 平均高最大值较接近，但立地质量等级 S_1 平均高生长速率最快，立地质量等级 S_3 和 S_4 平均高最大值不仅较接近且生长速率也较接近。ka_{ij} 为树种组成系数参数，不同立地质量等级，其 ka_{ij} 值也不同，但相同立地质量等级下，ka_{ij} 均大于 $ka_{i(j+1)}$，表现出杉木＞马尾松＞阔叶树种（组）的规律。平均高在不同立地质量等级下表现出林木高生长的一般规律（表 8-6），图中初始平均高为 2 m，树种组成系数为 2 杉木 2 马尾松 6 阔叶树种（组）。

表 8-6　模型序号(8-71)参数值

参数	拟合值	参数	拟合值
a_1	6.1150	ka_{13}	3.4420
a_2	5.5006	ka_{21}	5.2570
a_3	3.9131	ka_{22}	4.8320
a_4	3.3187	ka_{23}	3.0180
c_1	0.0889	ka_{31}	5.3810
c_2	0.0615	ka_{32}	4.2990
c_3	0.0454	ka_{33}	4.5980
c_4	0.0344	ka_{41}	5.0210
ka_{11}	5.0390	ka_{42}	4.2940
ka_{12}	4.0200	ka_{43}	3.4580

（3）胸径和蓄积量生长模型。经拟合计算，得到平均胸径和林分蓄积量 6 种生长收获预估模型拟合精度结果（表 8-7）。从表 8-7 可知，平均胸径生长收获预估模型的拟合精度高于林分蓄积量，主要原因可能是胸径为每木检尺测定，而林分蓄积量是经二元材积模型推算得到。平均胸径和林分蓄积量 6 种生长收获预估模型的拟合 $RMSE$、R、DC 值差异不大，平均胸径 R 值均大于 0.915、DC 值均大于 0.835、$RMSE$ 值均小于 1.615，林分蓄积量 R 值均大于 0.810、DC 值均大于 0.610、$RMSE$ 值均小于 57.000，说明本次构建的平均胸径和林分蓄积量生长收获预估模型较好。

表 8-7　平均胸径和林分蓄积量预估模型拟合优度值

再参数化模型	平均胸径			林分蓄积量		
	RMSE	R	DC	RMSE	R	DC
(7)	1.611	0.916	0.837	49.290	0.848	0.702
(8)	1.607	0.917	0.838	48.592	0.853	0.711
(9)	1.612	0.916	0.837	56.218	0.811	0.613
(10)	1.601	0.917	0.839	49.274	0.847	0.702
(11)	1.600	0.917	0.839	52.813	0.821	0.658
(12)	1.602	0.917	0.839	49.456	0.845	0.700

与树种组成有关、间隔期为自变量的针阔叶树混交异龄林平均胸径最佳的模型为表中"再参数化模型"式(11)，模型预估参数 a、b_1、b_2、b_3、c_1、c_2、c_3 分别为 26.071、0.405、0.451、0.758、0.017、0.012、0.011。与树种组成有关、间隔期为自变量的针阔叶树混交异龄林林分蓄积量最佳的模型为式(8)，但其参数值并不理想，出现负值现象，因此本次选用式(7)，模型预估参数 a_1、a_2、a_3、b、c 分别为 401.099、350.913、304.586、0.815、0.009。

根据最优模型和参数值可知，平均胸径和林分蓄积量均显 Richards 模型生长规律，其中平均胸径参数 b_i、c_i 值的变化规律分别为杉木＜马尾松＜阔叶树种(组)、杉木＞马尾松＞阔叶树种(组)，说明针阔叶混交林中生长速率表现为杉木＞马尾松＞阔叶树种(组)，而平均胸径林分最大值可用平均值替代，无需引入树种组成系数进行描述。树种组成对林分蓄积量的影响主要为林分生长最大值，且影响大小表现为杉木＞马尾松＞阔叶树种(组)。

8.3.3　森林生物量模型研建

森林生物量模型分为单木水平和林分水平的生物量模型，其中林分水平的生物量模型根据各层生物量与总量是否兼容，可分为乔木林分类建模和乔木林综合建模。乔木林分类建模是按优势树种(组)和林分起源划分林分类型，将林分蓄积、林分密度、平均胸径、盖度、高度和厚度等其他可测或已具备的因子作为建模自变量，在同一林分类型内，分别构建乔木层、灌木层、草本层、枯落物层、腐殖质层生物量模型。乔木林综合建模以树种和起源划分建模单元，将林分蓄积量、林分密度、平均胸径、盖度、高度和厚度等其他可测或已具备的因子作为建模自变量。在同一林分类型内，从总体上构建总量、乔木层、灌木层、草本层、枯落物层、腐殖质层生物量模型。

（1）单木生物量建模。以黄山松为例，根据交叉建模和交叉检验同步进行的计算思路，将所有样木分成 3 套：第 1 套中，样木编号为 1 的作为检验样本，编号 2、3 为建模样本;第 2 套中,编号 2 为检验样本,编号 1、3 为建模样本;第 3 套中,编号 3 为检验样本,编号 1、2 为建模样本。用建模样本作拟合精度检验,未参加建模样本作适用性检验。通过建模和检验同步进行的计算方法,3 套数据均通过 F 检验,F 值分别为 1.74、2.62、1.84。将所有样木参与建模,并利用求解方程参数,建立的树干、树冠、木材、树皮、树枝、树叶、树根、总生物量模型分别见下式:

$$W_1 = 0.019\,78D^{1.226\,3} \times H^{1.475\,8} \tag{8-79}$$

$$W_2 = 0.049\,77D^{1.839\,4} \times H^{0.120\,7} \tag{8-80}$$

$$W_3 = \frac{0.019\,78D^{1.226\,3} \times H^{1.475\,8}}{1 + 0.598\,32D^{-0.299\,64} \times H^{-0.314\,57}} \tag{8-81}$$

$$W_4 = \frac{0.019\,78D^{1.226\,3} \times H^{1.475\,8}}{1 + 1/(0.598\,32D^{-0.299\,64} \times H^{-0.314\,57})} \tag{8-82}$$

$$W_5 = \frac{0.049\,77D^{1.839\,4} \times H^{0.120\,7}}{1 + 2.694\,18D^{-0.429\,42} \times H^{-0.227\,42}} \tag{8-83}$$

$$W_6 = \frac{0.049\,77D^{1.839\,4} \times H^{0.120\,7}}{1 + 1/(2.694\,18D^{-0.429\,42} \times H^{-0.227\,42})} \tag{8-84}$$

$$W_7 = 0.035\,48D^{1.358\,7} \times H^{0.936\,84} \tag{8-85}$$

$$W_0 = 0.019\,78D^{1.226\,3} \times H^{1.475\,8} + 0.049\,77D^{1.839\,4} \times H^{0.120\,7} + 0.035\,48D^{1.358\,7} \times H^{0.936\,84} \tag{8-86}$$

(2) 乔木林分类建模。林分生物量建模是以标准地或样地为数据,需选择标准地数量在 5 个以上的林分类型进行拟合,可采用回归分析技术求解林分生物量模型参数,并计算各项评价指标。

乔木林生物量选择的方程分别为:乔木层乔木树种方程表达式为 $W = a + bX_1$ 和 $W = aX_1^b$,灌木层方程为表达式为 $W = aX_1^b X_2^c$、$W = a + bX_1X_2$、$W = a(X_1X_2)^b$,草本层方程表达式为 $W = a + bX_1$ 和 $W = aX_1^b$。枯落物层方程基本不合适,同一林分类型的单位面积生物量用平均值估算。腐殖质层表达式为 $W = a + bX_1$ 和 $W = aX_1^b$。

(3) 乔木林综合建模。乔木树种以生物量总量为因变量 W_0,选择林分公顷蓄积 M、灌木盖度 $P1$、灌木高度 H、草本盖度 $P2$、腐殖质厚度 B 为自变量,模型结构经分析对比设计为乔木层 $g_1 = g_1(x) = 1$;灌木层 $g_2 = g_2(x) = b0 \times P1^{b1} \times H^{b2}/M^{b3}$;草本层 $g_3 = g_3(x) = b0 \times P2^{b1}/M^{b2}$;枯落物层 $g_4 = g_4(x) = b0 \times M^{b1}$;腐殖质层 $g_5 = g_5(x) = b0 \times B^{b1}/M^{b2}$。

8.3.4 竹林生物量模型研建

竹林生物量模型根据各层生物量与总量是否兼容分为竹林分类建模和竹林综合建

模。竹林分类建模与乔木林分类建模结果类似,竹林生物量选择的方程分别为:乔木层竹林方程表达式为 $W = a + bX_1 + cX_2$;灌木层方程表达式为 $W = aX_1^b X_2^c$、$W = a + bX_1X_2$、$W = a(X_1X_2)^b$;草本层方程表达式为 $W = a + bX_1$ 和 $W = aX_1^b$。枯落物层方程基本不合适,同一林分类型的单位面积生物量用平均值估算。腐殖质层表达式为 $W = a + bX_1$ 和 $W = aX_1^b$。

竹林综合建模方面,竹林以生物量总量为因变量 W_0,选择林分公顷材积 V(指生长于竹林中的其他乔木树种蓄积或材积)、平均胸径 D、公顷株数 N、灌木盖度 $P1$、灌木高度 H、草本盖度 $P2$、腐殖质厚度 B 为自变量,模型结构经分析对比设计为:乔木层:$g_1 = g_1(x) = 1$;灌木层:$g_2 = g_2(x) = b0 \times P^{b1} \times H^{b2} / [D^2 N(1+V)]^{b3}$;草本层:$g_3 = g_3(x) = b0^{b1} / [D^2 N(1+V)]^{b2}$;枯落物层:$g_4 = g_4(x) = b0 \times [D^2 N(1+V)]^{b1}$;腐殖质层:$g_5 = g_5(x) = b0 \times B^{b1} / [D^2 N(1+V)]^{b2}$。

8.3.5 碳计量模型研建

碳计量模型包括单木水平碳储量和林分水平的碳储量,2 种尺度的模型均按独立建模和整体建模研究,选取相关指数、标准差、总误差、系统误差、平均误差、精度等进行模型拟合精度和适用性检验。

(1)单木碳储量模型。在独立建模方面,经多模型对比,单木总碳储量可采用这 3 个模型描述:$CW = aX_1^b X_2^c$、$CW = aX_1^b \exp(cX_2)$、$CW = aX_1^b$。这些模型均具有较高的相关指数和精度值,较低的标准差、总误差、系统误差、平均误差值。树根碳储量模型与总碳储量一致,这 3 种模型能较好地描述相关因子与其之间的关系。树干方面,拟合精度略低于树根碳储量模型,精度排前 3 的模型分别 $CW = aX_1^b X_2^c$、$CW = a(X_1X_2)^b$、$CW = aX_1^b$。树枝的碳储量模型与总碳储量一致,其拟合精度与其也较类似,具有较高的拟合精度。树叶的拟合精度低于总碳储量和树根碳储量模型,与树干碳储量模型拟合精度类似,但精度排在前 3 的模型与单木总碳储量一致,即 $CW = aX_1^b X_2^c$、$CW = aX_1^b \exp(cX_2)$、$CW = aX_1^b$。说明 $CW = aX_1^b X_2^c$ 能较好地描述各器官碳储量。

在整体建模方面,根据独立建模的结果,采用拟合精度较高的模型作为总量和分量模型,以人工杉木为例,经整体建模,得到各模型参数见表 8-8。

表 8-8 人工杉木碳储量模型参数与精度值

器官	b_1	b_2	b_3	相关指数	标准差	总误差	系统误差	平均误差	精度
树根	1.373 4	0.402 2	−0.921 7	0.992 72	2.981 7	−3.37	−1.37	8.44	98.797
树枝	0.897 4	−0.179 4	−0.229 1	0.973 3	4.067 7	1.16	−2.44	11.79	97.538 2
树叶	2.579 6	−0.502	−0.497	0.938 7	1.953	−3.47	−0.05	14.23	97

（2）林分碳储量模型。在独立建模方面，经多模型对比，林分总碳储量可采用这3个模型描述：$CW = a + bX$、$CW = a + b\ln X$、$CW = aX^b$。相关指数均高于0.900 0，均具有较高的相关指数和精度值，较低的标准差、总误差、系统误差、平均误差值。树根碳储量模型与总碳储量一致，这3种模型能较好地描述相关因子与其之间的关系，特别是$CW = aX^b$模型。树干方面，$W = a + bX$、$W = aX^b$这2种模型均有较高的拟合精度。树干与树枝方面，同时是这3个模型，拟合相关指数均高于0.900 0，标准差低于50.000，精度高于95.000。因此，可将$CW = aX^b$作为各分量拟合模型。

在整体建模方面，根据独立建模的结果，采用拟合精度较高的模型作为总量和分量模型，以杉木人工林为例，经整体建模，得到各模型参数见表8-9。

表8-9　杉木人工林碳储量模型参数与精度值

器官	b_1	b_2	相关指数	标准差	总误差	系统误差	平均误差	精度
树根	0.757 7	−0.293 06	0.994 4	17.323 8	−0.19	0.01	2.1	99.457 7
树枝	0.431 4	−0.236 4	0.997 7	7.638 6	−0.06	0.06	1.44	99.631 4
树叶	0.599 2	−0.557 2	0.965 2	13.642 2	−0.3	−0.21	4.31	99.02

8.4　应用案例

本节将探讨单木生长量模型、林分生长量模型和生物量模型在实际应用中的案例。这些模型不仅可以用于预估树木和森林的生长量，还可用于计算碳储量或碳汇量。特别是单木生长量模型可以与树高生长模型、二元材积方程及单木枯损函数结合使用，以预估单木和林分水平的生长量。而林分生长量模型主要用于预估林分蓄积量、胸径和树高等测树因子，可应用于资产评估、未来实物量预估、碳储量和碳汇量估算等领域。此外，生物量模型的应用包括单木生物量的评估和林分生物量的估算，通过给定的胸径、树高或材积等变量，可以估算相应的生物量和碳储量。这些模型在森林资源管理和环境保护方面具有重要的应用价值。

8.4.1　单木生长量模型应用

建立的单木生长量模型结合树高生长模型、二元材积方程，以及单木枯损函数，即可预估单木及林分水平的生长量，结合生物量模型及转碳系数，即可得到不同单木或林分水平的碳储量或碳汇量。因此，单木生长量模型不仅可用于预估生长量，也可结合生物量或碳储量模型用于估计碳储量或碳汇量。在应用过程中，若建立的单木生长量模型是与年龄有关时,可直接采用;若与年龄无关,则需要借助树高、胸径等生长模型,间接预估。

(1) 与距离无关的单木生长量模型。下式为与距离无关的单木胸径生长量模型,其中 H 为树高,CW 为冠幅,HCB 为枝下高,X_2 为相对树高,X_3 为冠长率,X_5 为树冠投影比。在使用该模型预估单木胸径生长量模型时,应将树高、冠幅、枝下高、相对树高、冠长率、树冠投影比等自变量带入模型中,即可得到在该自变量取值下的与距离无关的单木胸径生长量。

$$y_z = 19.713 + 0.114H - 33.887X_5 + 0.676CW - 7.379X_3 - 2.407X_2 - 0.485HCB \tag{8-87}$$

(2) 与距离有关的单木生长量模型。利用与距离有关的单木生长量模型预估生长量时,应结合潜在生长函数、潜在生长量修正函数。如下式为以 Korf 方程为基础、立地质量等级为哑变量的人工秃杉潜在生长函数,D 为优势木胸径。

$$D = (118.121I_1 + 109.251I_2 + 92.543I_3 + 74.589I_4) \times e^{-\frac{7.652}{t^{0.621}}} \tag{8-88}$$

取初始年龄 t_1,期末年龄 t_2 代入上式潜在生长函数中,得到同一立地质量等级的人工秃杉胸径潜在生长量最大值(Z_{max}),模型表达式为:

$$y_{Zmax} = (118.121I_1 + 109.251I_2 + 92.543I_3 + 74.589I_4) \times (e^{-\frac{7.652}{t_2^{0.621}}} - e^{-\frac{7.652}{t_1^{0.621}}}) \tag{8-89}$$

再利用下式(潜在生长量修正函数),即可得到秃杉单木胸径的实际生长量。

$$y_z = y_{Zmax}f(CI) = y_{Zmax} \times \left(-0.403 + \frac{9.024}{CI}\right) \tag{8-90}$$

从上式可知,在同一林分中,大林木比小林木更具有较强的生长空间占有能力,即竞争能力大,竞争能力越大,$f(CI)$ 值也越大,因此修正系数 $f(CI)$ 为与竞争指数有关的函数。

8.4.2 林分生长量模型应用

林分生长量模型主要应用于林分蓄积量、胸径、树高等测树因子的估计或预估,结果也可用于资产评估未来实物量预估、碳储量和碳汇量估算等方面。由于构建的林分生长量模型一般与年龄有关,给定不同的年龄,即可得到不同的林分不同的实物量。若研制的模型包括地位指数曲线、断面积、平均胸径和株数、收获、平均高、自然稀疏等模型系统,就可以预估林分生长动态,实现森林资源数据更新,为正确地分析评价营林措施,优化森林经营模式,以及森林资源资产评估等提供科学依据。另外,对全林分模型系统进行适当的补充后,可进一步编制出标准收获表、经验收获表、自然生长过程表等测树经营数表。

蓄积量作为重要的林分测树因子,在林分生长量模型中,属于最常见的预估因子,

其模型结构也多样,比如为解决异龄林平均年龄不易确定,以间隔期代替林分年龄建立异龄林生长收获模型:

$$M_h = \frac{a}{1 + (a/M_0 - 1) \times \exp(-b \times T_h)} \tag{8-91}$$

式中:T_h 是预估间隔期;M_h 是预估间隔期为 T_h 时相应的林分蓄积量预估值;M_0 为已知的林分蓄积量初始值;a、b 为参数。

为进步提高拟合精度,引入立地质量质量等级,构建与立地质量有关的、基于间隔期的异龄林生长收获模型为:

$$M_h = \frac{a_1 I_1 + a_2 I_2 + a_3 I_3 + a_4 I_4}{1 + [(a_1 I_1 + a_2 I_2 + a_3 I_3 + a_4 I_4)/M_0 - 1] \times \exp(-b \times T_h)} \tag{8-92}$$

上式是以立地质量等级为哑变量、间隔期为自变量、林分蓄积量为因变量的生长收获模型。哑变量的计算是将定性数据 i_i 转化为定量的(0,1)数据,即只取 0 或者 1 值,取值规则为:当立地质量为某一等级时,该等级取值为 1;其他等级取值为 0。例如当立地质量为 I 类地时,i_1 取 1,i_2、i_3、i_4 均取值为 0;同理,当 i_2 取 1 时,则 i_1、i_3、i_4 都为 0。

利用 193 个黄山松异龄林样地数据,通过智能算法求解模型参数,得到如下结果:

$$M_h = \frac{521.728 I_1 + 404.139 I_2 + 291.632 I_3 + 189.627 I_4}{1 + [(521.728 I_1 + 404.139 I_2 + 291.632 I_3 + 189.627 I_4)/M_0 - 1] \times \exp(-0.0519 \times T_h)}$$
$$\tag{8-93}$$

已知四块分布于不同立地质量等级下的样地,I、II、III、IV 类地的蓄积量分布是 131.6 m³/hm²、123.3 m³/hm²、112.6 m³/hm²、92.8 m³/hm²。以 131.6 m³/hm² 的样地为例说明模型的使用,该样地基于间隔期的生长收获模型为:

$$M_h = \frac{521.728 I_1}{1 + [521.728 I_1/(M_0 - 1)] \times \exp(-0.0519 \times T_h)} \tag{8-94}$$

将 $T_h = 5\,\text{a}$、$M_0 = 131.6\,\text{m}^2/\text{hm}^2$ 代入上式,得到间隔期 5a 的蓄积量为 158.7 m³/hm²。同理,当 $T_h = 10\,\text{a}$、15 a、20 a、25 a、30 a、35 a 及不同立地质量等级时,得到不同立地质量等级的各样地不同间隔期的蓄积量预估值,具体如图 8-3 所示:

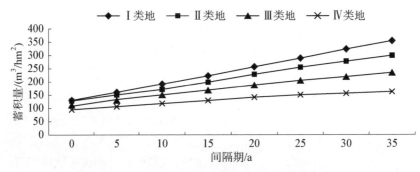

图 8-3 不同立地等级下蓄积量随间隔期的变化

由图 8-3 可知,不同立地质量条件下生长的林木,其生长情况也不同。立地条件越好的林地,其林木生长也越好。若现实林分蓄积量为 M,经过择伐后,其蓄积量 $M_0 = M \times (1-L)$,其中 L 为择伐强度,下次择伐应满足林分的蓄积量 M_n 大于或者等于 M,此时的 n 即为择伐周期 t。

立地质量等级为 Ⅰ 的林分,样地蓄积量为 131.6 m³/hm²,根据森林经营方案确定距采伐年数还有 8 a,那么间隔期 8 a 后的蓄积量为 176.4 m³/hm²。若择伐强度为 40%,那么择伐后的蓄积量为 105.9 m³/hm²,下次择伐应满足林分的蓄积量大于或者等于 176.4 m³/hm²,利用基于间隔期的生长收获模型预测不同间隔期下的林分蓄积量,通过式(8-94)计算蓄积量大于或者等于择伐前的蓄积量的年限为 14 a,即其择伐周期 t 为 14 a。根据同样的步骤,立地质量等级为 Ⅱ、Ⅲ、Ⅳ 的 3 个样地在择伐强度 40% 的情况下,其择伐周期 t 分别为 15 a、17 a、19 a,显然,立地越差,择伐周期越长。

8.4.3　生物量模型应用

将给定的胸径、树高或材积等自变量数值代入建立的单木生物量模型中,即可得到相应的生物量,并可编制单木生物量表、单木碳货币收获。结合地位指数曲线模型、断面积模型、平均胸径和株数模型、收获模型、平均高模型等全林分模型,即可编制生物量收获表,将数表应用于生物量、碳储量、碳汇量估算。

(1)单木生物量。以交叉建模和交叉检验同步进行的方法建立的黄山松树干、树冠、木材、树皮、树枝、树叶、树根、总生物量模型为例,给定胸径、树高变量因子,按胸径、树高、树干、树冠、木材、树皮、树枝、树叶、树根、总生物量展开,即可编制形成黄山松天然林单木生物量表。建立的树干、树冠、木材、树皮、树枝、树叶、树根、总生物量模型分别见下式。

$$W_1 = 0.019\,78 D^{1.226\,3} \times H^{1.475\,8} \tag{8-95}$$

$$W_2 = 0.049\,77 D^{1.839\,4} \times H^{0.120\,7} \tag{8-96}$$

$$W_3 = \frac{0.019\,78 D^{1.226\,3} \times H^{1.475\,8}}{1 + 0.598\,32 D^{-0.299\,64} \times H^{-0.314\,57}} \tag{8-97}$$

$$W_4 = \frac{0.019\,78 D^{1.226\,3} \times H^{1.475\,8}}{1 + 1/(0.598\,32 D^{-0.299\,64} \times H^{-0.314\,57})} \tag{8-98}$$

$$W_5 = \frac{0.049\,77 D^{1.839\,4} \times H^{0.120\,7}}{1 + 2.694\,18 D^{-0.429\,42} \times H^{-0.227\,42}} \tag{8-99}$$

$$W_6 = \frac{0.049\,77 D^{1.839\,4} \times H^{0.120\,7}}{1 + 1/(2.694\,18 D^{-0.429\,42} \times H^{-0.227\,42})} \tag{8-100}$$

$$W_7 = 0.035\,48 D^{1.358\,7} \times H^{0.936\,84} \tag{8-101}$$

$$W_0 = 0.019\,78 D^{1.226\,3} \times H^{1.475\,8} + 0.049\,77 D^{1.839\,4} \times H^{0.120\,7} + 0.035\,48 D^{1.358\,7} \times H^{0.936\,84} \tag{8-102}$$

根据编制的单木生物量(表8-10),取含碳率为0.5089,利用公式计算不同胸径、树高下的碳储量,并由碳储量转化为碳需要将碳储量乘以44/12,再碳价格取19.5美元/t,最后根据碳的货币表示方法,即可得到单木碳货币收获表。如当黄山松胸径为20 cm、树高为15 m,根据表可查得单木总生物量为85.7 kg,将该林木生物量乘以含碳率0.5089,得到碳储量为43.6 kg,最后计算出该林木的碳货币价值为19.2元。

表8-10 单木生物量表

D/cm	H/m	木材/kg	树皮/kg	树干/kg	树枝/kg	树叶/kg	树冠/kg	树根/kg	总生物量/kg
6	7	2.6	0.5	3.1	0.9	0.8	1.7	2.5	7.4
6	8	3.2	0.6	3.8	1	0.8	1.7	2.8	8.4
8	8	4.7	0.8	5.5	1.7	1.2	2.9	4.2	12.6
8	9	5.6	0.9	6.5	1.8	1.2	3	4.7	14.1
⋮	⋮	⋮	⋮	⋮	⋮	⋮	⋮	⋮	⋮
16	12	20.7	2.5	23.2	7.5	3.5	11	15.7	50
16	13	23.4	2.7	26.1	7.6	3.5	11.1	17	54.2
18	11	21.1	2.5	23.6	9.3	4.2	13.5	17	54.1
18	14	30.3	3.3	33.7	9.8	4.2	13.9	21.3	68.9
20	16	42.3	4.3	46.6	12.3	4.9	17.2	27.9	91.7
20	17	46.4	4.6	51	12.5	4.9	17.3	29.5	97.9
⋮	⋮	⋮	⋮	⋮	⋮	⋮	⋮	⋮	⋮

根据以上计算原理,得到其他胸径和树高对应的单木碳货币价值,据此编制的黄山松天然林单木碳货币收获见表8-11:

表8-11 单木碳货币收获表

D/cm	H/m	碳储量/kg	碳/kg	碳货币价值/元	D/cm	H/m	碳储量/kg	碳/kg	碳货币价值/元
6	5	2.7	10	1.2	18	14	35.1	128.6	15.4
6	6	3.2	11.8	1.4	18	15	37.7	138.2	16.6
6	7	3.7	13.7	1.6	18	16	40.4	148	17.7
6	8	4.3	15.7	1.9	20	12	34.8	127.7	15.3
6	9	4.8	17.7	2.1	20	13	37.7	138.2	16.6
6	10	5.4	19.8	2.4	20	14	40.6	149	17.8
8	6	4.9	17.9	2.1	20	15	43.6	160	19.2
8	7	5.6	20.6	2.5	20	16	46.7	171.2	20.5

D/cm	H/m	碳储量/kg	碳/kg	碳货币价值/元	D/cm	H/m	碳储量/kg	碳/kg	碳货币价值/元
8	8	6.4	23.5	2.8	20	17	49.8	182.6	21.9
8	9	7.2	26.4	3.2	22	13	43.1	158.1	18.9
8	10	8	29.4	3.5	22	14	46.4	170.2	20.4
8	11	8.9	32.5	3.9	22	15	49.8	182.7	21.9
⋮	⋮	⋮	⋮	⋮	⋮	⋮	⋮	⋮	⋮

(2) 林分生物量。全林分模型结合林分生物量模型即可开展林分生物量估计,并编制生物量收获表。全林分模型地位指数曲线模型、断面积模型、平均胸径和株数模型、收获模型、平均高模型、自然稀疏模型,如以黄山松为例,采用比值法建立的地位指数曲线模型,模型参数见表 8 - 12。

$$H_u = SI\left(\frac{1-e^{-f_2(I_1, I_2, I_3, I_4)\times t}}{1-e^{-f_2(I_1, I_2, I_3, I_4)\times t_0}}\right)^{f_3(I_1, I_2, I_3, I_4)} \tag{8-103}$$

式中:H_u 为林分优势高,t 为年龄;i_1 为肥沃地类,i_2 为较肥沃地类,i_3 为中等肥沃地类,i_4 为瘠薄地类,$f_1(I_1, I_2, I_3, I_4) = a_1 I_1 + a_2 I_2 + a_3 I_3 + a_4 I_4$,

$$f_2(I_1, I_2, I_3, I_4) = b_1 I_1 + b_2 I_2 + b_3 I_3 + b_4 I_4,$$
$$f_3(I_1, I_2, I_3, I_4) = c_1 I_1 + c_2 I_2 + c_3 I_3 + c_4 I_4。$$

表 8 - 12　地位指数曲线模型拟合参数

参数	数值	参数	数值	参数	数值
a_1	29.467 81	b_1	0.036 62	c_1	1.124 75
a_2	28.023 41	b_2	0.033 97	c_2	1.005 63
a_3	25.103 35	b_3	0.016 01	c_3	0.697 84
a_4	21.945 62	b_4	0.011 58	c_4	0.612 37

H_u 能很好地反映立地质量或立地条件,但在过去林业生产实践上,一般缺少 H_u 数据,造成地位指数判断困难。而 $\overline{H}$ 是林分调查的基本因子之一,以往我国森林调查体系均有。因此,本研究通过建立 $\overline{H}$ 与 H_u 的关系模型,解决 H_u 的估算问题,同时在缺乏 $\overline{H}$ 数据的情况下,可用关系模型推算,具体见下式:

$$\overline{H} = -1.037 4 + 0.982 6 H_u, \quad R^2 = 0.989 \tag{8-104}$$

林分断面积模型和蓄积量模型分别为

$$G = 12.947 8SI^{0.576 4}\exp\left[-4.237 1/t^{(0.594 8SD^{0.578 41})}\right] \tag{8-105}$$

$$\ln(M) = 0.61428 + 1.01141\ln(G) + 0.13983SI - 8.03504/t \qquad (8-106)$$

根据交叉建模和交叉检验同步进行的计算思路,得到各器官林分生物量模型如下:

$$W_{\mathbb{F}} = 316.6284\overline{D}^{-0.2128} \times \overline{H}^{0.4388} \times SD^{-0.0200} \times M \qquad (8-107)$$

$$W_{\mathbb{E}} = 0.6922\overline{H}^{1.4494} \times SD^{0.1241} \times M \qquad (8-108)$$

$$W_{\text{木材}} = \frac{316.6284\overline{D}^{-0.2128} \times \overline{H}^{0.4388} \times SD^{-0.0200} \times M}{1 + 30.8218\overline{D}^{-0.2489} \times \overline{H}^{0.4229} \times SD^{-0.0201}/311.8148\overline{D}^{-0.2307} \times \overline{H}^{0.4343} \times SD^{-0.0201}}$$
$$(8-109)$$

$$W_{\text{皮}} = \frac{316.6284\overline{D}^{-0.2128} \times \overline{H}^{0.4388} \times SD^{-0.0200} \times M}{1 + 311.8148\overline{D}^{-0.2307} \times \overline{H}^{0.4343} \times SD^{-0.0201}/30.8218\overline{D}^{-0.2489} \times \overline{H}^{0.4229} \times SD^{-0.0201}}$$
$$(8-110)$$

$$W_{\text{枝}} = \frac{0.6922\overline{H}^{1.4494} \times SD^{0.1241} \times M}{1 + 1.6868\overline{D}^{-0.0510} \times \overline{H}^{0.6903} \times SD^{-0.0243}/0.0910\overline{D}^{1.4177} \times \overline{H}^{0.5151} \times SD^{0.0635}}$$
$$(8-111)$$

$$W_{\text{叶}} = \frac{0.6922\overline{H}^{1.4494} \times SD^{0.1241} \times M}{1 + 0.0910\overline{D}^{1.4177} \times \overline{H}^{0.5151} \times SD^{0.0635}/1.6868\overline{D}^{-0.0510} \times \overline{H}^{0.6903} \times SD^{-0.0243}}$$
$$(8-112)$$

$$W_{\text{根}} = 1258.7905\overline{D}^{-0.4016} \times \overline{H}^{-0.2343} \times SD^{0.1517} \times M \qquad (8-113)$$

$$W_{\text{总}} = W_{\mathbb{F}} + W_{\mathbb{E}} + W_{\text{根}} \qquad (8-114)$$

林分生物量模型、林分断面积模型分别描述了不同立地上各种密度水平的林分生物量、林分断面积生长过程。经验收获表反映的是编表地区具有平均密度的林分调查因子的生长情况。因此,需对林分生物量模型、林分断面积模型中的林分相对密度在不同条件下取一定值。由于优势高是以年龄和立地为自变量的函数,优势高的大小是年龄和立地的综合体现。因此可将相对密度作为优势高的函数。利用样地材料,建立的林分相对密度模型为

$$SD = [1 - \exp(-0.08751H_u)]^{0.91452} \qquad (8-115)$$

依据研究所建立的林分平均胸径、平均树高、断面积模型、形高模型、蓄积量模型,给定地位指数为 14、立地质量等级为肥沃,即可得到优势高、林分蓄积量随林分年龄的变化量,并确定林分相对密度、林分平均高,经计算得到林分断面积、平均直径、株数。将林分蓄积量与林分相对密度、林分平均胸径、平均树高带入林分生物量估测模型中即可得到林分树干、林分树冠、林分木材、林分树皮、林分树枝、林分树叶、林分树根、林分总生物量,最后按各部位展开即可得林分生物量经验收获表,具体见表 8-13。

表 8-13 林分生物量经验收获表

年龄	平均直径/cm	平均树高/m	蓄积量/(m³/hm²)	树干/(kg/hm²)	木材/(kg/hm²)	树皮/(kg/hm²)	树冠/(kg/hm²)	树枝/(kg/hm²)	树叶/(kg/hm²)	树根/(kg/hm²)	总生物量/(kg/hm²)
10	8	6.9	55	28 179	25 783	2 396	753	328	425	17 464	46 396
15	11.9	10.1	109	59 128	54 151	4 977	2 450	1 392	1 058	27 652	89 230
20	15.1	12.7	159	90 017	82 487	7 529	4 924	3 173	1 751	35 160	130 101
25	17.8	15	202	118 349	108 492	9 856	7 855	5 440	2 415	40 736	166 940
30	20.1	16.9	240	143 564	131 646	11 918	10 984	7 969	3 014	44 991	199 539
35	22.1	18.4	272	165 768	152 040	13 728	14 135	10 596	3 539	48 338	228 241
40	23.9	19.8	301	185 270	169 957	15 313	17 195	13 206	3 989	51 044	253 509
⋮	⋮	⋮	⋮	⋮	⋮	⋮	⋮	⋮	⋮	⋮	⋮

8.4.4 碳计量模型应用

通过建立的单木或林分水平碳储量模型,给定自变量因子值,即可得到各器官碳储量,同时结合碳储量转碳系数,可得到碳汇量。若结合单木或林分生长方法,即可得到预估碳汇潜力。

(1)单木碳储量。以杉木为例,给定胸径 12 cm、树高 9 m,得到独立建模和整体建模各器官的碳储量见下表。由表 8-14 可知,独立建模得到的碳储量 17.488 7 kg,而各器官得到的碳储量为 16.546 4,出现总量与各分量合计结果不相等的问题。采用整体建模得到的碳储量为 17.488 7,器官得到的碳储量为 17.488 7 kg,实现总量与分量结果的兼容。表中 a、b、c 为模型参数。

表 8-14 两种建模方法得到的各器官单木碳储量

	器官	胸径/cm	树高/m	碳储量/kg	a	b	c
独立建模	总量	12	9	17.488 7	0.037 17	1.876 68	0.678 26
	树根	12	9	3.775 3	0.010 80	2.366 87	−0.011 27
	树干	12	9	8.567 1	0.009 01	1.432 36	1.501 04
	树枝	12	9	2.388 6	0.005 43	2.249 99	0.225 91
	树叶	12	9	1.815 4	0.022 22	1.949 37	−0.200 59
整体建模	总量	12	9	17.488 7	17.488 7	0.037 17	1.876 68	0.678 26
	树根	12	9	0.492 4	4.123 5	1.373 4	0.402 2	−0.921 7

	器官	胸径/cm	树高/m	碳储量/kg		a	b	c
整体建模	树干	12	9	1	8.3743	—	—	—
	树枝	12	9	0.3473	2.9088	0.8974	−0.1794	−0.2291
	树叶	12	9	0.2486	2.0821	2.5796	−0.502	−0.497

给定胸径 11 cm、12 cm、16 cm、17 cm、21 cm、25 cm,以及对应树高 8 m、9 m、8 m、15 m、20 m、21 m,经计算得到整体建模下不同胸径、树高下总量与分量单木碳储量。可看出,随着胸径和树高增加,总量与分量单木碳储量均在增加(图 8-4)。

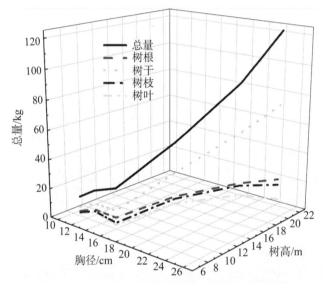

图 8-4 不同胸径、树高下总量与分量单木碳储量

(2) 乔木林分碳储量。以杉木为例,给定蓄积量 6 m³,得到总量和分量碳储量(表 8-15)。其中经独立建模得到的总碳储量为 1 849.0611 kg,各分量合计为 1 624.4118 kg,两者存在一定的差异。经整体建模得到的总碳储量为 1 849.0611 kg,各分量合计也为 1 849.0611 kg,符合林分碳累计一般规律。表中 a、b 为模型参数。

表 8-15 乔木林分碳储量测算案例

	器官	蓄积量/m³	碳储量/kg	a	b
独立建模	总量	6	1849.0611	353.0773	0.9241
	树根	6	419.9860	100.0276	0.8008
	树干	6	938.6228	133.1206	1.0901
	树枝	6	264.8015	56.8523	0.8587
	树叶	6	1.0014	0.0069	2.7744

续　表

	器官	蓄积量/m³	碳储量/kg		a	b
独立建模	总量	6	1 849.061 1	1 849.061 1	353.077 3	0.924 1
	树根	6	0.448 2	424.672 8	0.757 7	−0.293 1
	树干	6	1	947.550 1	—	—
	树枝	6	0.282 4	267.625 4	0.431 4	−0.236 4
	树叶	6	0.220 8	209.212 7	0.599 2	−0.557 2

给定蓄积量 $1\,m^3$、$2\,m^3$、$3\,m^3$、$4\,m^3$、$5\,m^3$、$6\,m^3$、$7\,m^3$、$8\,m^3$、$9\,m^3$、$10\,m^3$、$11\,m^3$、$12\,m^3$，经计算得到整体建模下不同蓄积量下总量与分量林分碳储量（图 8-5）。可看出，随着蓄积量增加，总量与分量林分碳储量均在增加。

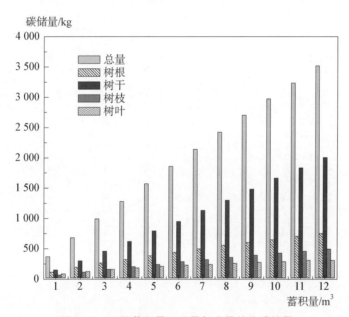

图 8-5　不同蓄积量下总量与分量林分碳储量

8.4.5　碳汇模型计量

将建立的生长量模型结合生物量模型即可估测碳汇量，本书称为生长生物量模型法，模型公式如下：

$$CWS = \left(\sum_{j=1}^{n} \frac{M_{(i+1)j} \times S_{(i+1)j} \times w_{(i+1)j} \times \beta_j}{v_j} - \sum_{j=1}^{n} \frac{M_{ij} \times S_{ij} \times w_{ij} \times \beta_j}{v_j} \right) \times 44/12$$

$$(8-116)$$

森林碳汇计算方法还有 IPCC 法和换算因子连续函数，本次以第五、六、七次森林资源清查福建省乔木林数据为例,利用公式即可开展基于生长生物量模型法的福建森林碳汇估算,并与 IPCC 法和换算因子连续函数估算的结果进行对比(表 8-16)。

表 8-16　第五、六、七次森林资源清查福建省乔木林数据

项目	乔木林树种	幼龄林		中龄林		近熟林		成熟林		过熟林	
		面积/hm²	蓄积/m³	面积/hm²	蓄积/m³	面积/hm²	蓄积/m³	面积/hm²	蓄积/m³	面积/hm²	蓄积/m³
第五次森林资源清查福建省乔木林数据	马尾松	14 602	294 243	6 037	535 343	409	71 294	144	22 063	24	9 609
	杉木	4 811	165 979	9 841	715 159	1 901	187 224	627	75 896	72	7 546
	楠木	48	927	24	3 914	—	—	—	—	—	—
	栎类	770	24 940	1 130	146 735	168	38 314	72	7 336	24	7 212
	硬阔类	4 715	170 318	6 110	720 135	1 299	224 967	552	117 760	—	—
	桉树	24	—	72	1 927	—	—	—	—	—	—
	木麻黄	120	397	96	5 819	168	12 341	120	9 903	48	7 091
	软阔类	457	12 743	385	34 445	48	4 870	48	9 807	24	2 842
	合计	25 547	669 547	23 695	2 163 477	3 993	539 010	1 563	242 765	192	34 300
第六次森林资源清查福建省乔木林数据	马尾松	5 318	98 279	7 745	394 547	3 054	279 807	1 853	207 593	144	15 991
	杉木	3 511	102 623	10 634	933 602	3 247	338 651	1 539	207 807	120	19 967
	楠木	24	606	48	2 450	—	—	—	—	—	—
	栎类	505	19 542	746	90 371	385	80 139	48	5 012	24	7 793
	硬阔类	5 147	183 176	6 953	765 728	1 828	305 115	939	184 754	145	35 925
	桉树	144	1 694	—	—	—	—	24	618	—	—
	木麻黄	313	8 090	192	17 278	120	12 196	24	455	24	11 606
	软阔类	915	23 167	384	34 957	120	16 587	72	15 080	96	14 530
	合计	15 877	437 177	26 702	2 238 933	8 754	1 032 495	4 499	621 319	553	105 812
第七次森林资源清查福建省乔木林数据	松类	2 602	50 589	4 908	299 224	2 114	171 170	1 131	132 104	144	13 794
	杉类	2 236	52 732	5 408	554 853	3 107	342 631	1 758	230 784	96	15 954
	硬阔类	2 985	107 547	3 294	313 136	840	136 504	433	96 357	144	32 427
	软阔类	1 155	21 836	1 250	53 914	216	8 991	144	20 943	48	10 484
	混交林类	5 343	221 305	10 148	958 946	3 902	486 993	2 861	443 665	338	66 745
	合计	14 321	454 009	25 008	2 180 073	10 179	1 146 289	6 327	923 853	770	139 404

由图 8-6 可知,1998—2003 年各计算技术计算的总量碳汇均较接近,其中最大的为可变生物量扩展因子法,碳汇为 133 069 256 t,而生长生物量模型法计算的结果(碳汇为 107 152 247 t)在换算因子线性函数法的结果(碳汇为 103 445 861 t)和固定生物量扩展因子法(碳汇为 114 230 232 t)之间。同时按各龄组计算结果来看,除幼龄林的碳汇为负值,其余龄组均为正数,且生长生物量模型法与其他计算方法的结果变化趋势一致。

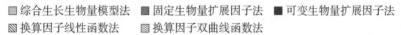

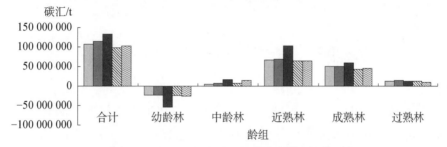

图 8-6　1998—2003 年各计算技术碳汇计算结果

由图 8-7 可知,2003—2008 年各计算技术计算的总量碳汇变化情况分两类,其中由 IPCC 法的两种计算技术得出的结果在 100 000 000 t 以下,其他 3 种计算技术得出的结果均在 10 000 000 t 以上,生长生物量模型法计算的结果(碳汇为 117 343 013 t)与换算因子双曲线函数法(碳汇为 146 129 577 t)的计算结果接近,同时又大于 IPCC 法的两种计算技术。利用 IPCC 法的两种计算技术计算中龄林的碳汇为负值,而生长生物量模型法计算的结果与其他两种计算技术均为正值。

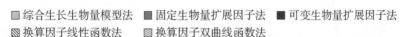

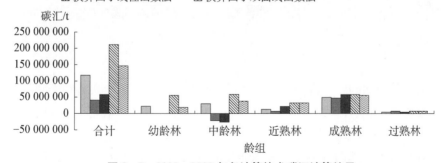

图 8-7　2003—2008 年各计算技术碳汇计算结果

通过两次碳汇计算结果的各计算技术简单比较说明生长生物量模型法计算碳汇的思路可行,但各计算方法存在差异,同时各数值又无统一的精度指标。所以本书参考中国森林植被生物量和碳储量评估中的方法,将 5 种方法的平均值作为标准,不同龄组进行相对误差比较,即将平均值扣除比较方法的碳汇结果后再除以平均值作为误差。利用折线图分析各误差结果,见图8-8、图8-9。

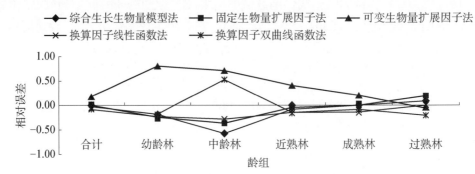

图8-8 2003年各计算技术碳汇相对误差

由图8-8可知,5种计算2003年的碳汇总量均非常接近,且计算出的总相对误差均在允许范围内。但可变生物量扩展因子法计算结果变化趋势与其他各方法不一致,而生长生物量模型法的计算结果与其他方法较一致,除了中龄林相对误差较大。

由图8-9可知,5种计算2008年的碳汇总量中,利用生长生物量模型法计算结果相对误差较小,同时从各龄组来看,误差均比较小,变化较平缓。

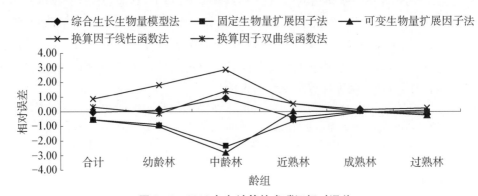

图8-9 2008年各计算技术碳汇相对误差

通过分析第五次与第六次清查期间新增碳汇和第六次与第七次清查期间新增碳汇两个新增碳汇,各方法计算的二者结果较接近,特别是第六次与第七次清查期间新增碳汇,生长生物量模型法计算出的各龄组结果相对误差较小。

但各计算方法得到的各龄组结果在一定的范围内变化,这是由于各方法存在制约性。IPCC法因生物量扩展因子为域值,过于简单且变化幅度较大,因此其参数值的确定对结果影响明显。生物量换算因子连续函数法蕴涵了林分年龄的关系,克服了IPCC法仅将生物量与蓄积量比值作为常数的不足,但是在具体到省域或地级市方面,精度较低,并且没有体现立地质量等因素对结果的影响。生长生物量模型法充分利用了森林资源清查中林木的胸径、树高等数据，以胸径大小反应林龄、以树高体现立地质量，同时测算碳汇结果通过模型参数来保证精度，对计算省域或地级市范围碳汇具有重大意义，但其需要当地的样地资料。

从总量看来，通过相对误差分析，基于生长生物量模型法的计算结果与其他各种方法的计算结果相当。所以利用生长生物量模型法的前提下，提出先利用龄组划分依据确定株数，再确定各龄组生物量，进而计算出碳汇的思路有一定的实践意义。

参考文献

［1］　Newham RM, Smith JHG. Development and testing of stand models for Douglas-fir and lodge pole pine［J］. Forest Chron, 1964,40:492 - 502.

［2］　Staebler R, George R. Early Effect of Two Successive Thinnings in Western Hemlock［J］. PNW old Series Research.1957,14(6):1 - 8.

［3］　Hegyi F. A simulation model for man-aging jack-pine stands［J］. Royal College of Forestry, Stockholm, Sweden, 1974,30:74 - 90.

［4］　Buehman RQ, Pederson S. P, Walters N R. A tree survival model with application to species of the Great Lakes region［J］. Can j For Res, 1983,13:601 - 608.

［5］　Lowell KE, Mitchell RJ. Stand growth Projection: simultaneous estimation of growth and mortality using a single Probabilistic function［J］. Can j For Res, 1987,17:1466 - 1470.

［6］　Daniel S, Richard F. Simple Competition indices and Their Correlation with Annual Loblolly Pine Tree Growth［J］. Forest Science, 1976,22(4):454 - 456.

［7］　Stage AR. An expression for the effect of aspect, slope, and habitat type on tree growth［J］. Forest Science, 1976,22(4):457 - 460.

［8］　Schumacher FX. A new growth curve and its application to timber-yield studies［J］. L For, 1939,37: 819 - 820.

［9］　Sullivan AD, Clutter JL. A simultaneous growth and yield model for Loblolly pine［J］. Forest Science, 1972.18:76 - 86.

［10］李凤日,吴俊民. Richards 生长函数与 Sehnute 生长模型的比较［J］.东北林业大学学报,1993,21(4): 15 - 23.

［11］孟宪宇,邱水云.长白落叶松直径分布收获模型的研究［J］.北京林业大学学报,1991,13(4):9 - 16.

［12］董文宇,邢志远,惠淑荣,等.利用 Weibull 分布描述日本落叶松的直径结构［J］.沈阳农业大学学报, 2006,37(2):225 - 228.

［13］Bragg D C. Behavior and sensitivity of an optimal tree diameter growth model under data uncertainly ［J］. Environmental Modelling and software, 2005,20:1225 - 1238.

［14］胡晓龙.长白落叶松林分断面积生长模型的研究［J］.林业科学研究,2003,16(4):449 - 452.

［15］江希钿,杨主泉.闽北天然阔叶林生长模型的研制及应用［J］.武汉植物学研究,2003,21(3):221 - 225.

［16］江希钿,庄晨辉,陈信旺,等.免疫进化算法在建立地位指数曲线模型中的应用［J］.生物数学学报, 2007,22(3):515 - 519.

［17］华伟平,丘甜,池上评,等. 加权 TOPSiS 法在市场法评估森林资源资产中应用［J］.黑龙江八一农垦大学学报, 2020, 32 (4): 122 - 127.

［18］华伟平,丘甜,江希钿,等. 黄山松林分生物量经验收获表研究［J］.中南林业科技大学学报, 2019, 39 (8): 87 - 92.

［19］华伟平,丘甜,盖新敏,等.基于交叉建模检验的黄山松二元材积模型建模技术［J］.武夷学院学报,2015,34 (6):13-17.

［20］华伟平,邱宇,徐波,等.基于生长生物量模型法的福建森林碳汇估算研究［J］.西南林业大学学报,2014,34 (6):35-43.

［21］国家林业局.立木生物量建模方法技术规程:LY/T 2258—2014［S］.北京:中国标准出版社,2014.

第 **9** 章

湿地碳汇计量方法学

本章主要介绍湿地碳汇的计量方法学,包括湿地碳汇的基本概念、进展,以及相关的方法学。本章将探讨湿地作为温室气体吸收和排放源的特性,详细阐述湿地碳汇的定义和计量进展。此外,本章还将介绍国际和国内的湿地碳汇核算标准和方法,提供全面的技术细节和实施指南,以及相关术语和定义的详细解释。

9.1　湿地碳汇概述

本节提供了对湿地碳汇的全面概述,涉及基本概念、计量方法学的进展、相关方法学和术语定义。湿地被定义为全年或部分时间处于水淹或水分饱和状态的土地利用类型,其生物群落特别适应厌氧条件。湿地碳汇是指湿地植物通过光合作用吸收的 CO_2,通过植物残体在泥炭中的缓慢分解过程而被有效固定。在方法学进展方面,《2006 年 IPCC 国家温室气体清单指南》未包含湿地部分,但 2014 年发布的《2006 年 IPCC 国家温室气体清单指南 2013 年增补·湿地》(简称《2013 湿地增补指南》)填补了这一空白,提供了估算人类活动导致的湿地温室气体排放和吸收的方法。该指南明确了湿地温室气体的种类及其与人类活动的关系。随后,许多国际和国内组织机构对湿地生态系统的碳汇进行了深入研究,提出了各类湿地碳汇的核算标准。这些标准既包括适用于特定类型湿地的方法,也包括更广泛适用于各种湿地的方法。

在术语和定义方面,本节详细介绍了红树林、红树林营造、潮间带等相关概念,并对碳库、地上及地下生物质等进行了明确的定义。这些定义有助于更好地理解和应用湿地碳汇的核算方法。

(1)基本概念。

湿地:《2006 年 IPCC 国家温室气体清单指南》对湿地的定义为全年部分时间处于水淹或水分饱和状态,且没有被划入有林地、草地、农田等的特殊土地利用类型之下,而是被划入与有林地、农田、草地、居住地等并列的一个土地利用类型中。而《2013 湿地增补指南》中更新了湿地的定义。该指南将湿地定义为全年或一年中的部分时间处于水淹或水分饱和状态,使生物区系特别是土壤微生物与植物根系适应厌氧条件,从而在气体交换上控制着温室气体吸收与排放的种类与数量的一类土地利用类型。

湿地碳汇:湿地植物通过光合作用吸收大气中的 CO_2,随着根、茎、叶和果实的枯落,堆积在微生物活动相对较弱的湿地中,形成了动植物残存体和水所组成泥炭。由于泥炭水分过于饱和的厌氧特性,导致植物残体分解释放 CO_2 的过程十分缓慢,从而有效固定了植物残存体中的大部分碳。

(2)湿地碳汇计量方法学进展。2006 年,应 UNFCCC 的邀请,IPCC 编制《2006 年

IPCC 国家温室气体清单指南》,旨在更新《1996 年指南修订本》和相关的《优良作法指南》,提供国际认可的方法学和可供各国用来估算温室气体清单,以向 UNFCCC 报告。其中未包含湿地部分。

2014 年 2 月,IPCC 正式发布了《2013 湿地增补指南》。《2013 湿地增补指南》的发布,填补了《2006 年 IPCC 国家温室气体清单指南》有关湿地的温室气体排放与吸收清单编制方法学的空缺。

《2013 湿地增补指南》的基本出发点是估算和报告人类活动所导致的湿地温室气体的排放和吸收,同时明确湿地温室气体仅限于 CO_2、CH_4 和氧化亚氮(N_2O)。影响湿地的人类活动大致可分为两类:一类以湿地保护、还湿为特征,使湿地回归其自然属性,自大气中吸收 CO_2 形成碳汇;另一类则以湿地的排干、泥炭采掘等土地利用性质的改变为特征,直接导致湿地土壤、植被中储存的有机碳快速被氧化,释放进入大气,成为大气的温室气体排放源。除人工建造用于污水处理的湿地、用于水产养殖的滨海湿地等少量类型外,处于亚北极、北方温带、暖温带、热带以及南美高寒带的大部分湿地,都受到了人类排干(如垦殖或改为工业用地、基础设施用地)的影响,其深厚泥炭土壤层中储存的有机碳很快被氧化,以 CO_2 的形式排放进入大气。湿地排干所导致的温室气体排放已经成为重要的排放源之一。

《2013 湿地增补指南》给出了内陆湿地排干、内陆湿地还湿、滨海湿地和人工建造,以及半自然的用于污水处理的湿地,共 4 种湿地温室气体排放与吸收的估算方法。其中内陆湿地排干导致有机碳流失,产生碳排放;内陆湿地还湿出现 CO_2 的碳汇功能,但因还伴随 CH_4 的排放,所以具体是碳排还是碳汇需具体分析;滨海湿地可通过湿地还湿、植被恢复和红树林造林等活动产生碳汇;人工建造,以及半自然的用于污水处理的湿地产生的 CH_4 与 N_2O 都应归入人为排放。

之后国内外各组织机构对湿地生态系统碳汇进行了深入研究,并提出了各类湿地碳汇的计量方法或碳汇方法学。

(3)湿地碳汇相关方法学。目前已发布的国际湿地碳汇核算标准如下:

世界林业研究中心编制《红树林碳汇计量方法》(2012)。

美国碳登记处编制《密西西比三角洲退化三角洲湿地恢复》(2012)。

联合国粮农组织编制《在湿地上开展的小规模造林和再造林项目》(2013)。

核证减排标准编制《构建滨海湿地的方法学》(2014)。

联合国环境规划署编制《海岸带蓝碳:红树林、盐沼和海草床碳储量与释放因子评估方法》(2014)。

核证减排标准编制《滩涂湿地和海草修复方法学》(2015)。

美国碳登记处编制《加州三角洲和沿海湿地的恢复》(2017)。

以上有关湿地碳汇核算的标准按适用类型可分为 3 类,包括适用于红树林以及其他更多林业方法的碳汇核算标准;兼顾湿地与林业的碳汇核算标准;仅适用于湿地的碳汇核算标准。

目前已发布的国内湿地碳汇核算标准如下:

红树林湿地生态系统固碳能力评估技术规程(DB45/T1230－2015)(广西壮族自治区质量技术监督局,2015)。

海洋碳汇核算方法(HY/T0349－2022)(中华人民共和国自然资源部,2021)。

滨海湿地生态系统固碳量评估技术规程(广东省质量技术监督局,2021)。

福建省修复红树林碳汇项目方法学(厦门大学,2021)。

红树造林碳汇计量与监测方法学(广州碳排放权交易中心,2022)。

温室气体自愿减排项目方法学　红树林营造(CCER－14－002－V01)(中华人民共和国生态环境部,2023)。

综上,湿地类型繁多,生态系统复杂。国内外关于湿地碳汇大多从单一的类型的生态系统出发,采用专门的方法学进行核算。现有成熟的方法学多聚焦于滨海湿地、红树林等。泛用的湿地全类型的碳汇核算方法较少,且湿地碳汇计量标准不统一,部分方法学局限于某个省份或地区。因此,下文仅列出"红树林造林"这一情景下的湿地碳汇方法学,引用自《温室气体自愿减排项目方法学　红树林营造(CCER－14－002－V01)》(中华人民共和国生态环境部,2023)。

(4) 术语与定义。

红树林:生长在海岸环境和沿海潮间带,由常绿乔木或灌木组成的红树植物群落,主要分布在热带和亚热带地区。

红树林营造:在适宜红树林生长的潮间带地块人工种植红树植物繁殖体或幼苗,构建红树林并使其可以形成稳定的植被群落和生态系统,提供与原生红树林生态系统相似的生态功能。

潮间带:从潮水涨到最高处,至退到最低处,之间海水覆盖的海岸范围。

大潮:也称"朔望潮",在朔(农历初一)、望(农历十五)日及之后 2 天,因为太阳、月球和地球引力叠加,导致产生相较平时更大的潮汐涨落幅度。

最高潮水位:潮汐涨落周期内达到的最高潮位。

潮滩:在潮间带交替淹没和露出的泥质或沙质海滩。

无植被潮滩:植被覆盖度小于 5% 的潮滩。

碳库:存储在生态系统中的特定碳储载体中的有机碳的总量,可以被吸收和释放。

地上生物质:地表以上所有活体植物的生物质,包括茎干、气生根、枝、皮、叶、花和繁殖体(果实或胚轴)等。

地下生物质:地表以下所有植物活根的生物质,但通常不包括难以从土壤的有机成分中区分出来的细根(直径≤2 mm)。

基径:植株与地面相交处的茎干直径。

9.2　碳汇基线

本节将讨论红树林营造活动中的碳汇基线设置,包括项目边界的确定、碳库和温室气体排放源的选择、项目期和计入期的定义,以及基线情景的识别和额外性论证。

9.2.1　项目边界的确定

红树林营造活动的"项目边界"是指拥有海域或土地所有权或使用权的项目参与方实施的红树林造林项目的地理范围。因为红树林独特的生境特点,红树林营造项目范围内,可有数个造林地块,地块之间可不相邻,有独立的地理边界及范围。项目边界内不包括宽度大于 3 m 的潮沟、水道等和面积超过 400 m² 以上的坑塘,也不包括项目实施前已经存在且覆盖度大于 5% 的红树林地块。项目边界可采用下述方法之一确定:

利用北斗或其他卫星定位系统,直接测定项目地块边界的拐点坐标,单点定位误差不超过 ±2 m;利用空间分辨率不低于 2 m 的地理空间数据(如卫星遥感影像、航拍影像等)、自然资源"一张图"、红树林种植作业设计等,在地理信息系统(GIS)辅助下直接读取项目地块的边界坐标。

9.2.2　碳库和温室气体排放源的选择

项目边界内选择或不选择的碳库如表 9-1 所示。

表 9-1　碳库的选择

情景	碳库	是否选择	理由或解释
基准线情景	地上生物质	否	无植被生物质
	地下生物质	否	无植被生物质
	枯死木	否	无植被枯死木
	枯落物	否	无植被枯落物
	土壤有机碳	否	土壤有机碳储量的变化量小,忽略不计
项目情景	地上生物质	是	主要碳库
	地下生物质	是	主要碳库
	枯死木	否	该碳库的清除量所占比例小,忽略不计
	枯落物	否	该碳库的清除量所占比例小,忽略不计
	土壤有机碳	是	主要碳库

注:土壤有机碳储量为一定深度土壤有机碳的总量,本书设定为 1 m 深度进行土壤有机碳储量变化量的计算。

项目边界内选择或不选择的温室气体排放源与种类如表 9-2 所示。

表 9‑2　温室气体排放源的选择

情景	温室气体排放源	温室气体种类	是否选择	理由
基准线情景	土壤微生物代谢	CO_2、CH_4 和 N_2O	否	按照保守性原则,忽略不计
项目情景	土壤微生物代谢	CO_2	否	已在计算土壤有机碳储量变化中考虑
		CH_4 和 N_2O	是	主要排放源
	使用车辆、船舶、机械设备等过程中化石燃料燃烧产生的排放	CO_2、CH_4 和 N_2O	否	排放量小,忽略不计

9.2.3　项目期和计入期及基线情景识别和额外性论证

（1）项目期和计入期。项目期指从项目活动开始至结束之间的时间。项目活动开始时间指红树林造林开始实施相关工程措施的日期。项目期应不超过该项目区域海域或土地所有权（使用权）的有效期范围。

计入期是指项目活动相对于基线情景所产生的额外的温室气体减排量的时间区间。计入期根据国家主管部门相关规定进行确定,并且项目计入期需在项目期的范围之内,最短时间不低于 20 年,最长不超过 40 年。

（2）基准线情景识别。红树林营造项目基准线情景为:在红树林造林项目开始实施之前,项目边界内的海域或土地资源开发利用方式为无植被潮滩或已退养的养殖塘。

（3）额外性论证。红树林营造是公益性活动,不以营利为目的。红树林种植在我国东南部和南部沿海潮滩,人为活动频繁,易对其造成干扰。且台风等极端事件频发,使得红树林的抚育和管护成本高,不具备财务吸引力。符合相关适用条件的项目,其额外性免予论证。

9.3　湿地碳计量方法

本节将详述红树林碳计量方法,旨在精确估算红树林碳储量并降低监测成本。该方法包括碳层的"事前"与"事后"划分,用于预估及实际计算碳储量变化。项目清除量的计算考虑了生物质碳储量、土壤有机碳储量变化及土壤微生物代谢导致的温室气体排放。此外,项目减排量的估算涵盖项目清除量与基线清除量的比较,考虑了非持久性风险扣减。整体而言,这一方法为湿地红树林生态系统提供了一种科学、系统的碳计量框架。

9.3.1 碳层划分与基线清除量确定

（1）碳层划分。为提高红树林碳储量估算的精度，并适当降低监测成本。通过对基线情景和项目情景分别按不同的分层因子划分不同的层次，达到降低层内变异性，增加曾经变异性的效果。从而在满足精度要求下减少监测的样地数量。其中，层次划分包括项目"事前分层"和"事后分层"。

事前分层用于预估碳储量变化量，综合考虑项目边界内在基线情景下的自然地理、气候和水文等生境条件，以及相关种植作业设计内容，进行碳层划分。

事后分层用于计算实际碳储量变化量，主要基于事前分层，并按照实际种植活动中红树林状况进行调整。如有种植时的外部条件干扰（人为干扰、病虫害、台风等）导致原碳层内的异质性增加，或土地利用类型发生变化的情况，应对项目碳层进行调整。

（2）基线清除量。根据本文件适用条件，项目开始后第 t 年的基准线清除量计为0，即：

$$\Delta C_{\mathrm{BSL},\,t} = 0 \tag{9-1}$$

式中：$\Delta C_{\mathrm{BSL},\,t}$ 为项目第 t 年的基准线清除量（$t\mathrm{CO_2e/a}$）；t 为自项目开始以来的年数，$t = 1, 2, 3, \cdots$。

9.3.2 项目清除量

（1）项目清除量计算

项目开始后第 t 年的项目清除量按照公式（9-2）计算：

$$\Delta C_{\mathrm{PROJ},\,t} = (\Delta C_{\mathrm{Biomass_{PROJ}},\,t} + \Delta SOC_{\mathrm{PROJ},\,t}) \times 44/12 - GHG_{\mathrm{PROJ},\,t} \tag{9-2}$$

式中：$\Delta C_{\mathrm{PROJ},\,t}$ 为项目第 t 年的项目清除量（$t\mathrm{CO_2e/a}$）；$\Delta C_{\mathrm{Biomass_{PROJ}},\,t}$ 为项目第 t 年的生物质碳储量变化量（$t\mathrm{CO_2e/a}$）；$\Delta SOC_{\mathrm{PROJ},\,t}$ 为项目第 t 年的土壤有机碳储量变化量（$t\mathrm{CO_2e/a}$）；$GHG_{\mathrm{PROJ},\,t}$ 为项目第 t 年因土壤微生物代谢引起的温室气体排放量（$t\mathrm{CO_2e/a}$）；t 为自项目开始以来的年数（a），$t = 1, 2, 3, \cdots$。

（2）项目生物质碳储量变化。假定一定时间内（第 t_1 至 t_2 年）项目边界内各碳层生物质碳储量的变化是线性的，生物质碳储量变化量按照公式（9-3）计算：

$$\Delta C_{\mathrm{Biomass},\,t} = \frac{\sum_i C_{\mathrm{Biomass},\,i,\,t_2} - \sum_i C_{\mathrm{Biomass},\,i,\,t_1}}{t_2 - t_1} \tag{9-3}$$

式中：$\Delta C_{\mathrm{Biomass},\,t}$ 为监测的项目第 t 年的生物质碳储量变化量（$t\mathrm{CO_2e/a}$）；$\Delta C_{\mathrm{Biomass},\,i,\,t}$ 为第 t 年时，第 i 项目碳层的生物质碳储量（tC）；I 为项目碳层，$i = 1, 2, 3, \cdots$；T 为自项目开始以来的年数（a），$t = 1, 2, 3, \cdots$；t_1，t_2 为项目开始后的第 t_1 年和第 t_2 年，且 $t_1 \leqslant t \leqslant t_2$。

各碳层生物质碳储量按照公式(9-4)和公式(9-5)计算：

$$\Delta C_{\text{Biomass}, i, t} = A_{i, t} \times C_{\text{Biomass}, i, t} \tag{9-4}$$

$$C_{\text{Biomass}, i, t} = \frac{\sum_p C_{\text{Biomass}, i, p, t}}{n_i} \tag{9-5}$$

式中：$\Delta C_{\text{Biomass}, i, t}$ 为第 t 年时，第 i 项目碳层生物质碳储量(tC)；$A_{i, t}$ 为第 t 年时第 i 项目碳层面积(hm^2)；$C_{\text{Biomass}, i, t}$ 为第 t 年时，第 i 项目碳层单位面积生物质碳储量(tC/hm^2)；$C_{\text{Biomass}, i, p, t}$ 为第 t 年时，第 i 项目碳层样地 p 的单位面积生物质碳储量(tC/hm^2)；n_i 为第 i 项目碳层的样地数量；i 为项目碳层，$i=1, 2, 3, \cdots$；t 为自项目开始以来的年数，$t=1, 2, 3, \cdots$；p 为第 i 项目碳层中的样地，$p=1, 2, 3, \cdots$。

在设计阶段和监测阶段，分别选择相应方法进行生物质碳储量的计算：

① 设计阶段。根据植被的生物量与林龄相关方程进行各个样地单位面积生物质碳储量计算(根据文献报道及编制组实测的中国不同林龄的红树林生物量与林龄数据拟合得到的方程，样本量 $n=30$，样地中生物量最多的树种为优势种)：

$$C_{\text{Biomass}, i, p, t} = 391.521 \times \frac{y_{i, p, j, t}^{1.6816}}{y_{i, p, j, t}^{1.6816} + 170.546} \times CF_j \tag{9-6}$$

式中：$C_{\text{Biomass}, i, p, t}$ 为第 t 年时，第 i 项目碳层样地 p 的单位面积生物质碳储量(tC/hm^2)；$y_{i, p, j, t}$ 为第 t 年时，第 i 项目碳层样地 p 优势树种 j 的林龄；CF_j 为树种 j 的生物质含碳率(tC/t.d.m)；p 为第 i 项目碳层中的样地，$p=1, 2, 3, \cdots$；i 为项目碳层，$i=1, 2, 3, \cdots$；t 为自项目开始以来的年数(a)，$t=1, 2, 3, \cdots$；j 为红树植物树种，$j=1, 2, 3, \cdots$。

② 监测阶段。利用测树因子的监测数据，采用生物量方程计算各树种的单位面积生物质碳储量：

$$C_{\text{Biomass}, i, p, t} = \sum_j (B_{i, p, j, t} \times CF_j) \tag{9-7}$$

式中：$C_{\text{Biomass}, i, p, t}$ 为第 t 年时，第 i 项目碳层样地 p 的单位面积生物质碳储量(tC/hm^2)；$B_{i, p, j, t}$ 为第 t 年时，第 i 项目碳层样地 p 的树种 j 的单位面积生物量(t.d.m/hm^2)；CF_j 为树种 j 的生物质含碳率(tC/t.d.m)；i 为项目碳层，$i=1, 2, 3, \cdots$；t 为自项目开始以来的年数(a)，$t=1, 2, 3, \cdots$；p 为第 i 项目碳层中的样地，$p=1, 2, 3, \cdots$；j 为红树植物树种，$j=1, 2, 3, \cdots$。

利用测树因子的监测数据，采用生物量方程计算各个样地各树种的单位面积生物量：

$$B_{p, j} = \frac{\sum_m f_j(x_{1, p, m}, x_{2, p, m}, x_{3, p, m}, \cdots)}{A_s} \times 10^{-3} \tag{9-8}$$

式中：$B_{p,j}$ 为样地 p 树种 j 的单位面积生物量（t. d. m/hm²）；$f_j(x_{1,p,m}, x_{2,p,m}, x_{3,p,m}, \cdots)$ 为样地 p 树种 j 第 m 株植物的测树因子（x_1, x_2, $x_3 \cdots$）转化为单株生物量的方程（kg. d. m.）；A_s 为监测样地面积，单位为公顷（hm²）；p 为第 i 项目碳层中的样地，$p = 1, 2, 3, \cdots$；j 为红树植物树种，$j = 1, 2, 3, \cdots$；m 为树种 j 的第 m 植株，$m = 1, 2, 3, \cdots$；10^{-3} 为将千克转换为吨的常数。

在红树林生长的初期阶段，如红树植物的生长情况无法满足生物量方程的适用条件时，即无法测定胸径或测树因子的数值未达到生物量方程使用的最低下限，样地各树种的单位面积生物量按照公式（9-9）计算（实测幼苗单株生物量与基径数据拟合的关系方程，样本量 $n = 418$）：

$$B_{p,j} = \frac{\sum\limits_m (0.024\,5 \times D_{0\,p,j,m}^{2.477\,9})}{A_s} \bigg/ 10^3 \qquad (9-9)$$

式中：$B_{p,j}$ 为样地 p 树种 j 的单位面积生物量（t. d. m/hm²）；$D_{0\,p,j,m}$ 为样地 p 树种 j 第 m 植株的基径（cm）；A_s 为监测样地面积（hm²）；p 为第 i 项目碳层中的样地，$p = 1, 2, 3, \cdots$；j 为红树植物树种，$j = 1, 2, 3, \cdots$；m 为树种 j 的第 m 植株，$m = 1, 2, 3, \cdots$。

（3）项目土壤有机碳储量变化。假定红树林种植后，各碳层土壤有机碳储量的增加是线性的。项目边界内土壤有机碳储量变化量按照公式（9-10）计算：

$$\Delta SOC_{\mathrm{PROJ},t} = \sum_i (d_{SOC_{\mathrm{PROJ}}} \times A_{i,t}) \qquad (9-10)$$

式中：$\Delta SOC_{\mathrm{PROJ},t}$ 为项目边界内土壤有机碳储量年变化量（tC/a）；$d_{SOC_{\mathrm{PROJ}}}$ 为单位面积土壤有机碳储量年变化量[tC/(hm²·a)]；$A_{i,t}$ 为第 t 年时，第 i 项目碳层的面积（hm²）；i 为项目碳层，$i = 1, 2, 3, \cdots$；t 为自项目开始以来的年数（a），$t = 1, 2, 3, \cdots$。

（4）项目土壤非 CO_2 温室气体排放。项目土壤非 CO_2 温室气体排放量为各碳层土壤 CH_4 和 N_2O 排放量之和：

$$\Delta GHG_{\mathrm{PROJ},t} = \sum_i (\Delta GHG_{CH_{4\mathrm{PROJ}},i,t} \times \Delta GHG_{N_2O_{\mathrm{PROJ}},i,t}) \qquad (9-11)$$

$$\Delta GHG_{CH_{4\mathrm{PROJ}},i,t} = A_{i,t} \times F_{CH_{4\mathrm{RPOJ}}i,t} \times GWP_{CH_4} \qquad (9-12)$$

$$\Delta GHG_{N_2O_{\mathrm{PROJ}},i,t} = A_{i,t} \times F_{N_2O_{\mathrm{PROJ}},i,t} \times GWP_{N_2O} \qquad (9-13)$$

式中：$\Delta GHG_{\mathrm{PROJ},t}$ 为第 t 年时，项目边界内土壤 CH_4 和 N_2O 的 CO_2 当量排放量（tCO_2e/a）；$\Delta GHG_{CH_{4\mathrm{PROJ}},i,t}$ 为第 t 年时，第 i 项目碳层土壤 CH_4 的 CO_2 当量排放量（tCO_2e/a）；$\Delta GHG_{N_2O_{\mathrm{PROJ}},i,t}$ 为第 t 年时，第 i 项目碳层土壤 N_2O 的 CO_2 当量排放量（tCO_2e/a）；$F_{CH_{4\mathrm{PROJ}}i,t}$ 为第 t 年时，单位面积红树林土壤 CH_4 排放量[tCH_4/(hm²·a)]；$F_{N_2O_{\mathrm{PROJ}},i,t}$ 为第 t 年时，单位面积红树林土壤 N_2O 排放量[tN_2O/(hm²·a)]；

GWP_{CH_4} 为 100 年时间尺度下 CH_4 的全球增温潜势；GWP_{N_2O} 为 100 年时间尺度下 N_2O 的全球增温潜势；$A_{i,t}$ 为第 t 年时，第 i 项目碳层的面积(hm^2)；i 为项目碳层，$i=$ 1，2，3，…；t 为自项目开始以来的年数(a)，$t=1$，2，3，…。

（5）项目泄漏量。根据本文件适用条件，项目不考虑泄漏。

9.3.3 项目减排量

项目开始后第 t 年的项目减排量按照公式(9-14)计算：

$$CDR_t = (\Delta C_{PROJ,t} - \Delta C_{BSL,t} - LK_t) \times (1 - K_{RISK}) \qquad (9-14)$$

式中：CDR_t 为项目第 t 年的项目减排量(tCO_2e/a)；$\Delta C_{PROJ,t}$ 为项目第 t 年的项目清除量(tCO_2e/a)；$\Delta C_{BSL,t}$ 为项目第 t 年的基准线清除量(tCO_2e/a)；LK_t 为项目第 t 年的泄漏量(tCO_2e/a)；根据适用条件，$LK_t=0$；K_{RISK} 为项目的非持久性风险扣减率；t 为自项目开始以来的年数(a)，$t=1$，2，3，…。

9.4 项目实施监测程序

红树林碳计量项目的实施监测程序涉及基线清除量、项目边界、项目期活动的监测和生物质碳储量的监测与计算。项目的监测重点包括确保项目边界的准确性、跟踪记录红树林的造林与管护活动，以及对任何可能影响项目的干扰进行监控。生物质碳储量的监测包括测量所有红树林活立木的胸径或基径和株高，以及应用生物量方程法计算各树种的生物量。监测频率通常为每 5 年至少一次，确保项目数据的准确性和时效性。通过这一监测程序，项目能有效计算和报告红树林碳汇的变化，为碳减排和气候变化缓解提供重要数据支持。

9.4.1 基线清除量与项目边界监测

（1）基线清除量监测。在编制 PDD 时，通过事前计量确定基线碳汇量。一旦项目被审定和注册，在项目计入期内就是有效的，不需要继续对基线碳汇量进行监测。

（2）项目边界监测。因为潮滩上分布有水道、潮沟等特殊地形，红树林营造的实际种植边界可能与设计时边界有出入。因此，在项目期内，应利用北斗或其他卫星导航系统，配合无人机、固定翼飞机等进行航拍影像的采集，以此为基础利用地理信息系统界定项目地块的实际边界，并生成矢量文件。监测测量时，应注意以下要求：

如实际的种植边界超出了项目的设计边界，则该部分不能纳入监测范围。而在项目设计边界内，则按实际测量的种植边界为准。

如在项目期内，发生了病虫害、自然灾害、人为干扰等外界影响，导致部分的海域或土地利用类型发生变化(即红树林被破坏),应测量该区域的实际范围和面积,并调出项目边界。调出地块以后不再纳入项目边界,并在后续减排量核算报告中说明。

9.4.2 项目期活动监测与监测频率及时间要求

(1)项目期活动监测。项目自实施起,在项目边界内发生的所有红树林的造林、管理和温室气体排放有关的所有活动,皆应进行监测。监测内容包括:①造林活动。潮滩整地,造林种树的密度、时间、实际种植范围、成活率和补植措施等。②管护活动。清除互花米草等植物、病虫害防治、预防招潮蟹破坏、巡护、清理海漂垃圾和布设防护网等。③干扰。病虫害、自然灾害(台风、寒潮等)、人为干扰(人为活动导致的红树林损坏或故意毁坏)的发生情况(时间、影响范围、面积等)。

(2)监测频率与时间要求。根据种植红树林树种的生物学特性和现地自然条件,在项目设计阶段确定固定样地的监测频率。一般每 5 年至少监测 1 次。首次监测在项目登记时间之后进行。

9.4.3 生物质碳储量监测与计算要求

(1)开展固定样地调查,应进行每木检尺,测量所有红树林活立木的胸径(DBH)或基径(D_0)和株高(H)。

(2)采用生物量方程法[公式(9-8)、公式(9-9)]计算样地内各树种的生物量。

(3)样地中各树种单位面积生物量与该数值的生物质碳储量求积并累加得出各样地的单位面积生物质碳储量,采用公式(9-7)进行计算。然后,通过公式(9-5)计算得到各碳层单位面积生物质碳储量。

(4)对各碳层单位面积生物质碳储量与碳层面积进行求积得出各碳层项目生物质碳储量,采用公式(9-4)计算。

(5)计算项目生物质碳储量年变化量,采用公式(9-3)计算;计入期起始以来第一个核算期项目产生的清除量可基于该线性假设和项目经核查的首次监测结果进行计算。

▎9.5 项目监测精度与参数

红树林碳计量项目的监测精度和参数设定包括抽样设计、碳层划分、精度控制和校正,以及监测所需的数据和参数。项目的抽样设计要求达到 90% 的可靠性水平和 90% 的精度标准,通过特定公式计算样地数量。项目碳层划分基于事前和事后情况,以适应实际种植情况和外部干扰。精度控制涉及计算平均单位面积生物质碳储量的方差和不确定性,以确保监测数据的可靠性。如果抽样精度低于 90%,可通过增加样地数量或扣减生物质碳储量的方式进行校正。项目设计阶段和实施阶段都有一系列具体的技术内容和确定方法，包括碳储量估计、碳层面积、生物质含碳率、生物量方程、土壤有机碳储量年变化率等。这些参数的准确设定和监测对于确保项目减排量的正确核算至关重要。

9.5.1　抽样设计和碳层划分

（1）抽样设计。本书要求生物质碳储量的抽样调查达到 90% 可靠性水平下 90% 的精度要求。项目监测所需的样地数量按照公式（9-15）计算：

$$n = \left(\frac{t_{VAL}}{E}\right)^2 \times \left(\sum_i w_i \times S_i\right)^2 \tag{9-15}$$

式中：n 为项目边界内计算生物质碳储量所需的监测样地数量；t_{VAL} 为可靠性指标。在一定的可靠性水平下，自由度为无穷（∞）时查 t-分布双侧 t 分位数表的 t 值，取值为 1.645；w_i 为项目边界内第 i 项目碳层的面积权重，$w_i = S_i/S$，其中 S 是项目总面积（hm^2），S_i 是第 i 项目碳层的面积（hm^2）；S_i 为项目边界内第 i 项目碳层单位面积碳储量估计值的标准差（tC/hm^2）；项目设计阶段，采用碳层单位面积生物质碳储量估计值的 10%；E 为项目单位面积生物质碳储量估计值允许的误差范围（tC/hm^2）；项目设计阶段，采用项目单位面积生物质碳储量估计值的 10%；i 为项目碳层，$i=1$，2，3，…。

分配到各碳层的监测样地数量按照公式（9-16）计算：

$$n_i = n \times \frac{w_i \times S_i}{\sum (w_i \times S_i)} \tag{9-16}$$

式中：n_i 为项目边界内第 i 项目碳层计算生物质碳储量所需的监测样地数量；n 为项目边界内计算生物质碳储量所需的监测样地数量；w_i 为项目边界内第 i 项目碳层的面积权重；S_i 为项目边界内第 i 项目碳层单位面积碳储量估计值的标准差（tC/hm^2）；项目设计阶段，采用碳层单位面积生物质碳储量估计值的 10%；i 为项目碳层，$i=1$，2，3，…。

本文件要求每个碳层调查样地数不少于 3 个，如按照公式（9-16）计算某个碳层调查样地数小于 3，则相应碳层样地数设置为 3 个。如果抽样未达到 90% 可靠性水平下 90% 的精度，可通过增加样地数量，从而使测定结果达到精度要求，或在不增加样地数量的情况下参照书中方法校正清除量。

（2）样地设置要求。采用固定样地连续监测项目情景下的碳储量的变化。在各项目碳层内布设正方形样地，样地的空间布设须采用随机起点、系统布点的方法，具体操作流程如下：①采用 GIS 等空间工具将每个碳层网格化，每个网格大小与监测样地大小相同；②保留各碳层内规则正方形的完整网格，将每个完整的网格按固定顺序编号

（碳层边缘不完整的网格不参与编号），确定碳层内保留的完整网格的数量（N）；③1～N之间产生一个随机数，该随机数代表的网格编号即为该碳层的第 1 个监测样地；④计算该碳层其他样地所在的网格编号：第 2 个样地的网格编号等于第 1 个样地的网格编号加间隔的网格数，该间隔数等于该碳层的网格数量（N）除以该碳层样地数量（n_i）后取整数；第 3 个样地的网格编号等于第 2 个样地的网格编号加间隔的网格数，依此类推。若到达最大的网格编号时仍未编号好需要的样地数量，可接着从第 1 个网格往下数。⑤按上述方案设计样地，若部分样地因环境条件和交通等限制难以到达，可在首次监测时将样地调整至碳层内滩面高程和土壤质地条件相近，且植被覆盖度不高于原样地、方便到达的样地。调整位置的样地数量不能超过项目总样地数量的 1/3。项目业主应提供调整前后样地滩面高程、种植的树种、种植密度及植被覆盖度等情况的资料证明样地位置调整的必要性和合理性。

样地水平面积应根据红树林植被情况而定，乔木型植被设置 10 m×10 m 样地，灌木型设置 5 m×5 m 样地（如植被密度较大时，可设置 2 m×2 m 样地）；如乔木型植被群落下生长有桐花树等灌木型植物且生长密度高时，可在乔木监测的固定样地内随机设置嵌套的小样地（如 2 m×2 m）进行灌木型植物的调查。在监测项目边界内的生物质碳储量变化时，宜采用标志桩或其他标志物对样地的四个角或中心位置进行定位。记录每个样地的行政位置（县、乡、村和小地名）、样地名称编号、经纬度坐标（以度表示的坐标至少保留 6 位小数）、种植树种、种植时间，以及其他样地信息。固定样地复位率需达 100%。

（3）项目碳层划分要求。在项目期，每次监测时发现以下情况，应在监测前对上一次监测时划分的碳层进行调整：①项目地块实施内容与设计不一致，如种植时间、树种、密度和地块范围等发生变化。②项目实施过程中，由于病虫害、自然灾害和人为干扰等，影响碳层内的均一性。③海域或土地利用类型发生变化，导致各碳层边界发生变化。④上一次监测结果，如果发现两个或多个碳层具有相近的碳储量，可将这些碳层进行合并，以降低工作量。

9.5.2　精度控制和校正

通过项目边界内单位面积生物质碳储量的不确定性来评判抽样精度。不确定性的计算过程如下：

（1）计算第 i 项目碳层平均单位面积生物质碳储量方差。

$$S^2_{C_{\text{Biomass}, i, t}} = \frac{n_i \times \sum_p C^2_{\text{Biomass}, i, p, t} - \left(\sum_p C_{\text{Biomass}, i, p, t}\right)^2}{n_i \times (n_i - 1)} \quad (9-17)$$

式中：$S^2_{C_{\text{Biomass}, i, t}}$ 为第 t 年时，第 i 项目碳层平均单位面积生物质碳储量的方差[（tC/hm²）²]；$C_{\text{Biomass}, i, p, t}$ 为第 t 年时，第 i 项目碳层样地 p 的单位面积生物质碳储量（tC/

hm^2）；p 为第 i 项目碳层中的样地，$p=1,2,3,\cdots$；i 为项目碳层，$i=1,2,3,\cdots$；n_i 为第 i 项目碳层监测样地数；t 为自项目开始以来的年数（a），$t=1,2,3,\cdots$。

（2）计算项目边界内平均单位面积生物质碳储量方差。

$$C_{\text{Biomass},\,t} = \sum_i (w_i \times C_{\text{Biomass},\,i,\,t}) \tag{9-18}$$

$$S^2_{C_{\text{Biomass},\,t}} = \sum_i \left(w_i^2 \times \frac{S^2_{C_{\text{Biomass},\,i,\,t}}}{n_i}\right) \tag{9-19}$$

式中：$C_{\text{Biomass},\,t}$ 为第 t 年时，项目边界内的平均单位面积生物质碳储量（tC/hm^2）；w_i 为项目边界内第 i 项目碳层的面积权重，$w_i = A_i/A$，其中 A 是项目总面积（hm^2），A_i 是第 i 项目碳层的面积（hm^2）；$C_{\text{Biomass},\,i,\,t}$ 为第 t 年时，第 i 项目碳层的平均单位面积生物质碳储量（tC/hm^2）；$S^2_{C_{\text{Biomass},\,t}}$ 为第 t 年时，项目平均单位面积生物质碳储量的方差 $[(tC/hm^2)^2]$；$S^2_{C_{\text{Biomass},\,i,\,t}}$ 为第 t 年时，第 i 项目碳层平均单位面积生物质碳储量的方差 $[(tC/hm^2)^2]$；n_i 为第 i 项目碳层的样地数；i 为项目碳层，$i=1,2,3,\cdots$；t 为自项目开始以来的年数（a），$t=1,2,3,\cdots$。

（3）计算项目边界内平均单位面积生物质碳储量的不确定性。

$$u_{C_{\text{Biomass},\,t}} = \frac{t_{\text{VAL}} \times S_{C_{\text{Biomass},\,t}}}{C_{\text{Biomass},\,t}} \tag{9-20}$$

式中：$u_{C_{\text{Biomass},\,t}}$ 为第 t 年，项目边界内平均单位面积生物质碳储量的不确定性，即相对误差限（%）。要求相对误差不大于 10%，即抽样精度不低于 90%；t_{VAL} 为可靠性指标，自由度等于 $n-M$（其中 n 是项目边界内样地总数，M 是生物量计算的碳层数），置信水平为 90%，查 t-分布双侧分位数表获得，如置信水平为 90%，自由度为 45 时，双侧 t-分布的 t 值在 Excel 电子表中输入"= TINV(0.10, 45)"可计算得到 t 值为 1.6794；$S_{C_{\text{Biomass},\,t}}$ 为第 t 年时，项目边界内平均单位面积生物质碳储量方差的平方根，即标准误差（tC/hm^2）；t 为自项目开始以来的年数（a），$t=1,2,3,\cdots$。

如果抽样精度小于 90%（不确定性＞10%），项目业主可通过增加样地数量进行补测，从而使测定结果达到精度要求，或选择扣减一定比例清除量的方式进行校正。①对碳储量变异较大的碳层，增加监测样地数量，并按上述方法设置样地进行补测，直到达到监测精度要求；根据监测结果计算（公式 9-3）得到的第 t 年的生物质碳储量变化量即为项目的生物质碳储量变化量 $\Delta C_{\text{Biomass}_{\text{PROJ}},\,t}$。②对监测的生物质碳储量选择扣减的方式进行校正：

$$\Delta C_{\text{Biomass}_{\text{PROJ}},\,t} = \Delta C_{\text{Biomass},\,t} \times (1-DR) \tag{9-21}$$

式中：$\Delta C_{\text{Biomass}_{\text{PROJ}},\,t}$ 为校正后第 t 年的项目生物质碳储量年变化量（tC/a）；$\Delta C_{\text{Biomass},\,t}$ 为监测的第 t 年的项目生物质碳储量年变化量（tC/a）；DR 为扣减率（%）；t 为自项目开始以来的年数（a），$t=1,2,3,\cdots$。扣减率（DR）可从表 9-3 获得。

表9-3 样地监测生物质碳储量变化量的扣减率

相对误差限	扣减率(DR)/%
小于等于10%	0
大于10%且小于等于20%	6
大于20%且小于等于30%	11
大于30%	应增加样地数量,使得测定结果达到精度要求

9.5.3 监测的数据和参数

(1)项目设计阶段确定的参数和数据。项目设计阶段需确定的参数和数据的技术内容和确定方法见表9-4~表9-14。

表9-4 $A_{i,t}$ 的技术内容和确定方法

数据/参数名称	$A_{i,t}$
数据单位	hm^2
应用的公式编号	公式(9-4)、公式(9-10)、公式(9-12)、公式(9-13)
数据描述	第 t 年时,第 i 项目碳层的面积
数据来源	PDD及审定确认的项目碳层面积
数值	—
数据用途	用于设计阶段预估项目清除量

表9-5 CF_j 的技术内容和确定方法

数据/参数名称	CF_j
数据单位	tC/t. d. m
应用的公式编号	公式(9-6)、公式(9-7)
数据描述	树种 j 的生物质含碳率
数据来源	本表缺省值,根据我国部分红树植物生物质含碳率的实测数据与文献数据统计整理获得
数值	见表9-6
数据用途	用于将生物量转换成生物质碳储量

表 9-6　红树林主要树种的生物质含碳率

树种	CF	树种	CF	树种	CF
秋茄	0.47	木榄	0.47	红海榄	0.48
桐花树	0.42	正红树	0.46	海桑	0.43
白骨壤	0.41	海漆	0.43	其他树种	0.46

表 9-7　$f_j(x_1, x_2, x_3, \cdots)$ 的技术内容和确定方法

数据/参数名称	$f_j(x_1, x_2, x_3, \cdots)$
数据单位	kg. d. m.
应用的公式编号	公式(9-8)
数据描述	红树单株生物量与测树因子的相关方程
数据来源	数据源优先顺序：(1)从附录 A 中选择；(2)现有的、公开发表的文献中相似生态条件下的生物量方程。须来源于国家标准、行业标准、地方标准、核心期刊发表的或 SCI 收录的论文
数值	从附录 A 中选择合适的生物量方程
数据用途	用于计算将树种 j 的测树因子(x_1, x_2, x_3)转换为单株生物量的方程

表 9-8　A_s 的技术内容和确定方法

数据/参数名称	A_s
数据单位	hm^2
应用的公式编号	公式(9-8)、公式(9-9)
数据描述	植物调查样地面积
数据来源	按照 9.3.6 要求，根据植被形态、密度等因素确定
、数值	—
数据用途	用于植物生物量调查与计算

表 9-9　$d_{SOC_{PROJ}}$ 的技术内容和确定方法

数据/参数名称	$d_{SOC_{PROJ}}$
数据单位	tC/(hm^2 · a)
应用的公式编号	公式(9-10)
数据描述	单位面积土壤的有机碳储量年变化率
数据来源	本表缺省值，根据实测或文献报道的我国红树林营造中土壤有机碳储量(1 m 深度)年变化率的数据统计的均值，只采用明确说明在土壤碳储量调查时剔除土壤中红树植物根系的文献数据

数值	1.73
数据用途	用于土壤有机碳储量年变化量计算

表 9 - 10　$F_{CH_4{PROJ}}$ 的技术内容和确定方法

数据/参数名称	$F_{CH_4{PROJ}}$
数据单位	$tCH_4/(hm^2 \cdot a)$
应用的公式编号	公式(9 - 12)
数据描述	单位面积红树林土壤 CH_4 年排放量
数据来源	本表缺省值,参考我国红树林土壤 CH_4 排放实测数据统计均值
数值	12.00×10^{-3}
数据用途	用于计算土壤 CH_4 排放量

表 9 - 11　GWP_{CH_4} 的技术内容和确定方法

数据/参数名称	GWP_{CH_4}
数值	28
应用的公式编号	公式(9 - 12)
数据描述	100 年时间尺度下 CH_4 的全球增温潜势
数据单位	无量纲
数据来源	IPCC第五次评估报告
数据用途	将土壤 CH_4 排放量转化为 CO_2 当量排放量

表 9 - 12　$F_{N_2O_{PROJ}}$ 的技术内容和确定方法

数据/参数名称	$F_{N_2O_{PROJ}}$
数值	1.10×10^{-3}
应用的公式编号	公式(9 - 13)
数据描述	单位面积红树林土壤 N_2O 年排放量
数据单位	$tN_2O/(hm^2 \cdot a)$
数据来源	本表缺省值,参考我国红树林土壤 N_2O 排放实测数据统计均值
数据用途	用于计算土壤 N_2O 排放量

表 9-13　GWP_{N_2O} 的技术内容和确定方法

数据/参数名称	GWP_{N_2O}
数据单位	无量纲
应用的公式编号	公式(9-13)
数据描述	100 年时间尺度下 N_2O 的全球增温潜势
数据来源	IPCC 第五次评估报告
数值	265
数据用途	用于将土壤 N_2O 排放量转化为 CO_2 当量排放量

表 9-14　K_{RISK} 的技术内容和确定方法

数据/参数名称	K_{RISK}
数据单位	无量纲
应用的公式编号	公式(9-14)
数据描述	红树林营造项目可能会由于自然因素(如病虫害、台风风暴潮、寒潮等)或人为干扰(如砍伐等)原因导致项目清除的温室气体重新释放到大气中,即非持久性风险。在核算减排量时须按照项目非持久性风险扣减率,扣除一定比例的项目减排量。非持久性风险扣减率采用历史病虫害、台风风暴潮等灾害导致的红树林储量或面积的损失比例计算确定
数据来源	默认值
数值	5%
数据用途	用于计算项目减排量的非持久性风险

（2）项目实施阶段需监测的参数和数据。项目实施阶段需监测的参数和数据的技术内容和确定方法见表 9-15 和表 9-16。

表 9-15　$A_{i,t}$ 的技术内容和确定方法

数据/参数名称	$A_{i,t}$
数据单位	hm^2
应用的公式编号	公式(9-4)、公式(9-10)、公式(9-12)、公式(9-13)
数据描述	第 t 年时,第 i 项目碳层的面积
数据来源	空间数据和野外测定
监测点要求	所有实际实施种植活动的项目地块及其拐点坐标
监测仪表要求	手持全球定位导航设备、高分辨率卫星或地面遥感影像和大比例尺地形图
监测程序与方法要求	按 9.5.1 项目边界监测及 TD/T 1055 的相关要求执行

监测频次与记录要求	自首次核查后,一般每 5 年至少监测一次。须有项目及碳层边界坐标的. shp 或. kml 文件
质量保证/质量控制程序要求	采用国家海洋监测(GB 17378.2)和国土调查(TD/T 1055)使用的质量保证和质量控制(QA/QC)程序
数据用途	用于计算各碳层生物质碳储量、土壤碳储量及温室气体排放量

表 9 - 16 $x_{1,p,m}$, $x_{2,p,m}$, $x_{3,p,m}$, …的技术内容和确定方法

数据/参数名称	$x_{1,p,m}$, $x_{2,p,m}$, $x_{3,p,m}$, …
应用的公式编号	公式(9 - 8)
数据描述	样地 p 第 m 株测树因子。通常为胸径(DBH)、基径(D_0)和株高(H)等,按 7.1 节中确定的公式参数进行监测
数据单位	DBH 和 D_0 单位为 cm, H 单位为 m
数据来源	野外测定
监测点要求	样地设置符合 9.5.2 节的相关要求;每个碳层监测样地不少于 3 个
监测仪表要求	DBH 和 D_0 测量需要测树围尺、皮尺或游标卡尺;H 测量需要皮尺、测高仪或塔尺
监测程序与方法要求	按 9.5.1 节及 HY/T 081 执行
监测频次与记录要求	自首次核查后,一般每 5 年至少监测一次,样地每木调查,实测样地内所有活立木的株 H、DBH 或 D_0
质量保证/质量控制程序要求	采用国家海洋监测(GB 17378.2)或滨海湿地监测(HY/T 081)使用的质量保证和质量控制(QA/QC)程序

参考文献

[1] 政府间气候变化专门委员会.2006 年 IPCC 国家温室气体清单指南[EB/OL](2022 - 11 - 08)[2023 - 12 - 31]. http://www. tanpaifang. com/tanhecha/202211/0892068_6. html.

[2] 外交部,环保部,国家林业局,等.对 2006IPCC 国家温室气体清单指南的 2013 增补:湿地[EB/OL](2013 - 3 - 24)[2023 - 12 - 31]. https://www. cma. gov. cn/2011xwzx/2011xqxxw/2011xqxyw/201303/t20130324_208681. html.

[3] 世界林业研究中心.红树林碳汇计量方法[EB/OL](2012)[2023 - 12 - 31]. https://www. mee. gov. cn/xxgk2018/xxgk/xxgk06/202310/W020231024631537753613. pdf.

[4] 联合国粮农组织.在湿地上开展的小规模造林和再造林项目[EB/OL](2013)[2023 - 12 - 31]. https://www. bing. com/ck/a?! &&p = f9a18a30c5ed2227JmltdHM9MTcxMzM5ODDwMCZpZ3VpZD0zNDg5ODEzNC03MjE5LTYwMDMtM2QzNC05MmQxNzM1YzYxNjYmaW5zaWQ9NTE4OA&ptn = 3&ver = 2&hsh = 3&fclid = 34898134-7219-6003-3d34-92d1735c6166&psq = AR-AMS0003&u = a1aHR0cHM6

Ly9jZG0udW5mY2NjLmludC9zZXRob2RvbG9naWVzL0RCLzgwOFdPWUg2RldBWFAzQ1FSNFBBYT0xPUkdaQlZSRw&ntb=1.

［5］联合国环境规划署.海岸带蓝碳:红树林、盐沼和海草床碳储量与释放因子评估方法［EB/OL］(2014)［2023 - 12 - 31］.https://www.baidu.com/link?url＝HkqLtlQMa5ifAaZbWW3Hk2m2HT9ljmUdZmLvM69DMPYV4Zwy_T4reYVVwUTVjPL7nalm31_qIl PxN23AF6TcF22LK6rXktbr01y3F4sIYvfz0YcosW8XP_Vd-1g47b3&wd＝&eqid＝d40e73640037fc8a000000056620d24b.

［6］中华人民共和国生态环境部.温室气体自愿减排项目方法学 红树林营造(CCER - 14 - 002 - V01)［EB/OL］(2023 - 10 - 24)［2023 - 12 - 31］.https://baijiahao.baidu.com/s?id=1783878413353492521&wfr＝spider&for＝pc.

［7］厦门大学.福建省修复红树林碳汇项目方法学［EB/OL］(2022 - 10)［2023 - 12 - 31］.https://sthjt.fujian.gov.cn/zwgk/ywxx/dqhjgl/202305/P020230529577394767475.pdf.

［8］邢玮,于才芷,魏裕宇,等.苏州湿地碳汇计量方法学研究［J］.湿地科学与管理,2023,19(5):43 - 47.

［9］仝川,罗敏,陈鹭真,等.滨海蓝碳湿地碳汇速率测定方法及中国的研究现状和挑战［J］.生态学报,2023,43(17):6937 - 6950.

［10］陈小龙,狄乾斌,侯智文,等.海洋碳汇研究进展及展望［J］.资源科学,2023,45(8):1619 - 1633.

［11］林家洋,宋哲岳,李自民,等.滨海湿地碳汇和碳负排放技术研究进展［J］.湿地科学,2023,21(2):302 - 311.

［12］蔡爱军,马随随.中国滨海湿地蓝色碳汇研究进展［J］.湿地科学,2022,20(6):846 - 851.

第 *10* 章

可持续草地管理温室气体减排计量与监测方法学

本章将集中讨论可持续草地管理在温室气体减排计量和监测方法学方面的应用，重点包括草地的相关定义、草地管理的可持续性原则，以及可持续草地管理温室气体减排方法的适用条件。本章还将详细解释项目边界的确定、基线情景的确认以及额外性论证的过程，提供全面的理解和实践指导。

10.1　相关定义与技术方法

10.1.1　相关定义与适用条件

（1）草地相关定义。

草地：主要用于牧业生产的地区或自然界各类草原、草甸、稀树干草原等统称为草地。

分层：对草地进行详细分类，分层的依据可以包括草地类型、土壤类型。

可持续草地管理：可以通过增加碳储量和/或减少非 CO_2 温室气体排放并能持续增加草地生产力的管理措施。这种管理措施可能包括改进放牧/轮牧机制、减少退化草地放牧的牲畜数量，以及通过重新植草和保证良好的长期管理来修复严重退化的草地等。

（2）适用条件。可持续草地管理温室气体减排方法为在退化的草地上开展可持续草地管理措施。

本方法学的适用条件如下：

①项目开始时土地利用方式为草地。②土地已经退化并将继续退化。③项目开始前草地用于放牧或多年生牧草生产。④项目实施过程中，参与项目农户没有显著增加做饭和取暖消耗的化石燃料和非可再生能源薪柴。⑤项目边界内的粪肥管理方式没有发生明显变化。⑥项目边界外的家畜粪便不会被运送到项目边界内。⑦项目活动中不包括土地利用变化。在退化草地上播种多年生牧草和种植豆科牧草不认为是土地利用变化。⑧项目点位于地方政府划定的草原生态保护奖补机制的草畜平衡区，项目区的牧户已签订了草畜平衡责任书。⑨若土壤碳储量变化监测方法选择模型方法，必须有相关研究（例如文献或项目参与方进行的实地调查研究）能够验证项目活动拟采用的能够模拟不同管理措施并适用于项目区的模型，否则采用直接测量土壤有机碳的方法。

10.1.2　项目边界

"项目边界"包括项目参与方实施可持续草地管理活动的草地所在地理位置。该项目活动可在一个或多个的独立地块进行，在 PDD 中要清楚描述项目区域边界，在项目核查时必须向第三方认证机构提供每个独立的地块地理坐标。

在基线情景和项目活动下包括的碳库和排放源如表 10-1 和表 10-2 所示。由于可持续草地管理导致的禾本科地上部生物量增加是暂时的，这一碳库的变化不包括在项目边界内，这也是保守的。

表 10-1　在基线和项目活动下选择碳库

碳库种类	包括/可选择	理由/说明
地上部木本生物量	可选择	如果项目参与方可以提供透明的和可验证的信息，能表明如果不考虑这一碳库不会高估项目活动的碳汇量，就可以不选择
地下部生物量	可选择	如果项目参与方可以提供透明的和可验证的信息，能表明如果不考虑这一碳库不会高估项目活动的碳汇量，就可以不选择
土壤有机碳	包括	草地管理主要引起土壤碳库发生变化。根据适用条件②，基线情景下草地在处于退化状态而且将继续退化，土壤有机碳在基线情景下将会降低，不考虑基线情景下的碳汇变化是保守的

表 10-2　基线和项目活动中不包括或包括的温室气体排放源和种类

项目	排放源	气体	理由/说明
基线情景	施用化肥	N_2O	此排放源主要排放的气体
	农机化石燃料消耗	CO_2	主要 CO_2 排放源
	施用石灰	CO_2	主要 CO_2 排放源
项目活动	施用化肥	N_2O	此排放源主要排放的气体
	种植豆科牧草	N_2O	主要 N_2O 排放源
	农机化石燃料消耗	CO_2	主要 CO_2 排放源
	施用石灰	CO_2	主要 CO_2 排放源

10.1.3　基线情景的确定

通过如下步骤来确定最可能的基线情景：

（1）确定拟议的可持续草地管理项目的备选土地利用情景。① 确定并列出拟议的可持续草地管理项目活动所有可信的备选土地利用情景。

项目参与方必须确定并列出在未开展可持续草地管理项目活动的情况下，在项目边界内可能出现的所有现实、可信的土地利用情景。确定的土地利用情景至少需要包含：继续保持项目活动开始前的土地利用方式；在开始项目活动之前 10 年内，在项目边界内曾经采用的土地利用方式。

项目参与方参考《用来验证和评估 VCS 农业、林业和其他土地利用方式（AFOLU）项目活动额外性的 VCS 工具》以了解如何确定实际、可信的备选土地利用方式。项目参与方通过可验证的信息来源，证明每种确定的备选利用方式都是现实、可信的，这些信息来源可以包括土地使用者的管理记录文件、农业统计报告、公开发布的项目区放牧行为研究结果、参与式乡村项目评估结果和相关方的其他探讨文件，以及/或者由项目参与方在开始项目活动之前进行或委托他人进行的调查。②检查可信的备选土地利用情景方案是否符合相关法律和法规的强制要求。项目参与方必须检查确认在①中确定的所有备选土地利用情景满足如下要求：符合所有相关法律和法规的强制要求；或如果某个备选方案不符合相关法律和法规的要求，则必须结合相关强制法律或法规适用地区的当前实际情况证明这些法律或法规并没有系统生效（或者不符合其规定的现象在该地区非常普遍）。

如果备选土地利用情景并不满足上述两条标准之一，则必须将该备选土地利用情景从列表中删除，从而得到一份修改后的可信备选土地利用情景列表，确保符合相关法律和法规的强制要求。

（2）选择最合理的基线情景。①障碍分析：在通过（1）中②创建的可信备选土地利用情景列表之后，必须进行障碍分析，以确定会阻碍实现这些情景的现实、可信障碍。可能考虑的障碍包括投资、机构、技术、社会、或生态障碍，在《用来验证和评估 VCS 农业、林业和其他土地利用方式（AFOLU）项目活动额外性的 VCS 工具》第 3 步中有相关介绍。项目参与方必须说明哪些备选土地利用情景会遇到确定的障碍，并通过可验证的信息来进一步证明与每种备选土地利用情景相关的障碍的确存在。②排除面临实施障碍的备选土地利用情景：将所有面临实施障碍的备选土地利用情景从列表中删除掉。③选择最合理的基线情景（在障碍分析允许的前提下）：如果列表中只剩下一个备选土地利用情景，则必须将其选择为最合理的基线情景。如果列表内剩下多个备选土地利用情景，而且其中有一个情景包含继续保持项目活动前的土地利用方式，并且同时满足如下条件：在项目活动开始之前的 5 年中，牧民者没有发生变化；在项目活动开始之前的 5 年中，一直采用项目活动开始时的土地利用方式；在上述 5 年时间中，相关的强制法律或法规没有发生变化，那么必须将项目活动开始时的土地利用方式作为最合理的基线情景。如果列表内剩下多个备选土地利用情景，但是仍然没有选择最合理的土地利用方式，则进入下一步。④评估备选土地利用情景的盈利能力：针对（2）中②中保留没有实施障碍的备选土地利用情景后得到的列表，记录与每种备选土地利用情景相关的成本和收入，并估算每种备选土地利用情景的成本与收益。必须根据计入期内的净收入净现值来评估备选土地利用情景收益。必须以可以验证的透明方式证明分析所用的经济参数和假设条件是合理的。⑤选择最合理的基线情景：上一步中评估的备选土地利用情景中，必须选择收益最好的情景作为最合理的基线情景。

如果最合理的基线情景符合本方法 10.1.1(2)规定的适用条件,那么在项目区开展的可持续草地管理项目活动将可以使用本方法。

10.1.4　额外性论证

项目参与方必须借助最新版本的《用来验证和评估 VCS 农业、林业和其他土地利用方式(AFOLU)项目活动附加性的 VCS 工具》来验证项目的额外性。在使用该工具第 2、3 和 4 步的时候,必须对通过利用本方法 10.1.3 所确定的最合理基线情景进行评估,同时还要评估事前在项目文件中所述的项目情景。如果通过投资分析确定将项目活动注册为自愿减排项目不会带来经济收益,那么开展的项目活动不是盈利能力最强的土地利用情景;或者通过障碍分析确定基线情景没有障碍,在将项目活动注册为自愿减排项目不会带来经济收益的情况下不会开展项目活动,那么根据普遍实践检测的结果,必须将项目视为附加项目。

▎10.2　监测流程

本节将介绍与可持续草地管理相关的定义、技术方法、项目边界和额外性论证等关键概念。草地被定义为主要用于牧业生产的区域,包括各类自然草原和草甸。可持续草地管理是指采取措施以增加碳储量和/或减少非 CO_2 温室气体排放,同时提升草地生产力。这些措施可能包括改进放牧/轮牧机制、减少退化草地上的放牧压力以及通过重新植草和长期管理来修复严重退化的草地。

适用条件主要涉及项目的初始土地利用状态、草地的退化状态、项目实施过程中的能源消耗和粪肥管理方式,以及项目活动是否包含土地利用变化。项目边界包括所有实施可持续草地管理活动的地理区域,且在 PDD 中明确描述。

基线情景的确定是通过分析项目的备选土地利用情景、评估这些情景的盈利能力以及选择最合理的基线情景来完成的。这一过程涉及障碍分析、排除面临实施障碍的备选土地利用情景,并最终确定最合理的基线情景。

额外性论证则要求项目参与方使用 VCS 工具来验证项目的额外性,包括投资分析和障碍分析,以证明项目活动是附加的,即非基线情景下不会自然发生的活动。

10.2.1　项目实施监测

在 PDD 中记录并提供以下信息:

(1) 项目参与牧户记录。项目参与方应记录每一个参与可持续性草地管理项目的牧户信息,包括每户的编号、户主姓名、草地的地理位置及参加协议的时间。

(2) 记录所有草地项目边界的地理位置。项目参与方应建立、记录并保存项目边界的地理坐标,以及边界内部的任何分层情况。地理坐标可通过实地勘测(如全球定位系统)或使用地理空间数据(如地图、GIS 数据库)来确定。

（3）草地管理记录。项目参与方应记录项目减排计量期内实际采取的管理措施。

10.2.2　抽样设计和分层

对项目区进行合理分层,可在不增加额外成本的情况下提高测量精度,或者在不减小测量精度的情况下降低成本。项目参与方必须事先在 PDD 中描述项目分层情况。在项目减排计量期内,事先确定的分层边界与数量可能会发生变化。因此,在选择分层抽样之前应满足下述各项条件:在抽样之前必须对种群进行分层;分类必须详尽且不交叉(即:所有种群元素都必须准确分类);各分层必须具有不同的特征或性能,否则不能保证简单随机抽样的精度;在每一个分层中进行简单抽样。

（1）分层更新。由于下列原因,在采取措施后的分层需要进行更新:

在项目减排计入期内会出现意外的干扰(例如:由于火灾、虫害或疾病暴发),不同程度地影响到原本处于均质状态的分层;草地管理活动的实施方式(种草)可能会影响现有各个分层。

（2）取样数量。该方法学使用 CDM 执行委员会批准的最新版本工具"A/R CDM Calculation of the number of sample plots for measurements within A/R CDM project activities"确定每一分层的样本大小。整个项目估算的目标精度在 95% 的置信区间上采用 15% 的精度水平。

10.2.3　需监测的数据和参数

当采用方法学中所有相关公式事先估算固碳的净温室气体减排量时,项目参与方需要监测的各项参数如下:

（1）估算肥料施用造成的 N_2O 排放时,每一次施肥都应记录施肥时间、氮肥施用量、肥料类型、氮含量。

（2）估算种植豆科牧草 N_2O 的排放时,应记录每年种植豆科牧草的面积、豆科牧草每年返还到草地中的干物质量,包括地上部和地下部、豆科牧草干物质的含氮量。

（3）估算由于化石燃料消耗所造成的年 CO_2 排放时,应记录使用时间、机具类型、燃油类型、燃油消耗量。

（4）估算石灰使用造成的 CO_2 排放时,每一次施用石灰时应记录施用时间、石灰类型、用量。

（5）在计入期期间,应记录每一层的乔木和灌木面积。

（6）如果利用模型估算土壤有机碳变化时,应记录不同管理措施、管理措施实施时间、管理措施涉及的草地面积。如果采用直接测量的方法估算土壤有机碳变化,则应在计量期内每隔 5 年监测一次土壤有机碳含量、土壤的容重、含有直径大于 2 mm 的岩石、根茎以及其他枯木残留物所占的百分比等参数。在土壤有机碳分析中实施的土壤采样、操作和储存、处理和测量以及质量控制程序应符合经同行审议的科学标准或国家标准。

10.3 关键技术

可持续草地管理项目的关键技术包括基线排放和项目排放的准确计算,以及泄漏和温室气体减排量的评估。基线排放涵盖了由施肥、种植豆科牧草、农机使用化石燃料以及施用石灰等活动产生的 N_2O 和 CO_2 排放。项目排放则考虑了在实施可持续草地管理后,这些活动引起的排放变化。此外,还需考虑项目活动可能引起的泄漏效应,并据此计算项目的净温室气体减排量,以评估项目对环境的总体影响。

10.3.1 基线排放

(1) 施肥造成的基线 N_2O 排放。参照 CDM EB 最新批准的 A/R 方法学工具 "Estimation of direct nitrous oxide emission from nitrogen fertilization"估算肥料施用导致的直接 N_2O 排放。肥料类型包括合成氮肥和有机肥。

$$B_{N_2O_{Direct-N}, t} = (F_{SN, B, t} + F_{ON, B, t}) \times EF_1 \times 44/28 \times GWP_{N_2O} \quad (10-1)$$

$$F_{SN, B, t} = \sum_{i=1}^{I} M_{SFi, B, t} \times NC_{SFi} \times (1 - Frac_{GASF}) \quad (10-2)$$

$$F_{ON, B, t} = \sum_{j=1}^{J} M_{OFj, B, t} \times NC_{OFj} \times (1 - Frac_{GASM}) \quad (10-3)$$

式中:$B_{N_2O_{Direct-N}, t}$ 为第 t 年基线情景下项目边界内施肥造成的 N_2O 直接排放(tCO$_2$e);$F_{SN, B, t}$ 扣除以 NH_3 和 NO_x 形式挥发的 N 以外,第 t 年基线情景下合成氮肥施用量(t-N);$F_{ON, B, t}$ 为扣除以 NH_3 和 NO_x 形式挥发的 N 以外,第 t 年基线情景下有机肥施用量(t-N);EF_1 为肥料的 N_2O 排放因子,tN_2O-N/施入的 t-N(每千克施入的 N=0.01,数据来自项目区相关文献和任何关于 AFOLU 的优良做法指南中的默认值);GWP_{N_2O} 为 N_2O 的增温潜势,298[从 IPCC 第二评估报告或者之后的评估报告中获得,可以使用《2006 年 IPCC 国家温室气体清单指南》(第 4 卷-表 11.1)];$M_{SFi, B, t}$ 为第 t 年基线情景下合成氮肥施用量(t,每公顷所使用的合成氮肥实际量就等于调查数据的平均值减掉每公顷所使用的合成氮肥的标准误差或采用前 3 年记录);$M_{OFj, B, t}$ 为第 t 年基线情景下有机肥施用量(t);NC_{SFi} 为合成氮肥类型 i 的含氮量 (t-N/t);NC_{OFj} 为有机肥类型 j 的含氮量(t-N/t);$Frac_{GASF}$ 为合成氮肥以 NH_3 和 NO_x 形式挥发的比例,默认值为 0.1;$Frac_{GASM}$ 为有机肥以 NH_3 和 NO_x 形式挥发的比例,默认值为 0.2;i 为合成氮肥类型;j 为有机肥类型;44/28 为 N_2O 和 N 分子量之比。

（2）种植豆科牧草的基线 N_2O 排放。为了简便，不计算基线情景下种植豆科牧草造成的 N_2O 排放，这也是保守作法。

（3）农机使用化石燃料造成的基线 CO_2 排放。基线情景下，草地管理过程中有两类活动消耗化石燃料：耕作和农用物资的运输。计算公式为

$$B_{FC, t} = B_{FC, tillage, t} + B_{FC, transport, t} \tag{10-4}$$

式中：$B_{FC, t}$ 为第 t 年基线情景下农机使用化石燃料造成的基线 CO_2 排放量（tCO_2）；$B_{FC, tillage, t}$ 为第 t 年基线情景下使用农机耕作燃油排放量（tCO_2）；$B_{FC, transport, t}$ 为第 t 年基线情景下农机运输与草地管理相关的农用物资的燃油的排放量（tCO_2）。

利用公式（10-5）计算基线情景下使用农机耕作消耗化石燃料造成的 CO_2 排放量：

$$B_{FC, tillage, t} = \sum_{l=1}^{L} \sum_{k=1}^{K} FC_{tillage, k, l} \times Area_{k, l, B, t} \times EF_{CO_2, k} \times NCV_k \tag{10-5}$$

式中：$B_{FC, tillage, t}$ 为第 t 年基线情景下使用农机耕作燃油排放量（tCO_2）；$FC_{tillage, k, l}$ 为农机类型 l 耕作单位面积草地时消耗的燃料类型 k 的量（重量或者体积）（t/hm^2）；$Area_{k, l, B, t}$ 为第 t 年基线情景下使用农机类型 l、化石燃料类型 k 耕作的总面积（hm^2）；$EF_{CO_2, k}$ 为燃料类型 k 的排放因子（tCO_2/GJ）；NCV_k 为燃料类型 k 的净热值（GJ/t 或 GJ/hm^2）；k 为燃料类型；K 为使用的燃料类型数量；l 为农机类型；L 为农机类型数量。

利用农机运送农用物资的化石燃料消耗造成的基线 CO_2 排放根据 CDM EB 最新批准的"Estimation of GHG emissions related to fossil fuel combustion in A/R CDM project activities"工具计算有两种选择：如果农机属于项目参与方，并可监测所有的耗油量时可采用直接计算方法，如公式（10-6）；如果农机不属于项目参与者所有、且不能监测耗油量，或者在事前计算减排量时一些主要参数是假设的，这时应采用间接计算，如公式（10-7）（a～c）所示。

$$B_{FC, transport, t} = \sum_{l=1}^{L} \sum_{k=1}^{K} FC_{transport, k, l, B, t} \times EF_{CO_2, k} \times NCV_k \tag{10-6}$$

式中：$B_{FC, transport, t}$ 为第 t 年基线情景下农机运输与草地管理相关的农用物资的燃油的排放量（tCO_2）；$FC_{transport, k, l, B, t}$ 为第 t 年基线情景下运输导致的农机类型 l、消耗的燃料类型 k 的量（kg 或 m^3）；$EF_{CO_2, k}$ 为燃料类型 k 的排放因子（tCO_2/GJ）《2006 年 IPCC 国家温室气体清单指南》（第 2 卷表 1.4）；NCV_k 燃料类型 k 的净热值（GJ/t 或 GJ/hm^2）[《2006 年 IPCC 国家温室气体清单指南》（第 2 卷能源下的表 1.2）]；k 为燃料类型；K 为使用的燃料类型数量；l 为农机类型；L 为农机类型数量。

$$B_{FC, transport, t} = \sum_{l=1}^{L} \sum_{k=1}^{K} n \times MT_{k, l, B, t}/TL_l \times AD_{k, l, B, t} \times SECk_{k, l} \times EF_{CO_2, k} \times NCV_k$$

$$\tag{10-7a}$$

式中：$B_{\text{FC, transport}, t}$ 为第 t 年基线情景下农机运输与草地管理相关的农用物资的燃油排放量（tCO_2）；n 表明回程的载重的参数，当回程装满其他物资时，$n=1$，当回程为空车时，$n=2$，如果项目参与方不能提供回程载重的证据，则默认 $n=1$，确保项目减排量计算结果的保守型；$MT_{k, l, \text{B}, t}$ 为第 t 年基线情景下使用农机类型 l、燃料类型 k 运送物资的总重量（t）；TL_l 为农机类型 l 的载重量（t）；$AD_{k, l, \text{B}, t}$ 为第 t 年基线情景下使用农机类型 l、燃料类型 k 运送物资的平均单程距离（km）；$SECK_{k, l}$ 为农机类型 l 消耗燃料类型 k 时的耗油指标（重量或者体积耗油量）（$t-km$）；$EF_{CO_2, k}$ 为燃料类型 k 的排放因子（tCO_2/GJ）；NCV_k 燃料类型 k 的净热值（GJ/t 或 GJ/hm^2）；k 为燃料类型；K 为使用的燃料类型数量；l 为农机类型；L 为农机类型数量。

$$B_{\text{FC, transport}, t} = \sum_{l=1}^{L} \sum_{k=1}^{K} NV_{k, l, \text{B}, t} \times TD_{k, l, \text{B}, t} \times SECk_{k, l} \times EF_{CO_2, k} \times NCV_k$$

$$(10-7\text{b})$$

式中：$B_{\text{FC, transport}, t}$ 为第 t 年基线情景下使用农机运输与草地管理相关的农用物资的燃油排放量（tCO_2）；$NV_{k, l, \text{B}, t}$ 为第 t 年基线情景下使用农机类型 l、燃料类型 k 的农户数；$TD_{k, l, \text{B}, t}$ 为第 t 年基线情景下每户使用农机类型 l、燃料类型 k 的运行的距离（包括往返）（km）；$SECk_{k, l}$ 为农机类型 l、使用燃料类型 k 时的耗油指标（$t/t-km$ 或 $m^3/t-km$）；$EF_{CO_2, k}$ 为燃料类型 k 的排放因子（tCO_2/GJ）；NCV_k 为燃料类型 k 的净热值（GJ/t 或 GJ/hm^2）；k 为燃料类型；K 为使用的燃料类型数量；l 为农机类型；L 为农机类型数量。

$$B_{\text{FC, transport}, t} = \sum_{l=1}^{L} \sum_{k=1}^{K} MT_{k, l, \text{B}, t} \times TD_{k, l, \text{B}, t} \times SECkt_{k, l} \times EF_{CO_2, k} \times NCV_k$$

$$(10-7\text{c})$$

式中：$B_{\text{FC, transport}, t}$ 为第 t 年基线情景下使用农机运输与草地管理相关的农用物资的燃油排放量（tCO_2）；$MT_{k, l, \text{B}, t}$ 为第 t 年基线情景下利用农机类型 l、燃料类型 k 运送物资的总重量（t）；$TD_{k, l, \text{B}, t}$ 为第 t 年基线情景下利用农机类型 l、燃料类型 k 运送物资的总距离（km）；$SECkt_{k, l}$ 为农机类型 l、燃料类型 k 的消耗量（$t-km$）；$EF_{CO_2, k}$ 为燃料类型 k 的排放因子（tCO_2/GJ）；NCV_k 为燃料类型 k 的净热值（GJ/t 或 GJ/hm^2）；k 为燃料类型；K 为使用的燃料类型数量；l 为农机类型；L 为农机类型数量。

（4）施用石灰造成的基线 CO_2 排放。利用《2006IPCC 国家温室气体排放清单指南》（第 4 卷第 11 章）推荐 Tier1 方法估算施用石灰所产生的 CO_2 排放：

$$B_{\text{Lime}, t} = \left[(M_{\text{Limestone}, \text{B}, t} \times EF_{\text{Limestone}}) + (M_{\text{Dolomite}, \text{B}, t} \times EF_{\text{Dolomite}}) \right] \times 44/12$$

$$(10-8)$$

式中：$B_{\text{Lime}, t}$ 为第 t 年基线情景下施用石灰所产生的 CO_2 排放（tCO_2）；$M_{\text{Limestone}, \text{B}, t}$ 为第 t 年基线情景下石灰石（$CaCO_3$）的施用量（t）；$EF_{\text{Limestone}}$ 为石灰石（$CaCO_3$）的碳排放

因子(tC/t 石灰石),$EF_{\text{Limestone}} = 0.12$;$M_{\text{Dolomite, B, }t}$ 为第 t 年基线情景下白云石 [$CaMg(CO_3)_2$] 的施用量(t);EF_{Dolomite} 为白云石 [$CaMg(CO_3)_2$] 的碳排放因子,tC/t 白云石,$EF_{\text{Dolomite}} = 0.13$。

(5) 木本植物的基线固碳量。如果项目参与方将地上与地下木本生物量作为选择的碳库,那么,活立木植物的基线固碳量($BRWP$)可以使用 CDM EB 批准的最新版本方法学工具"Estimation of carbon stocks and change in carbon stocks of trees and shrubs in A/R CDM project activities"计算。使用该方法学工具的条件为项目区缺乏计算基线条件下的木本生物质储量变化的数据,且项目开展前林木郁闭度小于 0.20。如果项目参与方不考虑地上与地下木本生物量库,则基线 $BRWP$ 假定为零。

如果项目参与方考虑地上与地下木本生物量库,则现存木本生物质碳储量的平均净增长量($BRWP_t$)计算公式:

$$BRWP_t = \sum_{j=1}^{J} \sum_{s=1}^{S} A_{\text{b, }s, j, t} \times G_{\text{b, }s, j, t} \times CF_j \times 44/12 \qquad (10-9)$$

式中:$BRWP_t$ 为第 t 年基线情景下,现存木本生物质碳储量年平均净增长量(tCO$_2$);$A_{\text{b, }s, j, t}$ 为第 t 年基线情景下,分层 s 物种 j 的面积(hm^2);$G_{\text{b, }s, j, t}$ 为第 t 年基线情景下,分层 s 物种 j 的单位面积现存木本生物量年平均净增长量(t 干物质/hm^2);CF_j 为物种 j 的碳含量(乔木和灌木的默认值分别为 0.50 和 0.49)(tC/t 干物质)(A/RCDM 方法学工具);j 代表物种类型;J 为物种数量;s 代表分层;S 为分层数量。

现存木本生物量的年平均净增长量可以采用下述公式评估:

$$G_{\text{b, }s, j, t} = G_{\text{b, AB, }s, j, t} (1 + R_j) \qquad (10-10)$$

式中:$G_{\text{b, AB, }s, j, t}$ 为第 t 年基线情景下,分层 s 物种 j 的现存地上木本生物量的年平均净增长量(t 干物质/hm^2)(2003GPGLULUCF、2006IPCC 清单指南);R_j 为物种 j 的根冠比(树木:0.26;灌木树种:0.40)。

(6) 基线情景下土壤碳储量的变化。由于适用条件之一是自愿碳交易项目必须是在正在退化的土地上开展,因此,可以保守地假设基线情景下土壤有机碳变化为零,即 $BRS = 0$。

(7) 基线情景下总温室气体排放和减排量。

$$BE_t = B_{\text{N}_2\text{O}_{\text{Direct-N, }t}} + B_{\text{FC, }t} + B_{\text{Lime, }t} - BRWP_t - BRS \qquad (10-11)$$

式中:BE_t 为项目第 t 年基线温室排放/碳汇量(tCO$_2$e)。

10.3.2 项目排放

(1) 施肥造成的项目 N$_2$O 排放。利用 CDM EB 最新批准的 A/R 方法学工具 "Estimation of direct nitrous oxide emission from nitrogen fertilization"估算肥料施用导致的直接 N$_2$O 排放。肥料类型包括合成氮肥和有机肥。

$$P_{N_2O_{Direct-N, t}} = (F_{SN, P, t} + F_{ON, P, t}) \times EF_1 \times 44/28 \times GWP_{N_2O} \quad (10-12)$$

$$F_{SN, P, t} = \sum_{i=1}^{I} M_{SFi, P, t} \times NC_{SFi} \times (1 - Frac_{GASF}) \quad (10-13)$$

$$F_{ON, P, t} = \sum_{j=1}^{J} M_{OFj, P, t} \times NC_{OFj} \times (1 - Frac_{GASM}) \quad (10-14)$$

式中：$P_{N_2O_{Direct-N. t}}$ 为第 t 年项目活动下，项目边界内施肥造成的 N_2O 直接排放（tCO_2e）；$F_{SN, P, t}$ 为扣除以 NH_3 和 NO_x 形式挥发的 N 以外，第 t 年项目活动下合成氮肥施用量（t-N）；$F_{ON, P, t}$ 为扣除以 NH_3 和 NO_x 形式挥发的 N 以外，第 t 年项目活动下有机肥施用量（t-N）；EF_1 为肥料的 N_2O 排放因子（tN_2O-N/施入的 t-N）（每千克施入的 N=0.01，数据来自项目区相关文献和任何关于 AFOLU 的优良做法指南中的默认值）；GWP_{N_2O} 为 N_2O 的增温潜势为 298（数据从 IPCC 第二评估报告或者之后的评估报告中获得，可以使用 2006IPCC 清单指南第 4 卷，表 11.1）；$M_{SFi, P, t}$ 为第 t 年项目活动下合成氮肥施用量（t）（每公顷所使用的合成氮肥实际量就等于调查数据的平均值减掉每公顷所使用的合成氮肥的标准误差或采用前 3 年记录）；$M_{OFj, P, t}$ 为第 t 年项目活动下有机肥施用量（t）；NC_{SFi} 为合成氮肥类型 i 的含氮量（t-N/t）；NC_{OFj} 为有机肥类型 j 的含氮量（t-N/t）；$Frac_{GASF}$ 为合成氮肥以 NH_3 和 NO_x 形式挥发的比例，默认值为 0.1；$Frac_{GASM}$ 为有机肥以 NH_3 和 NO_x 形式挥发的比例，默认值为 0.2；i 为合成氮肥类型；j 为有机肥类型；44/28 为 N_2O 和 N 分子量之比。

（2）种植豆科牧草造成的项目排放。

$$P_{N_2O_{NF}, t} = F_{CR, P, t} \times EF_1 \times 44/28 \times GWP_{N_2O} \quad (10-15)$$

式中：$P_{N_2O_{NF}, t}$ 为第 t 年内，项目边界内种植豆科牧草造成的项目 N_2O 排放（tCO_2e）；$F_{CR, P, t}$ 为第 t 年内，项目活动豆科牧草返还到土壤中氮的数量（包括地上与地下）（tN）；EF_1 为由豆科牧草进入到草地土壤中的氮的 N_2O 排放因子（kgN_2O-N/kgN 输入），项目参与方可使用项目区内的相关文献中的 N_2O 排放因子，如果难以获得国家具体值，则使用 IPCC 推荐的默认值（可参考 2006IPCC 国家温室气体排放清单编制指南，第 4 卷 AFOLU，表 11.1，或任何关于 AFOLU 的 IPCC 优良做法指南）；GWP_{N_2O} 为 N_2O 的增温潜势。

$$F_{CR, P, t} = \sum_{g=1}^{G} Area_{g, P, t} \times Crop_{g, P, t} \times N_{content, g, P} \quad (10-16)$$

式中：$Area_{g, P, t}$ 为第 t 年，项目活动豆科牧草 g 的种植面积（hm^2），采用专家调查的方法获得项目边界内的 $Area_{g, P, t}$ 数据；$Crop_{g, P, t}$ 为第 t 年项目活动下，豆科牧草 g 返回到草地土壤中的干物质量，包括地上部和地下部（t 干物质/hm^2），项目参与方可使用项目区内相关文献中的 $Crop_{g, P, t}$ 数值，如果难以获得国家具体值，需要进行测量以获得 $Crop_{g, P, t}$ 数据；$N_{content, g, P}$ 为豆科牧草 g 中干物质氮的含量（tN/t 干物质），项目参与方可使用项目区内相关文献中的 $N_{content, g, P}$ 数值，如果国家具体值难以获得，需要进行

测量以获得 $N_{\text{content}, g, \text{P}}$ 数据;G 豆科牧草种类。

（3）农机使用化石燃料造成的项目 CO_2 排放。项目活动下,草地管理过程中有 2 类活动消耗化石燃料:耕作和农用物资的运输。计算公式为

$$P_{\text{FC}, t} = P_{\text{FC}, \text{tillage}, t} + P_{\text{FC}, \text{transport}, t} \tag{10-17}$$

式中:$P_{\text{FC}, t}$ 为第 t 年项目活动下农机使用化石燃料造成的基线 CO_2 排放量(tCO_2);$P_{\text{FC}, \text{tillage}, t}$ 为第 t 年项目活动下使用农机耕作燃油排放量(tCO_2);$P_{\text{FC}, \text{transport}, t}$ 为第 t 年项目活动下农机运输与草地管理相关的农用物资的燃油的排放量(tCO_2)。

利用公式(10-18)计算项目活动下使用农机耕作消耗化石燃料造成的 CO_2 排放量。

$$P_{\text{FC}, \text{tillage}, t} = \sum_{l=1}^{L} \sum_{k=1}^{K} FC_{\text{tillage}, k, l} \times Area_{k, l, \text{P}, t} \times EF_{\text{CO}_2, k} \times NCV_k \tag{10-18}$$

式中:$P_{\text{FC}, \text{tillage}, t}$ 为第 t 年项目活动下使用农机耕作燃油排放量(tCO_2);$FC_{\text{tillage}, k, l}$ 为农机类型 l 耕作单位面积草地时消耗的燃料类型 k 的量(kg/hm^2 或 m^3/hm^2);$Area_{k, l, \text{P}, t}$ 为第 t 年项目活动下使用农机类型 l、化石燃料类型 k 耕作的总面积(hm^2);$EF_{\text{CO}_2, k}$ 为燃料类型 k 的排放因子(tCO_2/GJ);NCV_k 为燃料类型 k 的净热值,GJ/t 或 GJ/m^3;k 为燃料类型;K 为使用的燃料类型数量;l 为农机类型;L 为农机类型数量。

利用农机运送农用物资的化石燃料消耗造成的基线 CO_2 排放根据 CDM EB 最新批准的"Estimation of GHG emissions related to fossil fuel combustion in A/R CDM project activities"工具计算。有两种选择,如果农机属于项目参与方,并可监测所有的耗油量时可采用直接计算方法[如公式(10-19)]。如果农机不属于项目参与者所有且不能监测耗油量,或者在事前计算减排量时一些主要参数是假设的,这时应采用间接计算。

$$P_{\text{FC}, \text{transport}, t} = \sum_{l=1}^{L} \sum_{k=1}^{K} FC_{\text{transport}, k, l, \text{P}, t} \times EF_{\text{CO}_2, k} \times NCV_k \tag{10-19}$$

式中:$P_{\text{FC}, \text{transport}, t}$ 为第 t 年项目活动下农机运输与草地管理相关的农用物资的燃油的排放量(tCO_2);$FC_{\text{transport}, k, l, \text{P}, t}$ 为第 t 年项目活动下运输导致的农机类型 l、消耗的燃料类型 k 的量 t 或 m^3;$EF_{\text{CO}_2, k}$ 为燃料类型 k 的排放因子(tCO_2/GJ);NCV_k 为燃料类型 k 的净热值(GJ/t 或 GJ/m^3);k 为燃料类型;K 为使用的燃料类型数量;l 为农机类型;L 为农机类型数量。

$$P_{\text{FC}, \text{transport}, t} = \sum_{l=1}^{L} \sum_{k=1}^{K} n \times MT_{k, l, \text{P}, t} / TL_l \times AD_{k, l, \text{P}, t} \times SECk_{k, l} \times EF_{\text{CO}_2, k} \times NCV_k \tag{10-20a}$$

式中:$P_{\text{FC}, \text{transport}, t}$ 为第 t 年项目活动下农机运输与草地管理相关的农用物资的燃油排放量(tCO_2)。n 表明回程的载重的参数,当回程装满其他物资时,$n = 1$;当回程为空车时,$n = 2$;如果项目参与方不能提供回程载重的证据,则默认 $n = 2$。$MT_{k, l, \text{P}, t}$ 为第 t 年

项目活动下使用农机类型 l、燃料类型 k 运送物资的总重量(t);TL_l 为农机类型 l 的载重量(t);$AD_{k,l,P,t}$ 为第 t 年项目活动下使用农机类型 l、燃料类型 k 运送物资的平均单程距离(km);$SECk_{k,l}$ 为农机类型 l 消耗燃料类型 k 时的耗油指标(t/t-km 或 m^3/t-km);$EF_{CO_2,k}$ 为燃料类型 k 的排放因子(tCO$_2$/GJ);NCV_k 为燃料类型 k 的净热值(GJ/t 或 GJ/m^3);k 为燃料类型;K 为使用的燃料类型数量;l 为农机类型;L 为农机类型数量。

$$P_{FC,\,transport,\,t} = \sum_{l=1}^{L} \sum_{k=1}^{K} NV_{k,l,P,t} \times TD_{k,l,P,t} \times SECk_{k,l} \times EF_{CO_2,k} \times NCV_k$$

$$(10-20b)$$

式中:$P_{FC,\,transport,\,t}$ 为第 t 年项目活动下使用农机运输与草地管理相关的农用物资的燃油排放量(tCO$_2$);$NV_{k,l,P,t}$ 为第 t 年项目活动下使用农机类型 l、燃料类型 k 的农户数;$TD_{k,l,P,t}$ 为第 t 年项目活动下使用农机类型 l、燃料类型 k 的运行的距离(包括往返)(km);$SECk_{k,l}$ 为农机类型 l、使用燃料类型 k 时的耗油指标(t/km);$EF_{CO_2,k}$ 为燃料类型 k 的排放因子(tCO$_2$/Gj);NCV_k 为燃料类型 k 的净热值(GJ/t 或 GJ/m^3);k 为燃料类型;K 为使用的燃料类型数量;l 为农机类型;L 为农机类型数量。

$$P_{FC,\,transport,\,t} = \sum_{l=1}^{L} \sum_{k=1}^{K} MT_{k,l,P,t} \times TD_{k,l,P,t} \times SECkt_{k,l} \times EF_{CO_2,k} \times NCV_k$$

$$(10-20c)$$

式中:$P_{FC,\,transport,\,t}$ 为第 t 年项目活动下使用农机运输与草地管理相关的农用物资的燃油排放量(tCO$_2$);$MT_{k,l,P,t}$ 为第 t 年项目活动下利用农机类型 l、燃料类型 k 运送物资的总重量(t);$TD_{k,l,P,t}$ 为第 t 年项目活动下利用农机类型 l、燃料类型 k 运送物资的总距离(km);$SECkt_{k,l}$ 为农机类型 l、燃料类型 k 的消耗量(t/t-km 或 m^3/t-km);$EF_{CO_2,k}$ 为燃料类型 k 的排放因子(tCO$_2$/GJ);NCV_k 为燃料类型 k 的净热值(GJ/t 或 GJ/m^3);k 为燃料类型;K 为使用的燃料类型数量;l 为农机类型;L 为农机类型数量。

(4)施用石灰造成的项目 CO$_2$ 排放。利用《2006 年 IPCC 国家温室气体排放清单指南》第 4 卷第 11 章推荐 Tier1 方法估算项目活动施用石灰所产生的 CO$_2$ 排放:

$$PE_{Lime,\,t} = \left[(M_{Limestone,\,P,\,t} \times EF_{Limestone}) + (M_{Dolomite,\,P,\,t} \times EF_{Dolomite}) \right] \times 44/12$$

$$(10-21)$$

式中:$PE_{Lime,\,t}$ 为第 t 年项目活动施用石灰所产生的 CO$_2$ 排放(tCO$_2$);$M_{Limestone,\,P,\,t}$ 为第 t 年项目活动石灰石(CaCO$_3$)的施用量(t);$EF_{Limestone}$ 为石灰石(CaCO$_3$)的碳排放因子(tC/t 石灰石),$EF_{Limestone} = 0.12$;$M_{Dolomite,\,P,\,t}$ 为第 t 年项目活动白云石[CaMg(CO$_3$)$_2$]的施用量(t);$EF_{Dolomite}$ 为白云石[CaMg(CO$_3$)$_2$]的碳排放因子(tC/t 白云石),$EF_{Dolomite} = 0.13$。

(5)木本植物的项目固碳量。如果项目参与方选择包括地上部的木本生物质碳库,应采用"Estimation of carbon stocks and change in carbon stocks of trees and shrubs in A/R CDM project activities"工具计算木本生物量的项目固碳量($PRWP_t$)。如果项目参与方不考虑地上与地下木本生物质碳库时,可假定木本生物量的项目固碳量($PRWP_t$)为零。

项目开展第 t 年现存木本生物质碳储量的平均净增长量($PRWP_t$)计算公式:

$$PRWP_t = \sum_{j=1}^{J} \sum_{s=1}^{S} A_{p,s,j,t} \times G_{p,s,j,t} \times CF_j \times 44/12 \qquad (10-22)$$

式中:$PRWP_t$ 为第 t 年项目活动下,现存木本生物质碳储量年平均净变化量(tCO_2);$A_{p,s,j,t}$ 为第 t 年项目活动下,分层 s 物种 j 的面积(hm^2);$G_{p,s,j,t}$ 为第 t 年项目活动下,分层 s 物种 j 的单位面积现存木本生物量(地上+地下)年平均净增长量(t 干物质/hm^2);CF_j 为物种 j 的碳含量(乔木和灌木的默认值分别为 0.50,和 0.49)(tC/t 干物质)(A/RCDM 方法学工具);j 代表物种类型;J 为物种数量;s 代表分层;S 为分层数量。

在某一分层内,每种物种的木本生物质碳储量(地上部和地下部碳储量)的净增加量可由下式计算:

$$G_{p,s,j,t} = G_{p,AB,s,j,t}(1+R_j) \qquad (10-23)$$

式中:$G_{p,AB,s,j,t}$ 为第 t 年项目活动下,分层 s 物种 j 的现存地上木本生物量的年平均净增加量(t 干物质/hm^2);R_j 为物种 j 的根冠比(树木:0.26;灌木树种:0.40)。

(6) 项目活动下的土壤碳储量变化。可持续草地管理措施主要影响土壤碳库。项目参与方有两种选择方式计算土壤碳库的变化:模型方法;直接测量土壤有机碳。如果有研究结果(例如文献或者项目参与方已经开展的工作)可证明拟选用的模型适用于项目区,则该模型可用于评估土壤碳储量变化。否则应直接测量土壤有机碳。模拟或直接测量的土壤深度为表层 30 cm。

① 模型方法。首先,计算达到平衡状态时的土壤有机碳密度和时间。采用一种公认且通过项目区验证的模型(如 CENTURY、DNDC)估算不同分层、不同管理措施下土壤有机碳储量达到平衡状态时的土壤有机碳密度($SOC_{s,mG,Equil}$)和时间($D_{s,mG}$)。

然后,计算项目周期内的土壤碳储量的变化。如果项目周期内分层 s 管理措施 m_G 的土壤有机碳密度已达到平衡状态,项目开始至土壤有机碳密度达到平衡时之间的分层 s 管理措施 m_G 的年均土壤碳密度变化($\Delta SOC_{s,m_G}$)和项目土壤碳储量的变化(PR_t)可用公式(10-24)和公式(10-25)计算。

$$\Delta SOC_{s,m_G} = (SOC_{s,m_G,Equil} - SOC_{s,Baseline})/D_{s,m_G} \qquad (10-24)$$

式中:$\Delta SOC_{s,m_G}$ 为分层 s 管理措施 m_G 的年均土壤有机碳密度变化(tC/hm^2);$SOC_{s,m_G,Equil}$ 为估算的分层 s 管理措施 m_G 土壤碳密度达到平衡时表层 30 cm 土层的土壤碳储量(tC/hm^2);$SOC_{s,Baseline}$ 为基线情景下分层 s 表层 30 cm 土层的土壤碳密度(tC/hm^2)(在每个抽样点采集 3 个样品,每 5 年监测一次);D_{s,m_G} 为分层 s 管理措施 m_G 下土壤有机碳密度达到平衡的时间(a);s 代表分层;m_G 代表管理措施。

项目土壤碳储量的变化(PR_t):

$$PR_t = \sum_s \sum_{m_G} PA_{s,m_G,t} \times \Delta SOC_{s,m_G} \times 44/12 \tag{10-25}$$

式中：PR_t 为第 t 年项目活动下土壤碳储量变化（tCO_2e）；$PA_{s,m_G,t}$ 为第 t 年项目活动下分层 s 管理措施的 m_G 的面积（hm^2）；在土壤碳储量达到平衡至项目结束时的 $\Delta SOC_{s,m_G}$ 和 PR_t 均为 0。

如果项目周期内分层 s 管理措施 m_G 的土壤有机碳密度尚未达到平衡状态，项目开始至项目结束时的分层 s 管理措施 m_G 的年均土壤碳密度变化（$\Delta SOC_{s,m_G}$）可用公式（10-26）计算，项目土壤碳储量的变化（PR_t）还可用公式（10-25）计算。

$$\Delta SOC_{s,m_G} = (SOC_{s,m_G,CP} - SOC_{s,Baseline})/CP \tag{10-26}$$

式中：$\Delta SOC_{s,m_G}$ 为分层 s 管理措施 m_G 的年均土壤有机碳密度变化（tC/hm^2）；$SOC_{s,m_G,CP}$ 为模拟的项目结束时分层 s 管理措施 m_G 的表层 30 cm 土层的土壤碳密度（tC/hm^2）（每 5 年监测一次，监测时间为第四季度）；$SOC_{s,Baseline}$ 为基线情景下分层 s 表层 30 cm 土层的土壤碳密度（tC/hm^2）；CP 为项目周期（a）；s 代表分层；m_G 代表管理措施。

② 直接测量土壤有机碳。首先，计算土壤有机碳监测样点数，进行土壤采样、储存、测定等步骤。采用国家标准（如土壤采样标准）方法对土壤进行采样、处理和储存、测定和质量控制。

其次，计算分层 s、管理措施 m_G、监测样地 i 的土壤有机碳储量。公式（10-27）用于估算第 t 年，项目活动下分层 s、地片 p、抽样地点 i 的土壤有机碳储量。

$$P_{SOC_{s,m_G,i,t}} = SOC_{s,m_G,i,t} \times BD_{s,m_G,i,t} \times Depth \times (1 - FC_{s,m_G,i,t}) \times 0.1 \tag{10-27}$$

式中：$P_{SOC_{s,m_G,i,t}}$ 为第 t 年项目活动下，分层 s、管理措施 m_G、监测样地 i 表层 30 cm 土壤的土壤有机碳密度（tC/hm^2）；$SOC_{s,m_G,i,t}$ 为第 t 年项目活动下，分层 s、管理措施 m_G、监测样地 i 表层 30 cm 土壤的平均有机碳含量（gC/kg 土壤）；$BD_{s,m_G,i,t}$ 为第 t 年项目活动下，分层 s、管理措施 m_G、监测样地 i 表层 30 cm 土壤的土壤容重（g/cm^3）（每 5 年监测一次，监测时间为第四季度）；$Depth$ 为表层土壤深度（30 cm）；$FC_{s,m_G,i,t}$ 为第 t 年项目活动下，分层 s、管理措施 m_G、监测样地 i 表层 30 cm 土壤的直径大于 2 mm 的砾石、根茎和其他枯木残余物所占的百分比（%）；0.1 为转换系数；s 代表分层；i 代表监测样点；m_G 代表管理措施。

再次，计算分层 s、管理措施 m_G 的土壤有机碳密度。

$$P_{SOC_{s,m_G,t}} = (\sum_{i=1}^{I} P_{SOC_{s,m_G,i,t}})/I \tag{10-28}$$

式中：$P_{SOC_{s,m_G,t}}$ 为第 t 年项目活动下，分层 s、管理措施 m_G 的土壤有机碳密度（tC/hm^2）；I 为分层 s、管理措施 m_G 的监测样点总量。

接下来,计算分层 s 的土壤有机碳密度。

$$P_{SOC_{s,t}} = (\sum_{m_G=1}^{M} P_{SOC_{s,M_G,t}})/M \qquad (10-29)$$

式中: $P_{SOC_{s,t}}$ 为第 t 年项目活动下,分层 s 的平均碳密度(tC/hm²); M 为第 t 年项目活动下土层 s 管理措施的数量。然后,计算项目活动下土壤碳储量。公式(10-30)用于计算第 t 年项目活动下所有分层土壤的平均碳储量。

$$P_t = (\sum_{s=1}^{S} P_{SOC_{s,t}} \times A_s) \qquad (10-30)$$

式中: P_t 为第 t 年项目活动的总碳储量(tC); $P_{SOC_{s,t}}$ 为第 t 年项目活动下分层 s 的平均碳储量(tC/hm²); A_s 为分层 s 的总面积; S 为项目活动下分层的总数量。

最后,项目活动下土壤碳储量变化。

$$PR_t = \frac{(P_t - \sum SOC_{s,\,baseline} \times A_s)}{n} \times 44/12 \qquad (10-31)$$

式中: $SOC_{s,\,baseline}$ 为在项目活动开始时,基线情景下分层 s 的土壤碳储量(tC/hm²); n 为项目开始至第一次监测的时间(年)。

(7) 项目活动下导致的温室气体净排放量计算。

$$PE_t = P_{N_2O_{Direct-N,\,t}} + P_{N_2O_{NF,\,t}} + P_{FC,\,t} + P_{Lime,\,t} - PRWP_t - PR_t \qquad (10-32)$$

式中: PE_t 为可持续草地管理活动第 t 年的项目温室气体净排放(tCO₂e)。

10.3.3　泄漏源与减排量计算

(1) 泄漏源。3 种潜在泄漏源及原因如下:①项目边界外的粪便施用到边界内造成项目边界外土壤有机碳降低或用于供热和炊事的化石燃料用量增加,而导致泄漏排放量。②减少了项目边界内粪便作为能源的利用率,造成烹饪和取暖所用的非可再生能源薪柴燃料或者化石燃料用量增加,而造成的排放量。③在项目边界外租用放牧草场,造成的排放量。

潜在泄漏源①和②受到 10.1.1(2)适用条件④和⑥的限制,①和②泄漏排放可以忽略不计。对于可持续性草地管理而言,在项目减排计量期内牲畜数量可能下降。根据 10.1.1(2)适用条件⑧,项目区域的牧民均与当地政府签订了草畜平衡责任书,即使发生项目外农户将草地租用给项目户的情况发生,也不会造成草场退化。因此,也可以排除租用放牧草场造成的泄漏。

(2) 减排量的计算。项目活动的年温室气体减排量公式:

$$\Delta R_t = BE_t - PE_t - LE_t \qquad (10-33)$$

式中：ΔR_t 为第 t 年的年总温室气体减排量（tCO_2e）；PE_t 为可持续草地管理活动第 t 年的项目温室气体净排放（tCO_2e）；LE_t 为第 t 年的泄漏排放（tCO_2e）。

10.4 应用案例

由于目前公布挂网的草原碳汇项目较少，可收集到的资料有限，所以本节将以福建金森碳汇技术有限公司的新疆伊宁市可持续草原管理项目为例，做草原碳汇项目应用案例分析。该项目并未完全应用本方法学，但各方面条件均符合本方法学要求。

10.4.1 项目概述

项目名称：新疆伊宁市可持续草原管理项目。

项目时间：项目开始日期是导致温室气体减排或减排的活动实施的日期，该项目开始日期为 2020 年 9 月 15 日，从围栏建筑开始。项目授信期为 2020 年 9 月 15 日至 2040 年 9 月 14 日，有效期为 20 年。

项目地点：项目位于中国新疆维吾尔自治区伊宁县，土地总面积为约 61.53 万 hm^2，天然草地总面积为 31.8 万 hm^2。

项目用地：根据《中华人民共和国草原法》，项目开工前的项目分类为农业用地的全部 266 666.78 hm^2 的草原所有权属于国家和集体。

项目前提：项目所涉草原土地已退化且这些土地将继续退化。

项目目的：恢复了项目区退化的 266 666.78 hm^2 草地，提高了草地生产力和饲料质量，防止了草地的持续退化，显著提高了当地旅游资源的生态美学价值。

10.4.2 项目活动实施情况

新疆伊宁市可持续草地管理项目（以下简称"本项目"）位于中国新疆维吾尔自治区伊犁自治州伊宁县。该项目旨在通过采用可持续的草地管理实践，恢复当地退化的草地生态系统，如改善放牧动物的轮作，限制退化牧场上放牧动物的时间和数量，并确保长期的适当管理。

在 266 666.78 hm^2 退化草地上实施主要恢复措施，该区域被分为两组。第一组草地将进行可持续的草地管理实践，其中包括在不同的牧区实行轮作放牧。这种方法包括限制项目区放牧活动的持续时间和数量，以保护草地的自然资源，防止生态环境的进一步恶化。相比之下，第二组草地将在项目的前 5 年内被禁止放牧。在这一初期阶段之后，将采用可持续的草地管理方法。这些方法包括通过根据草地的承载能力和围栏的建设，将草地划分为季节性放牧区域来减少放牧时间。将遵循具体的指导方针，如指定的放牧顺序、放牧周期和放牧时间分区，以确保草地系统地、逐面积轮流地放牧。

除主要的恢复措施外,该项目还纳入了各种旨在减轻土壤荒漠化、恢复草地植被、加强土壤碳储量、促进当地生物多样性的草地管理措施。这些额外措施包括啮齿动物和害虫防治以及草地防火等措施。通过实施这些附加措施,该项目旨在确保项目区域的长期可持续管理、减轻土壤荒漠化、恢复草地植被、并最终有助于改善土壤碳储存和当地生物多样性的保护。

10.4.3　项目碳汇量的计算

为计算碳储量变化而选择的碳池有:地上生物量、土壤有机碳。

(1) 基线排放。①由于施用肥料而导致的基线排放量。在基线情景下,项目区域未使用氮肥。因此,由于肥料使用而导致的基线 N_2O 排放量为是 0。②由于使用固氮物种而造成的基线排放量。在基线情景下,排除了使用固氮物种而产生的 N_2O 排放。本方法学中排除了使用固氮物种而产生的 NO_2 排放。③由于生物质燃烧而造成的基线排放量。在基线情景下,项目区域无生物质燃烧。因此,由于生物质燃烧而造成的基线 CO_2 排放量被认为是 0。本方法学中排除了生物质燃烧在基线中产生的基线 CO_2 排放。④由于肠道发酵而引起的基线排放量。在基线情景下,项目区域动物肠道发酵产生的为基线 CH_4 排放。本方法学中排除了在基线中动物肠道发酵而产生的基线 CH_4 排放。⑤由于粪便管理而造成的基线排放量。在基线情景下,项目区域粪便管理的基线排放包括放牧季节草地土壤上的粪肥和尿液的 NO_2 和 CH_4 排放。本方法学中排除了在基线中粪便管理而产生的基线 NO_2 和 CH_4 排放。⑥由于使用化石燃料造成的基线排放。在基线情景下,项目区域没有草地管理,不涉及农业机械。因此,由于使用化石燃料进行草地管理而导致的基线 CO_2 排放被认为是 0。⑦由于现有木质多年生植物造成的基线去除。在基线情景下,项目区没有多年生木本植物。因此,现有木质多年生植物的基线去除量被认为是 0。⑧由于土壤有机碳的变化造成的基线排放。在基线情景下,项目区为已退化并继续退化的土地。因此,可以保守地假设基线排放量为 0。⑨基线排放和移除。年基线排放＝基线年中由于肥料使用而导致的基线 NO_2 排放量＋基线年中生物质燃烧产生的基线温室气体排放量＋基线年中肠道发酵产生的基线 CH_4 排放量＋基线年中粪便管理产生的基线温室气体排放量＋基线年中自农用机化石燃料消耗的 CO_2 排放－基线年中现有木质多年生植物的基线去除量。

(2) 项目排放。①由于施用肥料而导致的项目排放量。在项目情景下,项目区域未使用氮肥。因此,由于肥料使用而导致的项目 NO_2 排放量为是 0。②由于使用固氮物种而造成的项目排放量。在项目情景下,排除了使用固氮物种而产生的 NO_2 排放。③由于生物质燃烧而造成的项目排放量。在项目情景下,根据草原监护人和当地农林草局的记录,项目区域无生物质燃烧。因此,由于生物质燃烧而造成的项目 CO_2 排放量被认为是 0。④由于肠道发酵而引起的项目排放量。在项目情景下,项目区域动物肠道发酵产生的为项目 CH_4 排放。⑤由于粪便管理而造成的项目排放量。在项目情景下,项目区域粪便管理的项目排放包括放牧季节草地土壤上的粪肥和尿液的 NO_2 和 CH_4 排放。⑥由于使用化石燃料造成的项目排放。在项目情景下,项目区域具有草地管理,因此,涉及农业机械。⑦由于现有木质多年生植物造成的去除。在项目情景下,项目活动是对退化草地的放牧管理,而不去除现有的木质生物量。因此,该项目从木质多年生植物中去除的被认为是 0。⑧由于土壤有机碳的变化造成的项目排放。在项目情景下,使用直接测量方法估算测量土壤有机碳。土壤取样必须遵循科学建立的方法或国家批准的标准。⑨不确定性分析。在项目情景下,不确定性为零。⑩项目按污染源排放的净温室气体排放量。项目的温室气体排放净额 CO_2 =项目中因使用化肥而造成的 NO_2 排放 +项目中固氮物种导致的 NO_2 排放 +项目中生物质燃烧产生的温室气体排放 +项目中肠道发酵产生的 CH_4 排放 +项目中粪便管理产生的温室气体排放 +项目中农业机械化石燃料消耗产生的 CO_2 排放+项目中现有木质生物质碳储量的平均净变化−由于土壤有机碳变化而产生的项目去除。

该项目预计 20 年内将产生温室气体排放去除排放 5 097 316 tCO_2e,平均每年去除温室气体排放 254 866 tCO_2e。

参考文献

[1] Estimation of direct nitrous oxide emission from nitrogen fertilization [EB/OL] [2023 - 12 - 31]. http://cdm. unfccc. int/methodologies/ARmethodologies/tools/ar-am-tool-07-v1. pdf/history_view.

[2] Estimation of GHG emissions related to fossil fuel combustion in A/R CDM project activities [EB/OL] [2023 - 12 - 31]. http://cdm. unfccc. int/methodologies/ARmethodologies/tools/ar-am-tool-05-v1. pdf.

[3] Estimation of carbon stocks and change in carbon stocks of trees and shrubs in A/R CDM project activities [EB/OL] [2023 - 12 - 31]. http://cdm. unfccc. int/methodologies/ARmethodologies/tools/ar-am-tool-14-v3.0.0. pdf.

[4] Estimation of GHG emissions related to fossil fuel combustion in A/R CDM project activities [EB/OL] [2023 - 12 - 31]. http://cdm. unfccc. int/methodologies/ARmethodologies/tools/ar-am-tool-05-v1. pdf.

[5] Calculation of the number of sample plots for measurements within A/R CDM project activities [EB/OL] [2023 - 12 - 31]. http://cdm. unfccc. int/methodologies/ARmethodologies/tools/ar-am-tool-03-v2.1.0. pdf/history_view.

第11章

林业碳票

本章将主要介绍林业碳票的概念、核算流程，以及交易机制。将探索林业碳票作为碳减排量收益权凭证的定义、起源，以及其在实现碳中和目标中的作用。本章还将详细讲述林业碳票核算的具体内容和流程，包括碳汇计量、碳层划分、碳库计量频率，以及计量方法。通过对林业碳票交易机制和市场成果的分析，本章将提供全面的理解和实践指导。

11.1　相关定义与碳票概述

碳票作为森林固碳释氧功能的交易"身份证"，具有可交易性和可质押性。林业碳票是基于林地和林木的碳汇量制发的具有收益权的凭证，涉及权属清晰、监测核算、专家审查和官方审定等多个步骤。这种碳票突出了森林在实现碳中和目标中的作用，是一种创新的生态产品，用于补偿森林生态价值。

在交易层面，林业碳票交易包括注册登记、远程交易、即时报价、网上交割，以及核证标准等环节，并涉及资金结算系统的建立。林业碳票的起源可以追溯到福建三明的集体林权制度改革。它是基于林地三权分置的金融创新产品，对平衡森林资源的生态效益与经济效益具有重要意义。

（1）碳票。碳票是林地林木的碳减排量收益权的凭证，相当于一片森林的固碳释氧功能作为资产交易的"身份证"，它以森林碳汇量为载体，所体现出的碳排放权交易的票据化，具有明显的可交易性与可质押性。

（2）林业碳票。林业碳票是指行政区域内权属清晰的林地、林木，依据《林业碳票碳汇计量方法》，经第三方机构监测核算、专家审查、林业主管部门审定、生态环境主管部门备案签发的碳汇量而制发的具有收益权的凭证，赋予交易、质押、兑现、抵消等权能，单位为吨（以 CO_2 当量衡量）。

林业碳票是以推动碳中和为目标，以森林新增蓄积量即森林净增固碳量来核算碳汇量的一种创新生态产品，能更加准确地反映林业在实现碳中和愿景中的重要作用。它是全国首个区域化场外碳中和交易产品，适用碳中和市场，更好地构建森林生态产品价值补偿机制。林业碳票适用主体创新，权属清晰的经营主体承诺林业碳票制发期间不主伐的均可申报。但林业碳票具有排外性，已开发其他碳汇项目的不得申请制发林业碳票。林业碳票是针对森林培育、经营和保有森林过程中每年的净固碳量又具有额外性。

（3）林业碳票交易。碳票交易主要包括以下环节：注册登记、远程交易、即时报价、网上交割，以及核证标准等技术系统，同时包括建立资金结算系统等。

（4）林业碳票的起源。碳票最早推出于全国集体林权制度改革的策源地福建三明，它是集体林地三权分置基础上，继林权按揭贷款、福林贷、林票等林业金融创新金融产品后的又一项金融产品创新，为推动实现森林资源生态效益与经济效益的兼顾具有重大意义。

11.2 林业碳票核算

项目参与方的基本要求，包括林地数据基础、林地类型限制、权属明确性等。本节将介绍碳库的选择和计量方法，专注于乔木和灌木生物量的变化估算，排除藤本、草本等其他生物量。碳层划分部分指出，项目区内不同森林类型或龄组需要单独计算以提高估算精度。

计量频率部分规定了碳库测量的周期性，通常为 1～2 年一次，而核算周期原则上为 5 年，且项目周期不超过 20 年。计量流程涵盖了从数据收集、碳汇量计算到碳储量变化量估算的各个阶段。最后，计量方法部分具体说明了项目面积和边界的测量方法，以及生物量和碳储量的具体计算公式。

11.2.1 碳汇计量内容与核算流程

项目参与方基本要求：①具备林业部门二类调查（或三类调查）数据基础且树种为乔木、灌木的林地。②不包括以生产薪炭、果品、食用油料、工业原料和药材等为目的的林地。③权属清晰，无争议的林地。④本方法不适用于竹林。⑤已备案签发或拟策划申报 CCER、省级林业碳汇（CER）和 VCS 的林地、林木除外。⑥项目活动符合国家和地方政府颁布的有关森林经营和保护的法律、法规和政策措施，以及相关的技术标准或规程。

11.2.2 计量内容与碳层划分

（1）碳库与温室气体排放源选择。按照保守性原则，对于核算边界内碳库的选择只考虑乔木地上、地下生物量、林下灌木层，以及灌木林，不考虑藤本、草本、枯死木、枯枝落叶和土壤的生物量。因项目活动不涉及全面清林和炼山等活动，因此温室气体排放源的选择也只考虑因森林火灾引起生物质燃烧造成的温室气体排放。

（2）计量方法。各碳层林木生物质碳储量的变化采用"碳储量变化法"进行估算，首次申请林业碳票时，可结合国家储备林等建设项目，采用最近两期的森林资源管理数据（如二类调查或三类调查）来核算。对于项目开始后第 t 年时的林木生物质碳储量变化量，通过估算其前后两次监测或核查时间（t_1 和 t_2，且 $t_1 \leqslant t \leqslant t_2$）时的林木生物质碳储量，再计算两次监测或核查间隔期（$T = t_2 - t_1$）内的碳储量变化量来获得。

（3）碳层划分。如果项目边界区内包含不同的森林类型或者不同龄组等，则需要对林分碳汇进行分层计算以提高碳储量变化量估算的精度和准确性。根据森林资源二类调查数据、森林资源管理"一张图"数据，以及三类调查森林资源等项目参与方在法定范围内均认可的数据源，按优势树种（组）、龄组等因子来划分碳层。

11.2.3　碳库计量频率与流程

（1）计量频率。在基层碳汇计量核算后，根据项目变更情况，1～2 年一次。项目的核算周期林业碳票项目的核算周期为项目开始至申请当年的时间区间，以整年为计算单位，一个核算周期原则为 5 年。项目计入期不超过 20 年。

（2）计量流程。①基于二类调查（或三类调查）数据中的活立木蓄积量为基础，由具有林业调查规划设计资质的单位现场调查监测核准基线蓄积量为依据利用生物量扩展因子法换算为基线生物量；②基于生物量，利用林木生物量碳含量换算为基线碳汇量；③识别基准线情景，确定其地理边界，基于一定林地面积，计算单位面积基线碳汇量；④基于一定时间周期，识别林业生产、经营情景，确定其地理边界，依林分生长状况计算单位面积碳汇量变化量。

11.2.4　计量方法

（1）项目面积和边界的计量方法。项目核算边界指拥有林地所有权或使用权的参与方实施林业碳票项目活动的地理范围，以小班为基本单位。小型项目面积采用物理测量方法。大型项目面积采用遥感测量方法。

（2）生物量计算。

① 乔木生物量计算。

$$B_{\text{TERR}, i, k} = B_{\text{TREE}.k.a} \times (1 + RSR_{\text{TREE}}) \tag{11-1}$$

式中：$B_{\text{TREE}.i.k}$ 为第 t 年，第 i 碳层项目树种林木生物量（t. d. m/hm²）；$B_{\text{TREE}.k.a}$ 为林分中树种 k 的平均单位面积地上生物量（t. d. m/hm²）；RSR_{TREE} 为树种的根管比（地下生物量/地上生物量）。

在《立木生物量模型及碳计量参数》行业标准已发布的树种，根据碳库调查所获得的各树种测树因子的数据，采用以下公式：

$$B_{\text{TREE}.k.a} = f_k(x1_k, x2_k, x3_k, \cdots) \tag{11-2}$$

式中：$f_k(x1_k, x2_k, x3_k, \cdots)$ 为将测树因子转化为地上生物量的回归方程。

不在《立木生物量模型及碳计量参数》行业标准发布的树种，应按 LY/T 2259 行业标准采用森林生态系统碳库调查及测定获得的各树种单位面积蓄积量、树种的基本木材密度以及生物量扩展因子，采用以下公式：

$$B_{\text{TREE},k,a} = V_{\text{TREE},i,k} \times SVD_{\text{TREE},k} \times BEF_{\text{TREE},k} \qquad (11-3)$$

式中：$V_{\text{TREE},i,k}$ 为第 t 年，第 i 碳层活立木蓄积量（m^3/hm^2）；$SVD_{\text{TREE},k}$ 为树种 k 的基本木材密度（t. d. m/m³）；$BEF_{\text{TREE},k}$ 为树种 k 的生物量扩展因子；i 为碳层。

② 灌木层生物量计算。灌木层生物量计算按缺省值法，根据国内大部分调查统计技术值，灌木层地上部分平均单位面积生物量 $B_{\text{shrub},a}$ 按 12.51 t. d. m/hm² 计算，灌木层地下部分平均单位面积生物量 $B_{\text{shrub},b}$ 按值 6.721 t. d. m/hm² 计算。

（3）碳储量计算。①乔木林碳储量计算。林木生物质碳储量是利用林木生物量含碳率将林木生物量转化为碳含量，再利用 CO_2 与碳的分子量比（44/12）将碳含量（tC）转换为 CO_2 当量（tCO_2e）：

$$C_{\text{TREE},i,k} = B_{\text{TREE},i,k} \times CF_{\text{TREE}} \times S \times 44/12 \qquad (11-4)$$

式中：$C_{\text{TREE},i,k}$ 为第 t 年，第 i 碳层林木生物量的碳储量（tCO_2e）；$B_{\text{TREE},i,k}$ 为第 t 年，第 i 碳层林木生物量（t. d. m）；CF_{TREE} 为乔木树种的生物量含碳率（tC/t. d. m）；S 为林分面积（hm²）。

乔木树种的生物量含碳率 CF_{TREE} 应按顺序选择以下方式获得：

采用森林生态系统碳库调查及树种含碳率测定的结果；根据树种选择 CF 值，详见表 11-1；采用缺省值 0.5 tC/t. d. m。

表 11-1 各树种 CF 值表

树种（组）	CF	树种（组）	CF
桉树	0.525	泡桐	0.47
檫木	0.485	其他杉类	0.51
池杉	0.503	其他松类	0.511
椴树	0.439	软阔类	0.485
枫香	0.497	杉木	0.52
高山松	0.501	湿地松	0.511
国外松	0.511	水杉	0.501
黑松	0.515	铁杉	0.502
华山松	0.523	桐类	0.47
桦木	0.491	相思	0.485
火炬松	0.511	硬阔类	0.497
阔叶混	0.49	油杉	0.5
栎类	0.5	榆树	0.497
楝树	0.485	杂木	0.483
柳杉	0.524	樟树	0.492

树种(组)	CF	树种(组)	CF
马尾松	0.46	樟子松	0.522
木荷	0.497	针阔混	0.498
木麻黄	0.498	针叶混	0.51
楠木	0.503		

数据来源:《中国第二次国家信息通报》土地利用变化与林业温室气体清单。

② 灌木层碳储量计算。

$$C_{\text{shrub}, i, k} = B_{\text{shrub}, i, k} \times CF_{\text{shrub}} \times S \times 44/12 \qquad (11-5)$$

灌木层生物量 $B_{\text{shrub}, i, k}$,计算按缺省值法,根据国内大部分调查统计技术值,灌木层地上部分平均单位面积生物量 $B_{\text{shrub}, a}$ 按 12.51 t.d.m/hm² 计算,灌木层地下部分平均单位面积生物量 $B_{\text{shrub}, b}$ 按值 6.721 t.d.m/hm² 计算;$B_{\text{shrub}, i, k} = B_{\text{shrub}, a} + B_{\text{shrub}, b}$;$CF_{\text{shrub}}$ 采用缺省值 0.47 tC/t.d.m。

③ 项目碳储量计算。项目生物量碳库碳储量等于乔木层、灌木层计算碳储量之和,其计算公式如下:

$$C = C_{\text{TREE}, i, k} + C_{\text{shrub}, i, k} \qquad (11-6)$$

式中:C 为项目碳储量(tC)。

(4) 项目碳汇量变化量的计算。项目边界内乔木和灌木因经营和保有而继续生长引起的碳汇量年平均变化量:

$$\Delta C_T = \sum_{t=1}^{T} \sum_{i=1} (C_{\text{TREE}, i, t_2} - C_{\text{TREE}, i, t_1}) \qquad (11-7)$$

其中:ΔC_T 为项目周期内核算边界内林地的碳汇量变化量(tCO₂e);C_{TREE, i, t_2} 为第 t_2 年核算边界内第 i 碳层林木基线碳汇量(tCO₂e);C_{TREE, i, t_1} 为第 t_1 年核算边界内第 i 碳层林木碳汇量(tCO₂e/hm²);T 为核算周期($t_1 \sim t_2$,$t_1 < t < t_2$)。

(5) 温室气体排放量的计算。① 温室气体排放源的选择。主要考虑核算边界内由森林火灾等引起生物质燃烧造成的非 CO₂ 温室气体排放,包括 CH₄ 和 N₂O。

$$GHG_{\text{E}, T} = GHG_{\text{FF}, T} \qquad (11-8)$$

其中,$GHG_{\text{E}, T}$ 为核算周期内,项目边界内排放的非 CO₂ 温室气体总量(tCO₂e);$GHG_{\text{FF}, T}$ 为核算周期内,项目边界内因森林火灾引起林木地上生物质燃烧造成的非 CO₂ 温室气体排放总量(tCO₂e)。

② 森林火灾引起的排放。仅考虑林木地上生物质的燃烧,不考虑死有机质燃烧。因森林火灾引起林木地上生物质燃烧产生的排放量由下式计算:

$$GHG_{FF, t} = 0.001 \times \sum \left[A_{FF, i, t} \times b_{TREE, i, t_1} \times COMF_i \right. \qquad (11-9)$$
$$\left. \times (EF_{CH_4} \times GWP_{CH_4} + EF_{N_2O} \times GWP_{N_2O}) \right]$$

式中：$GHG_{FF, t}$ 为第 t 年核算边界内因森林火灾引起林木地上生物质燃烧造成的非 CO_2 温室气体排放量（tCO_2e）；$A_{FF, i, t}$ 为第 t 年第 i 小班发生森林火灾的面积（hm^2）；b_{TREE, i, t_1} 为发生火灾前一年，第 i 碳层平均单位面积地上生物量[t. d. m/($hm^2 \cdot a$)]，林木生物量计算公式获得，如果只是发生地表火，即林木地上生物量未被燃烧，则此值为 0；$COMF_i$ 为第 i 碳层的燃烧因子；EF_{CH_4} 为第 i 碳层 CH_4 的排放因子（gCH_4/kg），取固定值 4.7；EF_{N_2O} 为第 i 碳层 N_2O 的排放因子（gN_2O/kg），取固定值 0.26；GWP_{CH_4} 为 CH_4 的全球增温趋势，取固定值 28；GWP_{N_2O} 为 N_2O 的全球增温趋势，取固定值 265。

（6）林业碳票减排量的计算。林业碳票减排量的计算方法如公式所示：

$$FCM = \Delta C_T - GHG_{E, T} \qquad (11-10)$$

式中：FCM 为林业碳票减排量（tCO_2e）；ΔC_T 为核算周期内，核算边界碳储量变化量（tCO_2e）；$GHG_{E, T}$ 为核算周期内，核算边界内排放的非 CO_2 温室气体（tCO_2e）。

11.3 林业碳票交易

碳票交易包括交易主体、交易机制，以及交易成果。交易主体分为需求方、供给方和第三方独立认证机构。需求方主要是那些由于环境变化和国际义务而需要节能减排的发达国家企业和公众，而供给方则是森林权拥有者和经营者，主要位于亚洲和拉丁美洲的发展中国家。第三方独立认证机构在京都市场上起着核查碳汇项目合格性和碳信用数量真实性的关键作用。

林业碳票交易机制部分指出，由于中国目前尚未实施强制性的 CO_2 减排规定，因此政府在推动碳交易市场形成方面需要采取创新的政策和制度。碳票交易的关键环节包括注册登记、远程交易、即时报价、网上交割，以及核证标准等。这些环节需要政府的宏观控制和严格管理。

林业碳票交易成果部分强调建立一个有效运作的碳票交易平台的重要性，包括制定详细法规、完善交易体系、监管部门的监管和管理，以及建立违反交易规则的惩处规定。林业碳票交易框架涉及交易各方、流程、法规及其执行，以促进碳交易市场的健康发展。

11.3.1 林业碳票交易主体

（1）需求方。森林碳汇的购买者，也就是需求方，主要是发达国家因为环境变动和国际强制义务约束而被要求采取节能减排措施的一些企业，以及其他单位或者一般的公众。具体来看，在目前的国际森林碳汇市场交易中，需求方主要是欧盟国家的企业及世界银行，它们获得森林碳汇信用额的主要方式是通过在发展中国家投资植树造林来获得。

（2）供给方。森林碳汇的提供者，也就是供给方，主要是森林权拥有者以及经营者。目前，在京都的碳交易市场上，森林碳汇的供给方主要包括亚洲，以及拉丁美洲的一些发展中国家，如印度、马来西亚、巴西和中国等。在中国的碳汇交易市场中，森林碳汇的供给方主要是国有林场、集体林场和其他森林资源的所有者或经营者，如个人、企业，以及其他组织。

（3）第三方独立认证机构。在京都市场上，整个森林碳汇交易市场中的一个不可或缺的重要参与者就是第三方独立认证机构，这也是森林碳汇市场区别于其他市场的一个重要因素。在京都的碳交易市场上，第三方认证机构是由 CDM 执行理事会所制定的，是一个具备企业性质的经营实体，其主要职责是核查参与碳汇市场交易中的森林碳汇项目的合格性和涉及的碳汇信用数量的真实性。

11.3.2　林业碳票交易机制

目前《京都议定书》尚未对我国的 CO_2 减排量进行强制性的规定，所以我国尚处于相关法律法规不完善的阶段。因此，政府必须从宏观上对碳交易实施进行控制，同时对政策和制度进行创新，从而促进碳交易市场的形成，推动有碳汇需求的企业和其他单位参与碳交易市场，进行交易活动。碳交易市场的管理权应掌握在政府手中，可以由政府出面建立碳交易的管理部门。碳票交易主要包括以下环节：注册登记、远程交易、即时报价、网上交割以及核证标准等技术系统，同时包括建立资金结算系统等。在碳票模式实施时，可以以已有的交易所为基础来建立碳票交易中心，设定必要的交易法规，并进一步完善交易体系，以此来执行碳交易。对交易涉及的每个环节进行严格管理，并且明确各个环节的标准，如碳汇产品的生产、交易和碳汇的测量等标准，不断加强对核证和监督等第三方机构的管理。

11.3.3　林业碳票交易成果

要想构建一个能够良好运作的碳票交易平台，碳票交易的详细法规是关键。从碳排放权分配到获得和交易碳排放许可证、监管部门进行监管并且提出要求、超过许可的排放量接受处罚等，建立完善的交易体系，并且出台日常运行维护办法，可以适当学习产权交易等运行情况，来结合实际进行规定。为了保证碳票交易平台的正常运作，还要设立违反交易规则的惩处规定。同时还要加强对核证和监督部门的管理，确保每个环节的有效实施。

▎11.4 林业碳票与 CCER

（1）林业碳票与 CCER 的关系。林业碳票是林地林木的碳减排量收益权的凭证，相当于一片森林的固碳释氧功能作为资产交易的"身份证"。林业碳票是以森林碳汇量为载体，所体现出的碳排放权交易的票据化，各地林业碳票大同小异；以福建三明林业碳票为例，票据上明显的标注有"三明林业碳票"字样，票据上还包含持有人及持有比例、身份证或机构代码证号、项目地点、项目面积、备案文号、监测期、监测期碳减排量、编号、制发单位、日期等内容。对于碳票需求方，在交易市场获得碳票后，实际上获得了相应的 CO_2 排放权。碳票持有者可以用碳票冲抵其自身的碳排放，也可待条件具备后在碳交易市场公开出售其碳票。

碳排放权交易是各国政府在《京都议定书》的减排承诺下，对各国企业实行 CO_2 额度控制的同时，允许其对剩余额度进行交易的环境保护机制，以达到对 CO_2 排放总量控制的目标。按照实际交投情况，碳排放权交易可分为基于配额的交易与基于项目的交易；前者即为碳配额交易，后者包括清洁发展机制下的核证减排量以及联合履行机制下的减排单位。中国碳排放权交易市场包括碳配额交易市场与以国家核证自愿减排（CCER）为主的自愿减排市场。

碳票是林业碳汇交易的一种方式。碳票交易实际上是自愿减排的一种形式，其本质是碳排放权交易。通过碳票的引入，碳排放权和碳汇紧密联系了起来，既可以有效实现碳排放权交易，又能合理回避开展碳汇交易所涉及的复杂的林地产权问题。

（2）林业碳票发展趋势。碳票最早推出于全国集体林权制度改革的策源地福建三明，它是集体林地三权分置基础上，继林权按揭贷款、福林贷、林票等林业金融创新金融产品后的又一项金融产品创新，为推动实现森林资源生态效益与经济效益的兼顾具有重大意义。

2021 年 3 月，三明市印发《三明市林业碳票管理办法（试行）》，这个办法规范了"碳票"的制发、评估、质押、流转、交易等各环节。

2021 年 5 月 18 日，三明市将乐县常口村党支部书记张林顺代表全村领取了一张编号为"0000001"的林业"碳票"，这是全国首张林业"碳票"，迈出了全国林业碳票交易的第一步，常口村被誉为中国碳票"第一村"。

2021 年 9 月，滁州市印发《滁州市林业碳票管理办法（试行）》。

2021 年 10 月，咸阳市印发《咸阳市林业碳票管理办法（试行）》。

2022 年 2 月，贵州省首张林业碳票在黔西市发行。

2022 年 2 月 21 日，在咸阳全市林业碳票发放交易暨战略合作签约仪式上，众多企业对咸阳市颁发的首批林业碳票竞相出价，最终，咸阳首张林业碳票被成功拍出。

2022 年 7 月 6 日，黔南州林业局向三都水族自治县发放首张林业碳票。

2023 年 8 月，上海汇州建设集团有限公司购买三明市将乐县白莲镇墈厚村 8013

吨林业碳票及安仁乡洞前村 11 987 吨林业碳票,总价值 30 万元,这是中国林业碳票首次跨省销售。

　　2023 年 10 月 12 日,国家林业和草原局林业和草原改革发展司司长王俊中表示,要探索实施林业碳票制度,制定林业碳汇管理办法,筑牢林业碳汇发展的制度基础,使林业碳汇发展制度化、科学化。

　　2023 年 10 月 28 日,由淮北市政府主办的淮北林业碳票首发仪式举行,标志着淮北市林业碳汇开发迈进新阶段。首发仪式上,淮北市杜集区人民检察院代为认购首批林业碳票。

参考文献

［1］李刚.建立健全林业碳票定价机制打通森林资源-资产-资本转化通道［J］.资源环境,2022,39(6):61 - 63.

［2］熊德斌,陈君仪.林业碳票:绿色金融实现机制路径探索［J］.理论思考,2022,(18):56 - 59.

［3］李金锦,王迪.三明市林业碳票创新生态产品价值实现机制探析［J］.农业灾害研究,2023,13(7):263 - 265.

第 *12* 章

我国森林碳汇发展趋势与建议

　　本章将主要探讨我国森林碳汇发展的当前趋势、存在的问题和未来的建议，重点分析森林碳汇在我国气候变化应对策略中的角色，包括政策支持、森林资源管理、生态修复和绿化，以及植树造林等方面的进展。同时，本章将针对目前林业碳汇交易发展中的挑战提出具体的解决方案和建议。

12.1　我国森林碳汇存在的问题

　　《巴黎协定》为世界各国应对气候变化提供了一个能够设定清晰目标、增强动力的国际框架，其中对森林及相关内容作出了规定：2020 年后各国应采取行动，保护和增强森林碳库和碳汇，继续鼓励发展中国家开展 REDD＋行动，促进"森林减缓以适应协同增效及森林可持续经营综合机制"。同时，《巴黎协定》强调，在实施这些行动时应当关注保护生物多样性等非碳效益。

　　中国生态修复和保护任重道远。建国 60 多年来，我国林业建设成绩卓著、举世公认，但与发达国家及森林资源丰富的国家相比，我国森林面积和质量仍有较大差距。我国的森林覆盖率排在世界第 139 位，人均森林面积仅有 2.17 亩，不足世界人均水平的 1/4，人均森林蓄积量仅为 10.15 立方米，只有世界平均水平的 1/7。另外，龄组结构依然不合理，中幼龄林面积比例高达 65%，林分过疏、过密的面积占乔木林的 36%。我国森林林分质量较低、单位面积生长量不高的劣势，也意味着我国在森林培育与提高森林质量等方面的巨大潜力。2018 年，全国计划完成造林 1 亿亩以上，其中人工造林 5 000 万亩，森林抚育 1.2 亿亩。通过加大资金和科技投入，加强森林经营，提高林地生产力、增加森林蓄积量等措施，增加林业碳汇；通过加强对森林火灾、病虫害的防控，控制乱征乱占林地和林地向非林地流转，控制和减少来自森林的碳排放。

12.2　我国森林碳汇的发展趋势

　　我国森林碳汇的发展趋势表现在几个方面。首先，中国政府高度重视并积极支持林业碳汇的发展，实施了一系列政策措施，如推行造林、森林管理等活动，吸收并固定大气中的 CO_2。其次，科研层面的探讨和研究也在持续进行中。一项研究通过整合分析发现，1999—2018 年间，中国森林生态系统的碳储量年均增长量约为 (208.0 ± 44.5) TgC/a 或 (762.0 ± 163.2) TgCO$_2$ - eq/a，其中生物质、死有机质和土壤有机碳库的年均增长量分别约为 (168.8 ± 42.4) TgC/a、(12.5 ± 8.1) TgC/a 和 (26.7 ± 10.9) TgC/a。

然而，我国林业碳汇交易发展也存在一些问题，如发展差距、交易市场缺乏活力、交易成本高、交易环境较差、抵消比例及地域限制等。针对这些问题，学者提出了 4 点建议：加强林业碳汇交易的政策支持；优化林业碳汇交易的市场机制；降低林业碳汇交易的成本；改善林业碳汇交易的环境。

12.3 我国发展森林碳汇的具体措施

政策支持：中共中央和国务院发布了《关于完整准确全面贯彻新发展理念做好碳达峰碳中和工作的意见》及《2030 年前碳达峰行动方案》，明确提出要持续巩固提升林草碳汇潜力，助力实现碳达峰、碳中和的目标。

森林资源管理：全国各地需要测算现有森林的碳储量和碳汇量，以及未来每年的碳储量与碳汇量，并探索研究有效提高森林碳储量、保持高水平碳汇潜力的森林经营措施。

生态修复和绿化：我国开展了大规模的生态修复、国土绿化和森林质量提升行动，以增加森林碳汇。特别是改革开放以来，我国森林资源发展取得了巨大成就，森林面积和森林蓄积量保持了连续 30 年的"双增长"，成为全球森林资源增长最多的国家。

植树造林：森林是陆地生态系统最大的碳储库，在全球碳循环过程中起着非常重要的作用。因此，植树造林成为抵消温室气体的有效路径。在"双碳"背景下，林业的地位和作用更加凸显，林业在国民经济和社会发展中的地位与作用随之提高。

将林业碳汇率先纳入 CCER 抵消机制。林业碳汇相对于工业减排量而言，具有成本低、效益好的特点。在精准扶贫、生物多样性保护、改善生态环境、维护国家生态安全等方面具有显著效益，兼顾减缓和适应气候变化的双重功能。因此，在全国碳市场启动 CCER 项目时，建议首先纳入林业碳汇项目。因林业碳汇的稀缺性和多重效益，将促成价格优势，增加碳市场活力。因此，要加快林业碳汇项目方法学的开发力度。在现有《碳汇造林项目方法学》《竹子造林碳汇项目方法学》《森林经营碳汇项目方法学》《竹林经营碳汇项目方法学》4 个林业碳汇项目方法学的基础上，编制新的方法学，同时转化一些国际方法学，以满足国内碳市场林业碳汇交易之用。

加强我国林业碳汇交易国家战略研究。加强林业碳汇的经济学属性和政策研究。在《森林法》修改中明确林业碳汇的功能与作用。借鉴新西兰林业碳汇交易经验，将林业纳入全国碳交易体系的配额管理，推动更多林业碳汇减排量进入交易，帮助企业多重效益减排。此外，加强应对气候变化的林业科学与工程技术研究，包括森林、湿地、荒漠、城市绿地等生态系统的适应性研究。完善与国际接轨的国家林业碳汇计量与监测技术体系。

12.4 对我国森林碳汇发展的建议

扩大林草面积，提升碳汇能力：通过科学推进大规模的国土绿化和植树造林活动，增加森林面积和森林蓄积量,从而增强森林生态系统的碳汇能力。

制度建设:将林业碳汇纳入国家碳排放权交易机制,制定相关的顶层设计和制度,为林业碳汇项目进入碳市场提供制度保障。同时,积极推进林业碳汇试点建设,支持地方探索多元化、市场化的补偿方式,以促进林草碳汇项目的良性发展。

生态保护补偿:完善森林生态效益补偿制度,逐步提高补助标准,非国有国家级公益林补偿补助标准和国有国家级公益林补偿补助标准应适当提高。

森林资源管理:需要测算现有森林的碳储量和碳汇量,以及未来每年的碳储量与碳汇量,并研究有效提高森林碳储量、保持高水平碳汇潜力的森林经营措施。

利用森林的经济和环境价值:森林不仅是重要的经济资产,还是重要的环境资产。作为林业产品,它可以产生经济价值;作为生物,它可以固定大气中的 CO_2,有助于减少温室气体排放。

随着国家生态文明建设的快速推进,林业应对气候变化相关政策制度的不断完善,人才队伍的不断壮大,碳交易市场规范发展,企业、组织、公众等社会各界力量积极参与,森林植被恢复、保护和森林经营得到进一步加强。积极发展碳汇林业,最大限度地发挥林业在减缓和适应气候变化中的作用。

参考文献

智研咨询.2023—2029 年中国林业碳汇行业发展模式分析及未来前景规划报告[EB/OL](2023 - 1 - 16)
　　[2023 - 12 - 31].https://business.sohu.com/a/630864126_121308080.

附　录

森林碳汇技术参数

附表 1　各主要优势树种(组)按龄组划分的生物量转换参数

优势树种	生物量扩展因子(BEF)						根茎比(RSR)						SVD/(t.d.m/m³)	CF/(tC/t.d.m)
	幼龄	中龄	近熟	成熟	过熟	全部	幼龄	中龄	近熟	成熟	过熟	全部	全部	全部
桉树	1.297	1.178	1.165	1.138	1.151	1.263	0.219	0.221	0.181	0.270	0.226	0.221	0.578	0.525
柏木	1.847	1.497	1.233	1.245	1.535	1.732	0.218	0.233	0.329	0.384	0.365	0.220	0.478	0.510
檫木	1.427	1.762	1.636	1.198	1.384	1.483	0.308	0.347	0.305	0.263	0.199	0.270	0.477	0.485
池杉	1.220	1.216	1.218	1.217	1.217	1.218	0.436	0.434	0.435	0.434	0.435	0.435	0.359	0.503
赤松	1.446	1.376	1.411	1.393	1.402	1.425	0.241	0.232	0.237	0.235	0.236	0.236	0.414	0.515
假树	1.407	1.407	1.407	1.407	1.407	1.407	0.201	0.201	0.201	0.201	0.201	0.201	0.420	0.439
枫香	2.230	1.347	1.142	1.245	1.193	1.765	0.413	0.313	0.214	0.263	0.239	0.398	0.598	0.497
高山松	1.651	1.651	1.651	1.651	1.651	1.651	0.235	0.235	0.235	0.235	0.235	0.235	0.413	0.501
国外松	1.881	1.461	1.456	1.200	1.416	1.631	0.213	0.216	0.202	0.217	0.284	0.206	0.424	0.511
黑松	1.551	1.551	1.551	1.551	1.551	1.551	0.280	0.280	0.280	0.280	0.280	0.280	0.493	0.515
红松	1.558	1.267	1.413	1.340	1.377	1.510	0.223	0.211	0.217	0.214	0.215	0.221	0.396	0.511
华山松	1.808	1.830	1.679	1.755	1.717	1.785	0.162	0.182	0.171	0.177	0.174	0.170	0.396	0.523
桦木	1.526	1.395	1.252	1.109	1.180	1.424	0.229	0.279	0.235	0.190	0.212	0.248	0.541	0.491
火炬松	1.881	1.461	1.456	1.200	1.416	1.631	0.213	0.216	0.262	0.217	0.284	0.206	0.424	0.511
阔叶混	1.514	1.514	1.514	1.514	1.514	1.514	0.262	0.262	0.262	0.262	0.262	0.262	0.482	0.490
冷杉	1.328	1.339	1.334	1.310	1.286	1.316	0.169	0.163	0.166	0.165	0.181	0.174	0.366	0.500
栎类	1.380	1.327	1.360	1.474	1.587	1.355	0.260	0.275	0.410	0.281	0.153	0.292	0.676	0.500
楝树	1.729	1.489	1.254	1.432	1.559	1.586	0.278	0.282	0.276	0.412	0.310	0.289	0.443	0.485

注:摘自《森林生态系统碳储量计量指南》(LY/T 2988—2018)。

附表 2　主要竹种（组）生物量方程

竹种	方程形式（$W=$竹子单株生物量）/kg.d.m	a	b	c	样本数	胸径 DBH/cm	竹高 H/m	竹龄/a	建模地点
大径散生竹（刚竹属）毛竹	$W_{总}=a\times DBH^2+b\times DBH+c$	0.3513	-2.3434	9.7697	64				四川长宁
	$W_{地上}=747.787\times D^{2.771}\times\left(\dfrac{0.148\times T}{0.028+T}\right)^{5.555}+3.772$				97	5~16		1~11	浙江
	$W_{地上}=a\times DBH^b\times H^c$	0.045 047 492 81	2.289 022 9	0.286 435 28	50			1~7	赣南
（刚竹属）毛环竹	$W_{地上}=a\times DBH^b\times H^c$	0.014467	0.6278	2.4396	60				福建松溪
	$W_{地下}=a\times DBH^b\times H^c$	0.017164	0.5842	1.4450					
	$W_{总}=a\times DBH^b\times H^c$	0.22128	0.59736	2.2214					
（刚竹属）台湾桂竹	$W_{地上}=a\times DBH^b$	0.1639	1.8990		380				福建永泰和闽侯县
	$W_{总}=a\times DBH^b$	0.1718	1.9756						
	$W_{地上}=a\times DBH^b$	0.540093	1.9305		211				福建、海南
	$W_{地上}=a\times DBH^b\times H^c$	0.172139	1.5684	0.3916					
大径丛生竹（牡竹属）麻竹	$W_{地上}=a\times(DBH^2\times H)^b$	0.6600	0.4548		52			2	福建华安
		0.6224	0.5321					3	
		0.1698	0.7364					4	
		0.7234	0.5511					5	
（绿竹属）绿竹	$W_{地上}=a\times DBH^b$	0.203890	2.224536		368				中国南方

续　表

竹种		方程形式（$W=$竹子单株生物量）/kg.d.m	参数值			样本数	适用范围			建模地点
			a	b	c		胸径 DBH/cm	竹高 H/m	竹龄/a	
大径丛生竹	（簕竹属）大木竹	$W_{地上}=a\times DBH^{b}$	0.4524	2.0347		28			1~3	浙南
		$W_{总}=a\times DBH^{b}$	0.5122	2.0391						
	（牡竹属）甜龙竹	$W_{地上}=a+b\times DBH^{2}\times H$	3.11219	0.03232		60				云南永富
		$W_{总}=a+b\times DBH^{2}\times H$	3.55698	0.033789						
		$W_{地上}=a\times DBH^{b}$	0.0795	2.4559		75				云南勐腊
小径散生竹	（刚竹属）雷竹	$W_{地上}=a\times DBH^{b}\times H^{c}$	0.1228408	3.4988	1.1228	75				浙江临安
	（刚竹属）石竹	$W_{地上}=a\times DBH^{b}$	0.1939	1.5654		94				浙江西北部
		$W_{总}=a\times DBH^{b}\times H^{c}$	0.0302	2.4123	0.6262	90				福建尤溪
小径丛生竹	（牡竹属）花吊丝竹	$W_{总}=a+b\times DBH+c\times H$	−5.45421	1.46011	0.29207	120			1	福建华安
		$W_{总}=a+b\times DBH+c\times H$	−3.34805	1.94950	0.13412				2	
		$W_{总}=a+b\times DBH$	−2.95277	1.84698					3	
		$W_{总}=a+b\times DBH$	−1.45958	1.15918					4	
	（少穗竹属）肿节少穗竹	$W_{秆}=a\times DBH^{b}$	0.1888	1.7698		365				福建
		$W_{枝}=a\times DBH^{b}$	0.0633	1.2135						
	少穗竹	$W_{叶}=a\times DBH^{b}$	0.0722	1.1858						

续 表

竹种	方程形式($W=$竹子单株生物量)/kg, d. m	参数值			样本数	适用范围			建模地点
		a	b	c		胸径 DBH/cm	竹高 H/m	竹龄/a	
小径丛生竹 (少穗竹属)肿节竹 少穗竹	$W_{总}=a\times DBH^{b}$	0.3626	1.3836						
(刚竹属)水竹	$W_{地上}=a\times DBH^{b}$	0.6439	1.5373		9 280	0.5~4.0		1~6	安徽舒城
	$W_{地上}=a\times(DBH^{2}\times H)^{b}$	0.3008	0.5908			0.5~4.0		1~6	
	$W_{总}=a\times DBH^{b}$	0.7683	1.4117			0.5~4.0		1~6	
	$W_{总}=a\times(DBH^{2}\times H)^{b}$	0.7820	1.3257			0.5~4.0		1~6	
(箣竹属)椽竹	$W_{地上}=-7.445\,916+39.254\,8\times DBH+4.543\,9\times DBH^{2}-96.666\times DBH^{3}$				60	1.5~5.5		1~3	福建建瓯
	$W_{总}=-7.360\,122+39.331\,55\times DBH+4.115\,8\times DBH^{2}-93.171\times DBH^{3}$								
复轴混生竹 (箭竹属)硬头黄竹	$W_{地上}=a\times DBH^{b}$	0.557\,81	1.8255		36			1~3	湖北宜宾
	$W_{总}=a\times DBH^{b}$	0.558\,787	1.8953						
(慈竹属)慈竹	$W_{地上}=e^{(a-b/DBH)}$	3.927\,35	9.0504		50				四川盆地
	$W_{总}=e^{(a-b/DBH)}$	4.074\,30	8.794\,15						
(筇竹属)筇竹	$W=a+b\times DBH^{2}\times c\times H$	0.050\,361\,3	0.038\,895\,8	0.1	165				云南大关
	$W=a\times DBH+b$	0.344\,096\,3	$-0.022\,601\,2$						

续　表

竹种	方程形式(W=竹子单株生物量)/kg. d. m	参数值			样本数	适用范围			建模地点
		a	b	c		胸径 DBH /cm	竹高 H /m	竹龄 /a	
复轴混生竹	苦竹(大明竹属) $W_{地上}=a\times DBH^{b}\times(100\times H)^{c}$	0.095 4510	1.9709	0.1832	40				浙江余杭
	$W_{总}=a+b\times DBH+c\times DBH^{2}$	2.196 7847	$-1.641\,0976$	0.761 9892					
	$W_{地上}=a+b\times DBH$	0.4268	0.6531		80			1~2	福建沙县
	$W_{总}=a+b\times DBH$	1.9562	1.5130						
	紫秆竹(矢竹属) $W_{总}=a\times DBH^{2}+b\times DBH+c$	0.2668	0.0027	0.0914	28				四川长宁
	$W_{地上}=a\times DBH^{b}$	0.2274	1.838		20	1~5.5			广东广宁
	四季竹(少穗竹属) $W_{地上}=0.044-0.001\,305\times DBH+0.002\,287\times DBH^{2}+0.032\,98\times DBH^{3}$				45			1	浙江西北
	$W_{地上}=0.095+0.46\times DBH-0.5\times DBH^{2}+0.202\,2\times DBH^{3}$							2	

注：摘自竹林经营碳汇项目方法学"版本号 V01"。

附表 3　各林地类型的枯落物生物量占地上生物量的比例

森林类型	估计值/%	样本数	标准差	95%置信区间	
				下限	上限
云冷杉林	9.575	21	9.316	5.334	13.815
落叶松林	26.997	22	24.610	16.085	37.909
红松林	12.814	8	13.922	1.175	24.453
油松林	22.107	26	16.834	15.308	28.907
马尾松林	6.024	36	5.053	4.314	7.733
其他松类(亚热带)	9.815	13	5.325	6.598	13.033
其他松类(温带)	12.814	8	13.922	1.175	24.453
杉木林	5.086	171	3.735	4.523	5.650
柏木林	3.874	16	5.748	0.811	6.937
栎类	8.874	20	11.653	3.420	14.328
桦木林	22.976	15	40.363	0.624	45.328
其他硬阔类	7.138	30	5.832	4.961	9.316
刺槐林	9.883	9	5.792	5.431	14.335
桉树林	13.100	24	9.360	9.148	17.053
相思林	9.462	10	3.636	6.861	12.063
其他软阔类	8.574	27	6.975	5.818	11.333
针叶混	15.466	5	9.146	4.110	26.822
阔叶混	11.414	31	14.111	6.238	16.590
针阔混(亚热带)	7.309	33	4.649	5.660	8.957
针阔混(温带)	12.077	6	7.275	4.442	19.711
毛竹林	6.630	12	2.699	4.915	8.345
杂竹林	17.728	5	12.068	2.744	32.713
经济林	13.940	10	12.772	4.803	23.077
灌木林	32.049	60	50.935	18.891	45.207

注:摘自《森林生态系统碳储量计量指南》(LY/T 2988 - 2018)。

附表4　枯死木生物量占地上生物量的比例

区　　域	DFow/%
东北内蒙古(辽宁、吉林、黑龙江和内蒙古东部)	3.51
华北中原(北京、天津、河北、山西、山东、河南)	2.06
西北(陕西、甘肃、青海、宁夏、新疆和内蒙古中西部)	3.11
华东华中华南(上海、江苏、浙江、安徽、福建、江西、湖北、湖南、广东、广西、海南)	2.25
西南(重庆、四川、贵州、云南、西藏)	1.88

注:该表格来源于《森林生态系统碳储量计量指南》(LY/T 2988－2018),统计数据未包括港、澳、台地区。

附表5　不同森林类型土壤碳密度值

植被	碳密度(SOCC)/(tC/hm²)	样本数	90%置信区间不确定性/(tC/hm²)
热带常绿林、雨林季雨林	33.1	16	5.8
热带灌丛、矮林	35.8	27	6.9
亚热带常绿阔叶林	40.0	12	8.2
亚热带常绿—落叶阔叶林混交林	49.2	5	24.4
亚热带落叶阔叶林	53.6	6	35.7
亚热带常绿针叶林	31.7	50	3.9
亚热带针阔混交林	50.3	87	6.9
亚热带矮林	228.3	11	75.5
亚热带疏林	36.9	41	11.0
亚热带灌丛	39.9	72	5.0
温带暗针叶林	153.7	15	36.7
温带常绿针叶林	67.9	6	27.1
温带落叶针叶林	37.9	10	12.5
温带落叶阔叶林	65.5	37	14.3
温带针阔混交林	62.5	37	15.0
温带疏林	33.3	14	13.2

注:摘自《森林生态系统碳储量计量指南》(LY/T 2988－2018)。

后　记

2022年5月19日,经国务院同意,国家发改委正式印发《革命老区重点城市对口合作工作方案》,明确了上海与三明正式建立对口合作关系。沪明对口合作关系建立之后,上海市委、市政府与福建省委、省政府始终高位推进相关工作。福建省专门制定了《关于支持沪明对口合作加快三明革命老区高质量发展的若干措施》,上海市先后出台了《关于新时代支持革命老区振兴发展的实施意见》《上海市与福建省三明市、安徽省六安市对口合作工作方案》。上海市政府和福建省政府联合印发《上海市与三明市对口合作实施方案(2023—2025年)》,为沪明对口合作提供了具体的行动指南和强有力的政策支持。

受惠于沪明合作,我有幸成为第一批由三明派往上海访学进修的学员,来到复旦大学访学进修,成为著名数据科学家朱扬勇教授的学生,开展"双碳与大数据"课题的研究。复旦大学各级部门非常重视沪明合作,给予我学习和生活上的诸多照顾,朱扬勇教授更是详细安排研究计划、每周进行一次面谈指导。针对三明市、福建金森林业股份有限公司(简称"福建金森公司")的特点,朱扬勇教授安排我学习了与三明市革命老区高质量发展相关的科学知识,指导我阅读了大量可持续发展、碳达峰、碳中和、大数据、人工智能方面的资料,使我半年的访学进修收获满满。

随着课题研究的推进,朱扬勇教授指导我着手编写专著《林草碳汇》。在福建金森公司董事长应飚先生的大力支持下,我组织福建金森公司的林草碳汇研究团队,共同完成了《林草碳汇》一书。朱教授还特别联系了上海科学技术出版社,介绍了沪明合作的意义。出版社相关领导非常支持沪明合作,安排了高效、优质的编辑出版流程。

半年的高强度进修学习,八个月的紧张撰写,《林草碳汇》即将付梓。我不仅收获了学识上的进步、能力上的提升,还深切感受到了沪明合作的重大战略意义、感受到了上海人民对三明人民的热情支持和关心、感受到了复旦大学的科学文化底蕴。感谢沪明合作,感谢三明市领导和将乐县领导对我的关心和培养,我一定将在上海的所学、所见、所感带回三明,为三明发展做出贡献。

《林草碳汇》在美丽的四月天出版了。谢谢大家!

2024年4月16日